地层吸收衰减反演方法

刘浩杰　王延光　著

石油工业出版社

内容提要

本书总结了地层吸收衰减研究方面的现状和一些新的方法,为广大的油气勘探开发人员在储层描述和油气预测领域提供一些有价值的思路。本书从不同方面阐述了地层吸收衰减与储层物性及流体性质的关系,进一步表明了地层吸收衰减在油气预测应用方面的可行性与可靠性。书中介绍的 VSP 资料品质因子计算方法、井间地震 Q 层析成像方法、利用叠后地震资料进行吸收衰减参数的计算方法、利用叠前地震资料进行常规弹性参数与吸收参数的联合反演方法在油气预测实践中取得了较好效果,值得推广应用。

本书可供从事油气预测的油田勘探开发科技人员参考。

图书在版编目(CIP)数据

地层吸收衰减反演方法/刘浩杰,王延光著.
北京:石油工业出版社,2015.9
ISBN 978-7-5183-0824-8

Ⅰ.地…
Ⅱ.①刘… ②王…
Ⅲ.油气藏–地震勘探–研究
Ⅳ.P618.130.8

中国版本图书馆 CIP 数据核字(2015)第 176767 号

出版发行:石油工业出版社
　　　　　(北京安定门外安华里 2 区 1 号　100011)
　　　　　网　　址:www.petropub.com
　　　　　编辑部:(010)64523533　图书营销中心:(010)64523633
经　　销:全国新华书店
印　　刷:北京中石油彩色印刷有限责任公司

2015 年 9 月第 1 版　2015 年 9 月第 1 次印刷
787×1092 毫米　开本:1/16　印张:10.75
字数:280 千字

定价:98.00 元
(如出现印装质量问题,我社图书营销中心负责调换)
版权所有,翻印必究

序 一 Foreword

物探技术在油气勘探开发中发挥了重要的支撑作用。早期，主要利用地震波的运动学特征进行构造解释。现阶段，随着物探技术的进步和计算能力的提高，利用地震波的动力学特征进行储层物性和流体性质的预测成为研究的热点。地震响应特征和油气藏目标的复杂性对地震储层描述及油气预测技术提出了更高要求，需要地球物理科技工作者不断提出新的思路，形成新的地震储层描述及油气预测方法。

地震波在地层中传播时的吸收衰减性质与储层的岩性、物性、流体成分和环境因素等有非常密切的关系，对地震资料的分辨率、振幅和相位有重要的影响。前人基于不同的假设条件，提出和研究了不同的地震波衰减理论模型和吸收衰减参数计算方法。这些方法和技术在储层物性及油气预测应用方面的进展，表明地层吸收衰减理论和反演方法的研究及应用，是今后地球物理技术发展的重要方向之一。

《地层吸收衰减反演方法》一书，系统总结了近年来作者在地层吸收衰减领域的研究新进展，阐述了在地层吸收衰减理论、井间地震吸收衰减参数反演、VSP 吸收衰减参数计算、地面地震叠后吸收衰减参数计算、地面地震叠前吸收衰减参数反演等方面所取得的多项研究成果。特别是叠前吸收衰减参数的高精度反演，能够利用叠前不同角度道集的地震资料直接反演储层的常规物性参数和吸收衰减参数，实现了从弹性反演到黏弹性反演的转变，拓宽了叠前地震反演的思路和实现方法。

该书是作者长期在该领域潜心研究的成果结晶。书中既有对传统吸收衰减参数方法的介绍，也有作者及其团队研发的各种新方法，且在勘探开发实践中进一步提高了储层描述及油气预测的精度，取得了较好的应用效果。这对于地球物理技术研究人员具有重要的参考价值和借鉴作用。

2015 年 9 月 9 日

序 二 Foreword

随着我国东部地区油气勘探工作的不断深入，以构造圈闭为主的勘探目标越来越少，而地层、岩性等主要勘探目标隐蔽性也变得更强，导致勘探难度增加。要保持勘探工作的可持续发展，地球物理预测、识别技术需要适应形势，加快发展，发挥不可替代的作用。

很高兴看到刘浩杰、王延光两位同行编著的《地层吸收衰减反演方法》一书，给我们讲述了吸收衰减油气预测这一物探前沿技术的创新和应用。书中既有传统吸收衰减计算方法的发展和应用，又有地层吸收衰减理论、叠前吸收衰减参数高精度反演等新的思路和方法，内容全面、丰富、新颖。这是新形势下地质与物探、引进与创新、正演和反演相结合的成功实例之一。该技术的不断完善和推广应用必将为勘探研究人员提供更好的手段，促进油气勘探成功率的提高。

希望本书能够为广大的油气勘探开发研究人员提供相应的借鉴和启发，促进多学科领域的学术交流，推动我国地球物理事业的进步，更好地服务于油气的勘探开发。

2015 年 9 月 12 日

前言

Preface

  地震资料中蕴含着极为丰富的储层物性及流体特征信息。如何从地震资料中提取更加多样、更加准确、更加精细的油气藏信息是地震勘探技术所面临的机遇和挑战。

  非均匀黏弹性介质中地震波的吸收衰减作为一种与油气属性密切相关的地震属性近年来越来越受到国外众多的研究机构和石油公司的重视。许多地球物理工作者在地层的吸收衰减方面进行了大量的研究，提出了许多有关衰减的理论和计算方法，取得许多重要成果。大量的研究表明，影响多孔介质地震波衰减的主要因素包括地层的岩性、物性、流体和环境等，而且衰减属性比波速等其他弹性参数对地层性质和组分变化的反应更为敏感。因此，研究地层吸收特征参数的横向和纵向变化，对于提高地震资料分辨率、储层流体识别、AVO 效应、时移地震油气藏检测等都有重要意义。

  针对吸收衰减油气预测这一前沿技术方向，中国石油化工集团公司科技部专门设立了系列重点科技攻关项目，如《多尺度资料联合地层吸收衰减研究及应用》、《低频地震岩石物理测试方法研究》等，助推了该项技术的研究。

  近 5 年来，笔者围绕着与吸收衰减有关的关键问题开展了大量研究和探索：地层吸收衰减参数与储层物性及流体性质的理论关系是什么？如何利用井中地震资料求取井位置处准确的吸收衰减参数？如何利用叠后地震资料准确求取三维空间的吸收衰减参数？如何利用叠前地震资料求取三维空间吸收衰减参数？如何综合纵波速度、横波速度、密度以及吸收衰减参数建立对储层和流体更为敏感的属性参数？通过笔者及其团队的努力，在地层吸收衰减理论和吸收衰减参数反演等方面获得了一些有意义的成果。在理论研究方面，建立了跨尺度地震岩石物理衰减理论模型，分析了地层吸收衰减参数的影响因素和油气敏感性，推导了地层吸收衰减参数与储层物性和流体性质的近似定量表达式。在 VSP 资料 Q 值计算方面，研发了全组合 Q 值最优化计算方法。在井间地震吸收衰减参数计算方面，提出了井间地震时频域联合 Q 值层析成像方法。在叠后吸收衰减属性计算方面，研发了基于广义 S 变换、Prony 滤波、基于 Teager 能量、基于瞬时地震子波等吸收衰减参数计算方法，实现了多技术和多属性参数的联合应用。在叠前地震资料吸收衰减参数计算方面，研发了叠前地震资料纵波速度、横波速度、密度、Q 值等 4 参数反演方法，构建了新的黏弹性流体因子，探讨了黏弹性流体因子的直接反演方法。这些方法在油气预测实践应用中取得了较好效果。

  为了更好地促进学术交流，推进技术的产业化应用，进一步提高我国的油气勘探开发水平，笔者对近几年在地层吸收衰减研究及油气预测应用方面的成果进行了总结，希望能够抛砖引玉，引起更多油气勘探开发研究人员对于吸收衰减油气预测的重视，使之能够更好地为提高储层描述和油气预测精度服务。

本书共包括 8 章：第 1 章概述了岩石物理声波衰减研究现状，能够使读者了解地层吸收衰减的基本概念、基本理论，以及具体的实验室测试方法；第 2 章总结了含流体孔隙介质地震波衰减的基本理论，为地层吸收衰减油气预测的研究及应用奠定基础性认识；第 3 章从不同方面阐述了地层吸收衰减与储层物性及流体性质的关系，进一步表明了地层吸收衰减在油气预测应用方面的可行性与可靠性；第 4 章介绍了 VSP 资料品质因子计算方法；第 5 章介绍了井间地震 Q 层析成像方法；第 6 章主要阐述利用叠后地震资料进行吸收衰减参数的计算；第 7 章主要阐述利用叠前地震资料进行常规弹性参数与吸收参数的联合反演；第 8 章则总结了笔者研究中的一些认识和对未来研究及应用的思考。本书既有经典吸收衰减参数理论和计算方法的介绍，又有新研究成果的探讨，旨在总结地层吸收衰减研究方面的现状和一些新的方法，为广大的油气勘探开发人员在储层描述和油气预测领域提供一些可能有价值的方法和思路。

需要说明的是，由于地震信号影响因素、处理过程、各种方法实现过程，乃至地质因素的复杂性，笔者也不可能一一描述每种方法的适用范围及其精度范围，这需要研究及应用人员针对实际油气勘探区域做针对性的分析，选择合适的方法。

在本书的编写及整个研究过程中，中国石油化工集团公司科技部及胜利油田各级领导给予了大力支持和帮助。感谢中国石油化工集团公司科技部张永刚副主任、王国力处长、陈本池博士对项目研究一直给予的关心和支持。感谢胜利油田物探研究院孟宪军副院长、王兴谋副院长、夏吉庄首席专家和油藏室各位同事的指导与帮助。另外，还要感谢中国石油大学（华东）李振春教授、吴国忱教授、曹文俊副教授和宗兆云老师，中国海洋大学张建中教授、长江大学桂志先教授、中国石油大学（北京）张元中副教授等所给予的帮助！

感谢相关研究人员为此所付出的辛苦，他们是郑静静博士、毕丽飞博士，以及陈雨茂、李红梅、魏国华、李燕、李民龙、魏文等。

感谢中国首批"千人计划"特聘专家、中国石油大学（北京）李向阳教授和中国石油化工集团公司油气勘探高级专家、胜利油田副总地质师宋明水教授级高工在百忙之中通读了全书，提出了宝贵意见，并为本书作序。

由于笔者水平所限，书中难免出现不当之处，敬请各位专家、读者批评指正！

目 录

1 岩石物理声波衰减概述 …………………………………………………（1）

1.1 声波衰减因素分析 ……………………………………………………（1）
1.2 声波衰减参数 …………………………………………………………（3）
1.3 声波衰减实验方法 ……………………………………………………（5）

2 孔隙流体地震波衰减理论 ………………………………………………（8）

2.1 地震波衰减理论概述 …………………………………………………（8）
2.2 流体流动地震波衰减机理 ……………………………………………（9）
2.3 跨尺度岩石物理模型 …………………………………………………（14）

3 地层吸收衰减与储层物性及流体性质的关系 …………………………（19）

3.1 吸收衰减理论模型分析 ………………………………………………（19）
3.2 吸收衰减参数孔隙流体敏感性分析 …………………………………（24）
3.3 基于黏弹正演模拟地层吸收衰减特征分析 …………………………（27）

4 基于 VSP 资料品质因子计算 ……………………………………………（37）

4.1 VSP 技术及资料特点 …………………………………………………（37）
4.2 频谱比法 Q 值计算方法 ………………………………………………（38）
4.3 质心频移 Q 值计算方法 ………………………………………………（43）
4.4 频谱匹配 Q 值计算方法 ………………………………………………（43）
4.5 全组合最优化 Q 值计算方法 …………………………………………（44）

5 井间地震 Q 层析成像 …………………………………………………… (51)

5.1 井间地震技术及其资料特点 ……………………………………… (51)
5.2 井间地震速度层析成像反演 ……………………………………… (52)
5.3 频谱比法 Q 层析成像反演 ………………………………………… (53)
5.4 质心频率偏移法 Q 层析成像反演 ………………………………… (54)
5.5 时频域联合速度和 Q 层析同步反演 ……………………………… (56)

6 叠后地震资料吸收衰减参数计算 ……………………………………… (60)

6.1 叠后地震吸收衰减计算概述 ……………………………………… (60)
6.2 广义 S 变换地层吸收衰减参数提取方法 ………………………… (61)
6.3 Prony 滤波油气异常检测方法 …………………………………… (70)
6.4 峰值频率频移 Q 值计算方法 ……………………………………… (74)
6.5 基于能量吸收衰减参数计算方法 ………………………………… (77)
6.6 瞬时地震子波吸收衰减参数计算方法 …………………………… (81)
6.7 吸收衰减油气预测实际应用 ……………………………………… (90)

7 叠前地震吸收衰减参数反演 …………………………………………… (99)

7.1 叠前地震吸收衰减参数反演概述 ………………………………… (99)
7.2 叠前 CMP 道集吸收衰减参数计算方法 ………………………… (100)
7.3 叠前地震"3+Q"反演方法 ……………………………………… (106)
7.4 黏弹性流体因子构建及叠前反演方法 …………………………… (141)

8 地层吸收衰减反演认识与思考 ………………………………………… (159)

参考文献 …………………………………………………………………… (161)

1 岩石物理声波衰减概述

地震波传播的介质是地下岩石，油气预测的对象是地下岩石中油气的性质及分布状态。本章从微观角度，系统总结了岩石中声波传播衰减的因素，介绍了地震勘探中常用的声波衰减参数定义及其性质，分析了常用的实验室声波衰减测试方法，为地震波衰减性质的研究及油气预测应用提供认识和分析的基础。

1.1 声波衰减因素分析

岩石是一种多孔介质，有连通的孔隙空间，孔隙空间中充满流体，流体能够在孔隙空间中流动。

声波在地层岩石中传播时，其传播过程受到多种因素的影响，能量逐渐减弱。引起声波能量衰减的原因是多方面的。研究人员发现，在声波经岩石传播的过程中能量衰减主要有3种方式：声波的几何扩散衰减、声波的散射衰减，以及声波的吸收衰减。3种声波衰减的方式随着传播条件的不同而各不相同。第一类声波的几何扩散衰减，是波传播过程中本身具有的特性，与岩石特性的关系不明显；第二类声波的散射衰减，是由于岩石内部空隙、微裂纹等矿物粒子的不均匀性引起的声波能量损失；第三类声波的吸收衰减，主要是由于岩石介质的黏滞性、热传导、热弛豫等原因引起的能量损失。就实际应用而言，我们感兴趣的衰减不是与岩层几何形态及震源有关的外在成因的衰减（几何扩散、散射等），而是介质的内在成因衰减，即与地震波和多孔介质及其饱和流体之间相互作用有关的吸收衰减。

对衰减方式的分析和应用，主要是从宏观角度分析声波在岩石中传播的衰减因素。微观上，需要更深入分析声波在地层岩石中传播的衰减机理。国内外的学者对岩石声波衰减机理进行了很多理论探讨和实验研究。在声波经岩石传播衰减的过程中，主要提出的衰减机理包括以下几种：固相岩石颗粒间的相对滑动引起的能量损耗；固—液相孔隙流体流动和流体的黏滞性引起的能量损耗；热弹性效应及骨架本身非弹性引起的能量损耗；散射及几何扩散引起的能量损耗。在以上几种衰减机理中，散射、几何扩散引起的能量衰减是声波在岩石等介质中传播时本身所具有的特性，不反映岩石的本征衰减性质。以下对几种主要的衰减机制进行详细阐述。

1.1.1 岩石骨架固相颗粒的摩擦滑动

岩石骨架是由组成岩石的矿物颗粒和胶结物组成的。声波在岩石中传播过程产生的扰动，将引起骨架颗粒间的相对摩擦，滑动摩擦阻力要消耗一定的声波能量，从而导致声波衰减。通过实验研究发现，摩擦衰减与频率有关。在 20 世纪 60—70 年代，人们认为岩石颗粒间的摩擦与相对滑动是地震波能量衰减的主要机制。实验室中对岩石样品的声学测量表明，摩擦衰减依赖于弹性应变，当弹性应变大于 10^{-6} 时才起作用。在地球物理勘探和实验室测量中，弹性波的衰减与应变无关（也就是应变小于 10^{-6}）。在干燥岩石中，声波能量的衰减很小，而且与频率几乎是无关的。一般而言，岩石矿物颗粒间的摩擦与相对滑动不是能量衰减的主要机制。

1.1.2　固—液相孔隙流体和黏滞性引起的耗散

流体的黏滞性使岩石中传播的声波能量被吸收而引起衰减。大量研究表明，岩石中饱和的流体对声波能量的吸收，是引起声波衰减的主要原因。首先，流体的存在会对声波的能量进行吸收；其次，孔隙中流体的存在增加了岩石的黏滞性。当声波在岩石中传播时，孔隙中的流体与固体颗粒之间会产生相对运动，引起声波能量的吸收与耗散。

孔隙流体对声波衰减与频率之间关系有显著的影响。在不同声波频段内，流体饱和状态和流体分布不同，孔隙和裂缝中流体流动方式也不一样，导致声波衰减大小的差异。在超声频段内，以惯性流为主；频率比较低时，声波在岩石中的传播主要诱发一种所谓"迸射流"。流体往往从小纵横比的裂缝流向大纵横比的孔隙，如流体由裂缝向孔隙迸射或者由孔隙边缘向中心迸射，这种衰减机制在超声频段内影响较小。当孔隙流体中含有气泡时，流体中的气泡会使流体在较小的压力梯度下就产生流动，引起声波能量的显著衰减。因此声波衰减对孔隙中气体的存在较为敏感。

1.1.3　岩石骨架非弹性引起的衰减

岩石不是一种完全弹性介质，而是一种黏弹性介质，岩石本身的黏性会对声波的能量进行吸收，使岩石介质产生应力弛豫特征，从而影响岩石中声波传播的速度、波形，并引起能量的耗散和损失。这种非弹性引起的衰减主要包括岩石介质的黏滞性、热传导及热弛豫等原因引起声波能量损失。

1.1.4　散射、反射引起的能量损耗

岩石由多种矿物颗粒所组成，是一种非均匀的介质。声波在岩石中传播时，有一部分能量的传播方向发生变化，使原传播方向上的能量减小，引起声波衰减，即散射衰减。衰减的大小与岩石成分、胶结情况、颗粒尺寸、孔隙度和饱和度等因素有关。散射衰减的一个显著特征是声波衰减系数与频率相关。根据波长与散射体尺寸的比值可以将散射衰减分为 3 种类型：漫散射、中间散射和瑞利散射。3 种散射与频率有不同的关系。声波传播时的几何扩散也是造成声波衰减的另一个原因。当场点足够远时，有限大小的声源所辐射的声场类似于平面波扩散。该衰减总是存在于岩石测量中，却不反映岩石本身的本征性质，它是波动本身具有的特性，而且随着孔隙介质中的不同波动过程而有所差别。

需要说明的是，由于影响声波衰减的因素很多，声波衰减的各种机理也并不相互独立，而是相互联系，没有一种衰减机理能在任何情况下描述包括所有岩石中的衰减，因此，对

衰减的分类观测和准确确定十分困难，只能通过突出一种或几种声波在岩石中传播时的能量损耗机理来加以研究。

1.2 声波衰减参数

获得岩石声学参数（声波速度、声波衰减参数）的方法有 3 种：地震勘探、声波测井和实验室超声测试。3 种方法的工作频率各不相同，实验室条件下的工作频率是 1MHz 左右，属于高频；地震勘探的工作频率是 10~200Hz；声波测井的频率是 20kHz。3 种方法的工作频率相差很大，波长不同，反映出的机理也存在差异。

在研究岩石声波衰减的过程中，人们定义了多个参数来表示岩石中声波传播时能量的耗散。这些参数从不同的方面，在不同的层次上描述了岩石中声波传播时能量损耗的定量特征，包括：声波衰减系数 α，对数衰减 δ，品质因子 Q，主频偏移值 Δf 等。

1.2.1 声波衰减系数 α

考虑平面波的情况，假设声波在介质中的传播服从指数规律，在声波发射处的幅度为 A_0，声波速度为 v，当传播到距声源为 x 以后，声波的幅度为

$$A(x, t) = A_0 e^{i\omega\left(\frac{x}{v} - t\right)} \tag{1-1}$$

式（1-1）中未考虑衰减。在考虑声波衰减的情况下，随着传播距离的增加，声波幅度降低与传播距离成正比，可以将（1-1）式表示为

$$A(x, t) = A_0 e^{i(kx - \omega t)} e^{-\alpha x} \tag{1-2}$$

式（1-2）表示声波经过传播距离 x 以后，幅度为 $A_0 \exp(-\alpha x)$，其中的 α 为声波衰减系数，k 为波数，ω 为圆频率。$k = \omega/v$，$\omega = 2\pi f$。衰减系数可以作为声波衰减的一种量度，声波衰减系数表示单位距离上声波能量的吸收能量，单位：dB/m。

1.2.2 对数衰减 δ

在声波传播的路径上距声源有不同的两个位置 x_1，x_2，其声波幅度分别表示为

$$\begin{aligned} A_1 &= A_0 e^{-\alpha x_1} \\ A_2 &= A_0 e^{-\alpha x_2} \end{aligned} \tag{1-3}$$

对（1-3）式取比值，并取自然对数可以得到

$$\alpha = \frac{1}{x_2 - x_1} \ln\left(\frac{A_1}{A_2}\right) \tag{1-4}$$

式（1-4）为单位长度上声波衰减的自然对数值，单位：dB/m。将上式表示成对数衰减为

$$\delta = \ln\left(\frac{A_1}{A_2}\right) = \alpha(x_2 - x_1) \tag{1-5}$$

若记两点之间的距离为一个波长 λ，则有 $\lambda = x_2 - x_1$，对数衰减表示为

$$\delta = \alpha\lambda, \quad \alpha = \frac{\delta}{\lambda} \tag{1-6}$$

从式（1-6）中可以看出，对数衰减 δ 是在一个波长上的声波信号的幅度变化的自然对数值。因此衰减系数与对数增量在反映声波衰减参数上的物理本质相同，即反映声波在传播路径上能量的衰减。

1.2.3 品质因子 Q

在岩石物理性质研究中，岩石的品质因子是一个重要的参数，可以用来评价岩石的性质，反映岩石中含流体的状态，对于油气的勘探具有重要的作用。品质因子 Q 值被定义为以下表达式的倒数，即

$$Q^{-1} = \frac{1}{2\pi} \frac{\Delta E}{E} \tag{1-7}$$

式中：ΔE 表示每个强迫振动周期中的能量损失；E 表示一个周期中的峰值能量密度。品质因子 Q 值可以用来表示能量的损耗，Q 值越大，表示传播过程中能量的损耗越小。

岩石为非弹性介质，模量 M 利用复数表示时，品质因子 Q 值为模量实部 M_R 与虚部 M_I 的比值，即

$$M = M_R + iM_I$$

$$Q = \frac{M_I}{M_R} \tag{1-8}$$

衰减系数和品质因子 Q 的关系可以表示为

$$Q = \frac{2\pi}{1 - \exp(-2\alpha\lambda)} \tag{1-9}$$

当 α 较小时，品质因子 Q 值与衰减系数之间的关系为

$$Q = \frac{\pi f}{\alpha v} \tag{1-10}$$

式中：f 为入射波频率；α 为衰减系数；v 为声波速度。

1.2.4 主频偏移值 Δf

岩石对声波能量的吸收，使声波的主频产生偏移。对岩石声波衰减的实验研究表明，可以利用主频偏移值来表示岩石的声波衰减。对主频偏移值的定义基于傅氏变换，首先对声波探头对接波形或测量参考标准试件的波形进行频谱分析，得出准确的主频值，然后对声波经过岩样传播后的波形进行频谱分析，得出主频值，岩样中的主频值与探头或参考标准件中的主频值的差值与探头主频值的比值表示为主频偏移值，即

$$\Delta f = \frac{|f - f_0|}{f_0} \times 100\% \tag{1-11}$$

式中：f_0 为声波探头对接时的波形的主频；f 为岩石样品中声波波形的主频。主频偏移值表示在频率域中声波能量的衰减。

1.3 声波衰减实验方法

在实验室中进行声学观测，影响因素容易控制，所分析岩石样品的性质已知，获得的数据准确可靠，因而是岩石声波衰减研究乃至吸收衰减油气预测研究最基础的方法。对于声波衰减实验，岩石样品的尺寸、声学探头的频率、传感器与样品间的耦合等对测量结果有重要影响。这种影响因素可以通过经验与合理的实验步骤来解决，如采用适当的样品尺寸消除多次反射和干涉现象对测量结果的影响，用超声频段测量减少声波几何发散影响等。

对岩石声学性质的实验室测量，包括共振法、准静态法、频谱振幅比法、超声脉冲到时法、应力应变回线法、谐振方法等。这些方法可以分为 3 类：利用波动传播观测、利用振荡系统观测，以及应力应变曲线观测等。3 种方法所用的测量原理不同，所用的测量频率和波形各不相同，测量效果也不完全一致，实验所获得的精度也不一样。

1.3.1 声波速度观测方法

在实验室中有很多方法来测量岩石中的声波速度。常用的方法是利用声波传播定义对速度进行测量。根据速度的定义，声波速度的观测方法基于以下原理：声波在岩石中传播一段距离以后，会经历一段时间，传播距离的长短与所用时间的比值即为岩石中的声波速度。对于岩石中声波速度的测量，关键在于如何准确地确定传播时间 t。传播时间的确定，受到许多因素的影响，这些因素包括电脉冲的长度与形状、声波初至点的选取（即对首波信号的辨认）、接收系统的性能、传感器的特性等。

假定岩石样品处于接收与发射换能器之间，长度为 x，换能器对接时的传播时间记为 t_1，放置岩石后的传播时间记为 t_2，岩石中声波传播时间为 $t = t_2 - t_1$，岩石中的声波速度为

$$v = \frac{x}{t_2 - t_1} \tag{1-12}$$

在对岩石中声波传播时间的确定，主要用到脉冲透射法。脉冲透射法利用脉冲声波信号穿透测量的岩石样品，对接收的声波波形进行分析，从波形中确定声波走时，根据样品的长度计算出声波速度。其中关键问题是对首波信号的辨认。

在利用超声波脉冲穿透法进行声学实验时，如果超声波波长与样品尺寸处于同一个数量级，就会出现明显的绕射现象，影响实验的精度和实验的可靠性。因此，在进行声学实验以前，需要利用一些标准件对实验系统和声学探头的性能进行标定，这样能显著地避免样品尺寸对实验结果的影响，提高实验的可靠性。

一般而言，铝性质稳定，能够满足各向同性与完全弹性的假设。而且，当声波在铝试件中传播时，由于铝的品质因子非常大，可以认为声波传播时不产生声波衰减。因此，实验过程中一般用铝试件作为标准试件来对实验系统进行标定，并根据频谱比法，用铝试件幅度的测量与岩石样品中幅度测量值相比较来求出岩石中的声波速度和衰减系数。

声波速度测量实验装置由脉冲发生器、数字存储示波器、发射探头、接收探头、岩石样品、计算机、打印机组成，实验装置如图 1-1 所示。实验所用的方法是超声波脉冲穿透法。脉冲发生器可产生幅度为 1~300V 的电脉冲，电脉冲的宽度及重复频率均可调控。由

信号发生器激发一个脉冲电信号，用电脉冲触发超声波发射探头，使之产生有一定幅度的超声波脉冲。通过在岩石中传播以后，由接收探头接收信号，进入数字存储示波器，同时在示波器上实时测量超声波脉冲通过样品的时间及信号幅度，根据已知的待测样品的长度，计算出岩样中的声波速度。

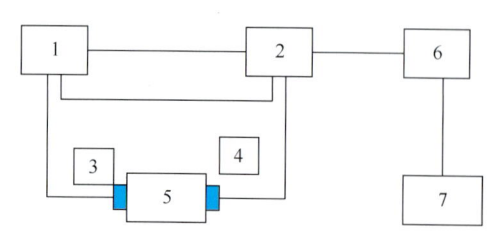

图 1-1　声波速度测量实验装置示意图
1—脉冲发生器；2—数字存储示波器；3—发射探头；4—接收探头；5—岩石样品；6—计算机；7—打印机

为了对实验中的波形进行分析，在实验系统装置中利用数据采集卡将示波器中的波形进行离散采样，存储在计算机中，将计算机中采集的波形进行恢复与回放，利用快速傅氏变换方法对采集的波形在频率域中进行分析，提取频率域中的参数。在进行声学实验的过程中，首先将探头对接，再将采集的波形作为标准波形与岩石样品中的波形进行对比，进行波形分析。

高温高压声学参数测量时，将试验系统的岩心夹持器部分放入一个高压容器中，通过外加的围压、孔隙压力、温度等参数，在不同的温度、压力下测试岩心样品中的声波速度和幅度。

1.3.2　声波衰减观测方法

在实验室条件下，声波衰减观测也主要应用脉冲透射法。该方法利用脉冲声波信号穿透测量的岩石样品，根据样品中的幅度与参考样品幅度的比值确定岩石样品中的衰减系数，根据衰减系数与品质因子之间的关系计算出岩石中的品质因子。

按照样品尺寸和换能器的位置的不同，可以有多种不同的组合。在各种不同的方法中，当样品长度小于换能器直径时，可以认为来自岩石样品侧面的反射波能量损耗忽略不计；当样品长度与其直径相比为非常大时，产生的波类似于圆柱形杆内的波导。用这种方法对岩石样品进行声学测量时，需要对样品进行仔细加工，使样品两端保持平行，以保证在实验过程中岩石样品与换能器之间有较好的声学耦合。在这几种情况中，几何发散均需加以校正。

对于脉冲透射法来说，利用频谱比法求出样品的衰减系数，因为在衰减介质中，衰减意味着高频首先被介质吸收，因而在岩石样品中会出现声波波形的变化，声波的振幅谱可以写为

$$A(f, x_0) = G_{x_0} A_r(f) \exp[-\alpha(f) x_0] \tag{1-13}$$

式中：G 为包括几何发散、透射系数及反射系数影响在内的一个系数；x_0 为声波传播的距离；$\alpha(f)$ 为衰减系数；$A_r(f)$ 为接收器响应。发射和接收换能器的衰减特征可以利用参考样品的信号来确定，耦合损失可以利用已知的样品与传感器的阻抗来确定。在两种不同距离上的振幅谱之比为

$$\ln \frac{A_1(f, x_1)}{A_2(f, x_2)} = \alpha(f)(x_2 - x_1) + \ln \frac{G_1}{G_2} \tag{1-14}$$

品质因子 Q^{-1} 的展开式中的一阶近似时应有

$$\alpha(f) = \frac{\pi f}{Q(f)v} \qquad (1-15)$$

对于给定的声波信号，透射信号的频谱宽度可以认为与频率无关，因此方程可以写为

$$\ln \frac{A_1(f, x_1)}{A_2(f, x_2)} = \frac{\pi}{Qv}(x_2 - x_1)f + \ln \frac{G_1}{G_2} \qquad (1-16)$$

利用幅度比值与频率之间的关系曲线，求出曲线的斜率即可以得到岩石样品的品质因子，即

$$g(f) = \ln \frac{A_1(f, x_1)}{A_2(f, x_2)} \qquad (1-17)$$

利用以上相同的测量方法，将一个参考样品的声波波形与所研究岩石样品的声波波形加以比较，即是利用频谱比法求岩石样品的衰减系数。在该种方法中要求参考样品中的衰减系数非常小（品质因子非常大），通常用铝试件作参考样品，两种样品应该有相同的长度和几何形状。

在野外实验中也使用频谱比法求声波衰减系数。在该方法中需要靠另一个波至提供尽可能不受干扰的信号。如果地层是高度衰减的岩石，则传播以后记录的岩石样品信号变化很大，从而衰减系数的测量不精确；同时信号振幅在高度衰减后变得非常微弱，背景噪声非常明显。对于微弱衰减的物质，由于回归直线的斜率过低，使频谱比法测量所获得的衰减系数精度较差。

实验室进行观测的主要困难是耦合问题，野外观测中最主要的问题是井中干涉信号产生的干扰。影响频谱比测量精度最主要的因素是换能器尺寸，以及与非平面波阵面有关的几何发散问题所产生的能量衰减，因此对计算出的 Q 值，需要进行各种校正，以保证实验结果的可靠性。

2 孔隙流体地震波衰减理论

孔隙中流体的存在是导致地震波在岩石中传播衰减的主要原因。本章总结了孔隙中流体地震波衰减的研究现状及机理，分析了经典地震岩石物理模型的特征及适用性，探讨了一种新的理论模型建立思路。

2.1 地震波衰减理论概述

地震波在实际地球介质中传播时，其振幅会由于各种可在宏观上归纳为"内摩擦"过程而衰减，导致质点运动的总能量减少。衰减的过程伴随着速度的频散。岩石孔隙流体的存在是导致地震波衰减的主要原因之一。流体引起地震波衰减的基本假设为：当波动经过岩石时，引起孔隙流体的流动，这种黏滞性的流体流动因摩擦将一部分能量转化为热能而衰减。实际观测数据与岩石物理实验均证实地震频带内的强衰减会伴随有明显的速度频散。随着岩石物理实验与数值模拟技术的进步，学者们尝试利用速度频散特征进行储层特征描述。目前，与衰减有关的地震属性已经应用于地震解释和储层描述。

为了更好地解释地震波在含流体多孔介质中发生速度频散的机理，国内外学者开展了大量的研究。Biot（1956）提出了黏弹性损耗效应。他根据岩石的弹性系数、流体黏度和渗透率，推导出纵、横波的衰减表达式。早在1979年，Taner等人就分析了与岩石含油气特征有关的"低频阴影"现象，并认为与频率有关的衰减可能是造成这种现象的原因之一。Dutta和Ode（1979）认为超声频率条件下的疏松、渗透性强的岩石中，岩石的吸收衰减主要是由Biot型液体流动引起。Grant（1994）研究了砂岩中速度和衰减的流体效应，在饱和流体的砂岩中，衰减主要受液体的黏弹性影响，局部流动模型不能解释超声波的特征，他利用超声波衰减研究了人工合成孔隙介质和岩石在饱和流体作用下的速度与衰减，用介质微裂隙中的流体黏弹性和孔隙壁的粗糙程度来解释岩石的衰减机制，并认为超声波衰减与Biot理论之间的差异取决于砂岩中复杂的孔隙形状。Castagna等（2003）使用谱分解的方法，将"低频阴影"作为烃类指示因子用于烃类检测。Ebrom（2004）分析了造成"低频阴影"的原因，其中包括地层衰减。Chapman（2006）利用喷射流衰减机制分析了高低频极限与频散时的地震记录，以及正演模拟的低频阴影。Odebeatu（2006）用频谱分解技术对地震剖面进行分频，发现了低频衰减现象可以指示油气，并指出Gassmann和衰减理论在不同的条件下都会有低频衰减现象。

国内也进行了一些关于岩石物理衰减理论的研究，这些研究集中在宏观和微观尺度。杨顶辉（2000）研究了孔隙各向异性的BISQ理论，拓展了BISQ理论的应用范围，何樵登等（2000，2001，2003）以 Biot 理论和喷射流理论为基础，推导了含油水两相流体孔隙介质的地震波传播方程，并进行正演模拟。聂建新（2004）基于等效介质理论，提出了部分饱和孔隙弹性介质中 BISQ 模型，并对波的传播规律进行分析。唐晓明（2011）考虑了孔隙与裂隙的相互作用，对 Biot 理论和 BISQ 理论进行推广，并分析了裂隙对衰减和频散特征的影响。巴晶（2008）在 Pride 和 Berryman（2003）提出的双孔隙度模型基础上，使用伪谱法数值模拟了含 Biot 耗散与中观尺度流体多孔介质中的地震波场，分析了中观尺度流体流动引起的地震波衰减。贺振华（2009）使用黏弹性双相介质的假设，对低频阴影的衰减机制进行了数值模拟，将其用于油气检测并取得了一定的效果。刘炯等（2009）分别基于 White 周期层状模型和球状饱和模型研究了纵波的衰减和频散特征。

目前普遍认为波动引起流体流动（WIFF）是导致地震波衰减的主要原因（Müller，2010）。当地震波经过时，由于岩石骨架或孔隙流体分布不均匀，产生压力梯度，从而导致流体流动引起衰减和频散。与流体有关地震波吸收衰减的岩石物理理论（WIFF）可以从理论上分为 3 类：（1）基于 Biot 孔隙弹性力学的理论；（2）基于孔隙流体力学的理论；（3）基于黏弹性的理论。Biot 孔隙弹性介质理论为研究双相介质中地震波的衰减提供了框架，预测了慢纵波的存在。在 Biot 理论框架中，通过考虑快波与耗散型的慢纵波在孔隙介质的界面或非均质区域之间相互作用，就可以分析 WIFF 引起的衰减。目前这种理论的研究包括一维层状介质直到三维空间非均匀分布的介质（White，1975，1976；Dutta 和 Ode，1979；Müller 和 Gurevich，2005）。不同形状的孔隙在地震波经过时，会产生不同的形变，引起孔隙内流体的流动，从而产生衰减。Mavko 和 Nur（1979）将这种机制称为喷射流，这种发生在微观孔隙尺度的机制无法用孔隙弹性理论来描述，但是这种机制引起的衰减量远小于实际地震频带内的衰减值。WIFF 机制本质上是流体压力松弛引起衰减，有学者用黏弹性介质来对其衰减和频散特征进行近似（Borchert，2009），其中最常用的是标准线性体（SLS）模型（Mavko 等，2009），这是一种基于表象的方法，缺少岩石物理意义，难以用测量的岩石物理特性进行解释。

2.2 流体流动地震波衰减机理

流体流动地震波衰减机制可分为宏观、中观和微观三个尺度，但是三种尺度的地震波衰减机制的影响因素及在低频的衰减情况各不相同。随着现阶段基于地震资料强衰减特征的流体识别方法成为储层特征描述的热点，学者们也一直在寻找更加合适描述含流体多孔岩石的衰减与速度频散机理的岩石物理理论。

2.2.1 宏观尺度下的衰减理论

Biot 在 1956 年考虑了岩石孔隙流体与固体骨架之间黏滞性和惯性相互作用的机制。其假设多孔介质固体骨架的孔隙之间是相互连通的，其中充满了黏滞性流体，且相对于固体骨架的运动为 Poiseuille 流动。将多孔岩石的受力分解为作用于干岩石骨架和孔隙流体的两部分应力之后，基于线弹性假设前提给出了应力应变的本构关系，推导了与频率有关的饱和流体多孔介质中的速度理论公式，指出与单相介质不同的是双相介质中存在 3 种体波，

即快纵波、慢纵波和横波。其中，快纵波与横波和地震勘探中的常规纵波和横波类似，而慢纵波主要出现在各种介质的分界面附近，其传播速度要远低于横波传播速度，并且具有很强的衰减性。

Biot 理论计算的零频率和无穷大频率的第一类纵波速度表达式为

$$v_{P0}^2 = \frac{1}{\rho_{sat}}\left[K_d + \frac{4}{3}\mu + \frac{(1-\beta)^2}{(1-\phi-\beta)/K_s + \phi/K_f}\right] \quad (2-1)$$

$$v_{P\infty}^2 = \frac{1}{\rho_{sat}(1-\phi) + \phi\rho_f(1-\nu^{-1})}\left[K_d + \frac{4}{3}\mu + \frac{\rho_{sat}\phi/\nu\rho_f + (1-\beta)(1-\alpha-2\phi/\nu)}{(1-\phi-\beta)/K_s + \phi/K_f}\right]$$

$$(2-2)$$

式中：ρ_{sat} 为饱和水岩石密度；ρ_f 为流体密度；K_d、K_s、K_f 分别为干岩石骨架体积模量、矿物颗粒体积模量和流体体积模量；μ 为岩石剪力模量；β 为 Biot 系数；ϕ 为孔隙度；ν 是常规曲折度，其数值是大于 1 的实数。

Geertsma 和 Smit（1961）进一步给出了与频率有关的纵波速度表达公式为

$$v_P^2 = \frac{v_{P\infty}^4 + v_{P0}^4\left[\frac{\omega_B}{\omega}\right]^2}{v_{P\infty}^2 + v_{P0}^2\left[\frac{\omega_B}{\omega}\right]^2} \quad (2-3)$$

式中：ω_B 表示临界频率；ω_B 将孔隙岩石弹性性质分为两个频率区域。

低频区域（频率远远低于临界频率）内，孔隙流体的相对运动由流体黏滞性主导；高频区域（频率远远大于临界频率）孔隙流体的相对运动则由惯性主导。临界频率的表达式为

$$\omega_B = \frac{\phi\eta}{2\pi\kappa\rho_f} \quad (2-4)$$

式中：η 为流体黏滞系数；κ 为岩石渗透率。

根据极限速度知道，饱含流体岩石的零频率极限纵横波速度与 Gassmann 方程完全一致，即在无限长的地震波长尺度下，黏滞流体在具有足够的时间流动以保持孔隙压力的平衡。Biot 理论中的宏观流动机制预测的衰减与速度频散结果与实测数值差异较大，且低频段预测的速度衰减的临界频率随流体黏滞性的增加、渗透率的降低而增加，这也与实验室观测到的趋势正好相反。因此，Biot 理论在地震波的速度频散和能量衰减方面存在一定的局限性。

2.2.2 中观尺度下的衰减理论

中观尺度岩石物理理论主要考虑的是由介质孔隙流体的非均匀饱和或者骨架孔隙的非均匀分布所造成的衰减与速度频散。类比于地震波长尺度的"宏观岩石物理模型"与粒间孔隙尺度的"微观岩石物理模型"，这种远小于地震波长却远大于孔隙颗粒的中间尺度的岩石物理模型称为"中观尺度岩石物理理论"。

实际地下岩层中孔隙流体一般是多相非均匀混溶且有气泡存在。在局部中高饱和度条件下，非均匀浸润状态的气泡会形成大小不一的"斑块"。当研究尺度大于"斑块"规模时，不同的流体区块之间受非平衡的孔隙压力影响产生流动，气泡会发生变形或者破裂，

其形态、体积、质量和分布特征都会发生变化，从而造成地震波的衰减与速度频散。为了描述该机制，White（1975）最先提出了水饱和岩层中存在球状气泡的White模型，随后又利用含水薄岩层与含气薄岩层的周期叠置模型来近似非均匀饱和的多孔介质，并给出了平面波体积模量的定量表达式。由于中观岩石物理模型能够较好地解释低频段地震波速度频散问题，现已成为学者们研究的热点，且提出了不同类型的中观岩石物理模型。

White模型利用理想的含水层与含气层交互周期叠置的层状模型来模拟中观非均匀的流体部分饱和情况，其几何示意图如图2-1所示。模型由含水层a和含气层b交互叠置而成，假设横向和纵向是无限延伸的，且只考虑纵波在垂直于层面的方向进行传播，即介质中只存在波传播方向上的正应力。考虑到理想模型具有对称性，根据Biot理论知道每层孔隙介质的内部无流体流动，为研究方便，通常将图2-1中的实线框内的部分作为研究单元进行研究。

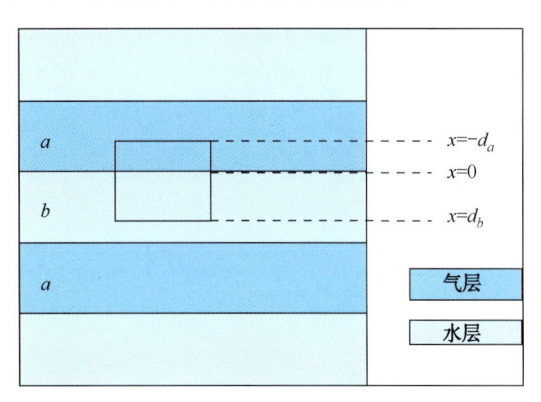

图2-1 White层状模型
d_a、d_b大小表明了含气饱和度大小

基于周期成层White模型得到的介质等效平面波模量为

$$E = \left[\frac{1}{E_0} + \frac{2(R_b - R_a)^2}{i\omega(d_a + d_b)(I_a + I_b)}\right]^{-1} \quad (2-5)$$

式中：$E_0 = \left(\frac{S_a}{E_a} + \frac{S_b}{E_b}\right)^{-1}$；$E_a$和$E_b$分别表示介质$a$和$b$的平面波模量，其数值可根据Gassmann方程得到；S_a和S_b分别表示介质a和b在研究单元中占的体积比例，计算方式为：$S_i = d_i/L$，$i = a$，b。R_i（$i = a$，b）的计算公式为

$$R_i = \frac{\alpha}{E_i} \frac{K_s}{1 - \phi - K_m/K_s + \phi K_s/K_{f_i}} \quad (2-6)$$

式中：K_s，K_m，K_f分别为干岩石骨架体积模量、矿物颗粒体积模量和饱和流体岩石体积模量；α为Biot系数；E为杨氏模量；ϕ为孔隙度。

一般情况下假设介质a和b的孔隙度与岩石颗粒介质是一致的。

介质a和b的声阻抗为：$I_i = \frac{\eta_i}{k_i \kappa}\cos\left(\frac{k_i d_i}{2}\right)$（$i = a$，$b$），其中$k_i$（$i = a$，$b$）表示慢纵波波数，计算公式为：$k_i = \sqrt{\frac{i\omega \eta_i}{\kappa K_{E_i}}}$（$i = a$，$b$），等效体积模量$K_{E_i}$的计算公式为

$$K_{E_i} = \frac{K_m}{K_i} \frac{K_s}{1 - \phi - K_m/K_s + \phi K_s/K_{f_i}} (i = a, b) \quad (2-7)$$

按照公式（2-6）和（2-7）计算出特征单元的等效平面波模量后，通过（2-8）式即可求的周期成层White模型的复速度C，即

$$C = \sqrt{\frac{E}{\rho}} \tag{2-8}$$

式中：ρ 是研究单元的等效密度，计算公式为：$\rho = \sum_{ii=1,2} \frac{d_{ii}}{L} \rho_{ii}$；$d_{ii}$ 表示介质 ii 的纵向长度；L 表示研究单元的纵向总长度；ρ_{ii} 表示介质 ii 的密度，计算公式为：$\rho_{ii} = (1-\phi_{ii})\rho_{s_{ii}} + \phi_{ii}\rho_{f_{ii}}$；$\phi_{ii}$ 表示介质 ii 的孔隙度；$\rho_{f_{ii}}$ 和 $\rho_{s_{ii}}$ 则分别表示介质 ii 的孔隙流体与固体颗粒密度。

纵波速度的计算公式为

$$v_P = \text{Re}(C) \tag{2-9}$$

White 层状模型可以较好地描述地震频带范围内的速度频散现象，这对地震勘探有重大的应用价值。在国内外，与之相关的研究内容已经成为学者们关注的前沿热点。

2.2.3 微观尺度下的衰减理论

为了寻求低频段速度频散和地震波衰减问题的合理解释，一些学者将注意力转向一种描述孔隙流体的微观流动效应，即多孔岩石受到挤压时，位于较软的、易压缩的孔隙流体向较硬的孔隙内部喷射的一种流动机制，称为喷射流动（Squirt flow）机制。

Mavko 和 Jizba（1991）最先根据高频情况下压力的"非弛豫"特性，提出了计算高频条件下饱和岩石弹性模量的理论公式，Dvorkin 等人（1995）将预测高频饱和岩石模量的公式进行推广，得到了用于估算任意频率的模量、速度和衰减的理论模型，最终的纵波速度 v_P 的计算公式，即

$$v_P = \sqrt{\frac{\text{Re}(K + 4\mu/3)}{\rho_{\text{sat}}}} \tag{2-10}$$

式中：K 和 μ 分别是改进的饱和岩石的体积模量与剪切模量。

喷射流动机制与 Biot 理论从不同尺度研究了饱含流体多孔介质中固相和液相的相互运动。其中，喷射流动机制认为低频条件下，饱含流体岩石处于松弛状态，孔隙流体有足够时间在孔隙空间发生喷射运动，而高频条件下，岩石则处于非松弛状态，孔隙流体无法完成流动，其描述的是双相的微观运动；而 Biot 理论则认为低频条件下流体主要受黏滞性影响被骨架"锁住"，高频时则受惯性影响使流体的流动滞后于固体骨架，其描述的是双相的宏观运动。为了更好地描述固液两相的相互作用，Dvorkin 等人（1993）将两种机制进行了有效结合，提出了 BISQ（Biot-Squirt）模型。

Dvorkin 和 Nur 提出的均匀、各向同性介质的 BISQ 模型可用图 2-2 表示，其只考虑岩石骨架沿波传播方向发生的形变，假设横向无形变发生；圆柱体的对称轴与波传播方向一致，截面半径表示孔隙流体喷射流动的平均长度，且模型外面的压力不随时间变化。这样的话，孔隙流体不仅可以沿着波的

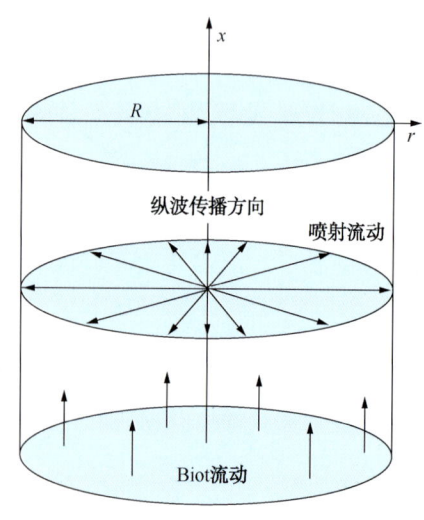

图 2-2 BISQ 模型

传播方向进行宏观的 Biot 流动，还可以在横向发生微观的喷射流动。

在 BISQ 模型中特别引入的参数是特征喷射流动长度，这是一个非常关键的参数，其物理意义是多孔介质中微观运动的宏观表征，其数值一般借助岩石物理实验获得（纵波速度或者品质因子的间接拟合方法）。

一维各向同性多孔介质的 BISQ 模型所给出的纵波速度的表达式为

$$v_P = \frac{1}{\text{Re}(\sqrt{Y})} \tag{2-11}$$

式中：$Y = -\frac{B}{2A} - \sqrt{\left(\frac{B}{2A}\right)^2 - \frac{C}{A}}$

$A = \frac{\phi F_{sq} M_d}{\rho_2^2}$

$B = \frac{F_{sq}(2\alpha - \phi - \phi\rho_1/\rho_2) - (M_d + F_{sq}\alpha^2/\phi) + (1 + \rho_a/\rho_2 + i\omega_c/\omega)}{\rho_2}$

$C = \frac{\rho_1}{\rho_2} + \left(1 + \frac{\rho_1}{\rho_2}\right)\left(\frac{\rho_a}{\rho_2} + \frac{i\omega_c}{\omega}\right)$

$F_{sq} = F\left[1 - \frac{2J_1(\lambda R)}{\lambda R J_0(\lambda R)}\right]$

$\lambda^2 = \frac{\rho_f \omega^2}{F}\left(\frac{\phi + \rho_a/\rho_f}{\phi} + \frac{i\omega_c}{\omega}\right)$

M_d 为干岩石骨架的单轴应变模量（$M_d = \rho_d v_{P-d}^2$，ρ_d 是干岩石密度，v_{P-d} 是干岩石纵波速度）；$\frac{1}{F_{sq}}$ 体现了 Biot 流动和喷射流动对固液耦合系统的综合压缩性；$\alpha = 1 - \frac{K_d}{K_s}$ 即为 Biot 系数；ϕ 为孔隙度；$\rho_1 = (1-\phi)\rho_s$；$\rho_2 = \phi\rho_f$（ρ_s 和 ρ_f 分别表示固相颗粒与孔隙流体的密度）；ρ_a 则表示 Biot 惯性耦合密度，计算公式是：$\rho_a = (1-\tau)\phi\rho_f$（$\tau$ 是曲折度，表示一个纯粹的几何参数，一般取值大于1）；ω 是角频率，$\omega_c = \frac{\eta\phi}{\kappa\rho_f}$ 为 Biot 理论的特征角频率（η 为流体黏滞系数，κ 为渗透率）；R 为特征喷射流动长度；J_0 和 J_1 是零阶和一阶贝塞尔（Bessel）函数；F^{-1} 则表示 Biot 流动对固液耦合系统的压缩性，计算方式是：$F^{-1} = \frac{1}{K_f} + \frac{1}{\phi K_s}(\alpha - \phi)$。

BISQ 模型既能够像 Biot 理论一样利用宏观力学定律描述多孔介质的弹性性质，又考虑了微观尺度下的孔隙流体喷射流动现象，力图更为全面地描述弹性波的速度频散和衰减现象。Dvorkin 等人通过实验验证了 BISQ 模型在超声频带的准确性，但仍无法有效地描述地震频段内的衰减现象，国外一些学者尝试着利用黏土来解释 BISQ 模型与实际实验不吻合的现象，但是，受到黏土岩石物理研究难度较大的制约，这种思路的进展也不大。Pride 则通过研究指出微观尺度下的岩石物理模型无法描述地震频段范围内的衰减与速度频散问题。国内也进行了一些关于岩石物理衰减理论的研究，这些研究集中在宏观和微观尺度，杨顶辉（1998）研究了孔隙各向异性的 BISQ 理论，拓展了 BISQ 理论的应用范围，何樵登等

（2000，2001，2003）以 Biot 理论和喷射流理论为基础，推导了含油水两相流体孔隙介质的地震波传播方程，并进行正演模拟。聂建新（2004，2005）基于等效介质理论，提出了部分饱和孔隙弹性介质中 BISQ 模型，并对波的传播规律进行分析。唐晓明（2011）考虑了孔隙与裂隙的相互作用，对 Biot 理论和 BISQ 理论进行推广，并分析了裂隙对衰减和频散特征的影响。

通过以上分析可以看出，不同尺度下地震波衰减机制所考虑的因素不同，不同的岩石物理理论模型能够从不同的方面，分析地层吸收衰减参数与基岩模量、孔隙流体参数等之间的定量关系。可以综合考虑三个尺度的衰减机制，建立统一的岩石物理模型，为量化基于地层吸收参数的储层流体识别奠定理论基础。

2.3 跨尺度岩石物理模型

在分析研究宏观、中观、微观尺度下的地震波衰减机制和岩石物理模型的基础之上，充分考虑各尺度的地震波传播时的衰减影响机制，即在充分考虑每层饱和岩石中的"Biot流"和"喷射流"的基础之上，以 BISQ 模型为基础，假设含气和含水的饱和岩石周期成层分布，添加中观衰减机制的影响因素（White 周期成层模型），建立跨尺度岩石物理模型，如图 2-3 所示。

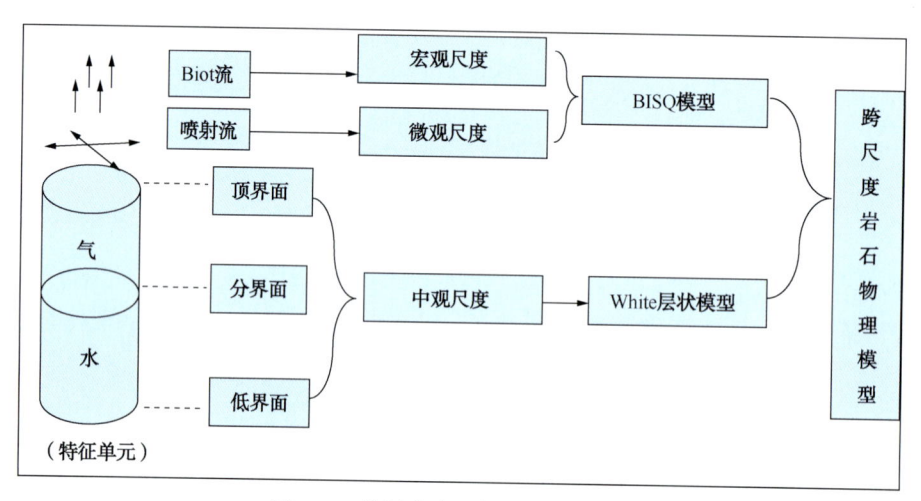

图 2-3 跨尺度岩石物理模型示意图

从 Dvorkin（1993）建立的 BISQ 方程（2-12）和（2-13）出发，利用 Dutta 和 Odd（1979）对双相方程解耦的方程进行计算。

$$(1-\phi)\rho_s u_{tt} + \phi\rho_f v_{tt} = Mu_{xx} + \alpha D\left(v_{xx} + \frac{\gamma}{\phi}u_{xx}\right) \quad (2-12)$$

$$\phi\rho_f v_{tt} - \rho_a(u_{tt} - v_{tt}) - \frac{\mu\phi^2}{\kappa}(u_t - v_t) = \phi D\left(v_{xx} + \frac{\gamma}{\phi}u_{xx}\right) \quad (2-13)$$

式中：u_{tt} 和 v_{tt} 为固体和流体位移；ϕ 为孔隙度；μ、κ 为流体的黏滞度和渗透率；ρ_s、ρ_f 为固体和流体的密度；M 为特征单元的骨架平面波模量；$D = (1/K_f + 1/\phi q)^{-1}\left[1 - 2J_1(\lambda R)/\right.$

$\lambda R J_0(\lambda R)$]；$q = K_s/(1-\phi-K_d/K_s)$；$\gamma = \alpha-\phi$；$\alpha = 1-K_d/K_s$；K_s，K_d 分别为介质和骨架的体积模量；R 为喷流尺度。

令 $W = \phi(v-u)$；$\rho_b = [(1-\phi)\rho_s + \phi\rho_f]$，$H = M + \alpha^2 D/\phi$，$m = \rho_f/\phi + \rho_a/\phi^2$ 代入波动方程（2-12）和（2-13）可得

$$\rho_b u_{tt} + \rho_f W_{tt} = H u_{xx} + \frac{\alpha D}{\phi} W_{xx} \tag{2-14}$$

$$\rho_f u_{tt} + m W_{tt} = \frac{\alpha D}{\phi} u_{xx} + \frac{D}{\phi} W_{xx} - \frac{\mu}{\kappa} W_t \tag{2-15}$$

式中：W 为流固耦合位移；ρ_b 为等效介质密度。

令固体位移和流固耦合位移有如下关系：$u = u(x) e^{iwt}$，$W = W(x) e^{iwt}$，$W = W_c + W_d$，$u = u_c + u_d$，$u_d = \sigma_d W_d$，$u_c = \sigma_c W_c$，代入波动方程（2-14）、（2-15）得

$$w^2\left(\sigma_{11} c_3 - \sigma_{21} c_1 + \frac{i\mu}{\kappa w} c_1\right) W_c + w^2\left(\sigma_{12} c_3 - \sigma_{22} c_1 + \frac{i\mu}{\kappa w} c_1\right) W_d = (c_1 c_4 - c_2 c_3)\frac{\partial^2 W_d}{\partial x^2}$$
$$\tag{2-16}$$

$$w^2\left(\sigma_{12} c_4 - \sigma_{22} c_2 + \frac{i\mu}{\kappa w} c_2\right) W_d + w^2\left(\sigma_{11} c_4 - \sigma_{21} c_2 + \frac{i\mu}{\kappa w} c_2\right) W_c = (c_2 c_3 - c_1 c_4)\frac{\partial^2 W_c}{\partial x^2}$$
$$\tag{2-17}$$

式中：$\sigma_{11} = \rho_b \sigma_c + \rho_f$；$\sigma_{12} = \rho_b \sigma_d + \rho_f$；$\sigma_{21} = \rho_f \sigma_c + m$；$\sigma_{22} = \rho_f \sigma_d + m$；$c_1 = H\sigma_c + \alpha D/\phi$；$c_2 = H\sigma_d + \alpha D/\phi$；$c_3 = \sigma_c \alpha D/\phi + D/\phi$；$c_4 = \sigma_d \alpha D/\phi + D/\phi$。

对波动方程（2-16）和（2-17）分解耦合可得

$$w^2\left(\sigma_{11} c_3 - \sigma_{21} c_1 + \frac{i\mu}{\kappa w} c_1\right) W_c = 0 \tag{2-18}$$

$$w^2\left(\sigma_{12} c_4 - \sigma_{22} c_2 + \frac{i\mu}{\kappa w} c_2\right) W_d = 0 \tag{2-19}$$

$$w^2\left(\sigma_{12} c_3 - \sigma_{22} c_1 + \frac{i\mu}{\kappa w} c_1\right) W_d = (c_1 c_4 - c_2 c_3)\frac{\partial^2 W_d}{\partial x^2} \tag{2-20}$$

$$w^2\left(\sigma_{11} c_4 - \sigma_{21} c_2 + \frac{i\mu}{\kappa w} c_2\right) W_c = (c_2 c_3 - c_1 c_4)\frac{\partial^2 W_c}{\partial x^2} \tag{2-21}$$

方程（2-18）至（2-21）代入参数后可得

$$\left(\frac{\alpha D}{\phi}\rho_b - H\rho_f\right)\sigma^2 + \left(\frac{\rho_b D}{\phi} - mH + \frac{i\mu H}{\kappa w}\right)\sigma + \left(\frac{\rho_f D}{\phi} - \frac{m\alpha D}{\phi} + \frac{i\mu\alpha D}{\kappa w\phi}\right) = 0 \tag{2-22}$$

$$\left(\frac{\partial^2}{\partial x^2} + k_c^2\right) W_c(x) = 0 \tag{2-23}$$

$$\left(\frac{\partial^2}{\partial x^2} + k_d^2\right) W_d(x) = 0 \tag{2-24}$$

式中：$k_c^2/w^2 = (\sigma_{11} c_4 - \sigma_{21} c_2 + i\mu c_2/\kappa w)/(c_1 c_4 - c_2 c_3)$
$k_d^2/w^2 = (\sigma_{12} c_3 - \sigma_{22} c_1 + i\mu c_1/\kappa w)/(c_2 c_3 - c_1 c_4)$

对波动方程（2-25）和（2-26）求解可得

$$W_c = B_1\cos(k_c x) + B_2\sin(k_c x) \quad (2\text{-}25)$$
$$W_d = B_3\cos(k_d x) + B_4\sin(k_d x) \quad (2\text{-}26)$$

式中：B_1、B_2、B_3、B_4 为待定系数。

流固耦合位移和固体位移分别为

$$W = W_c + W_d = B_1\cos(k_c x) + B_2\sin(k_c x) + B_3\cos(k_d x) + B_4\sin(k_d x) \quad (2\text{-}27)$$
$$u = u_c + u_d = \sigma_c W_c + \sigma_d W_d = \sigma_c B_1\cos(k_c x) + \sigma_c B_2\sin(k_c x) + \sigma_d B_3\cos(k_d x) + \sigma_d B_4\sin(k_d x) \quad (2\text{-}28)$$

当外界对该模型上下界面施加一定的压力 $\hat{p}$ 时，利用跨尺度岩石物理模型特征单元的顶界面、分界面、底界面 3 个分界面处的应力应变连续性条件，根据上下边界的位移变化求取该特征单元的体变，进而求得该模型的复变平面波模量，最终可到该模型的地震波衰减和频散。

如图 2-3 所示，在特征单元的顶界面，因为应力连续，且无流体排出，所以有

$$\tau_a = -\hat{p}_a, \quad x = -d_a \quad (2\text{-}29)$$
$$u_a = v_a, \quad x = -d_a \quad (2\text{-}30)$$

在特征单元的底部，因为应力连续，且无流体排除，所以有

$$\tau_b = -\hat{p}_b, \quad x = -d_b \quad (2\text{-}31)$$
$$u_b = v_b, \quad x = -d_b \quad (2\text{-}32)$$

根据层 a 和层 b 分界面处的总法向应力连续和孔隙压力相等边界条件有如下方程，即

$$\tau_a = \tau_b, \quad x = 0 \quad (2\text{-}33)$$
$$p_a = p_b, \quad x = 0 \quad (2\text{-}34)$$

又因为在分界面处固体位移连续、流体体积流量相等，于是有

$$u_a = u_b, \quad x = 0 \quad (2\text{-}35)$$
$$\phi_a(v_a - u_a) = \phi_b(v_b - u_b) \quad (2\text{-}36)$$

式中：流体压力 $p = -D(w_x + \gamma u_x/\phi)$；总的正应力 $\tau = Mu_x - \alpha p$。

通过 3 个边界条件建立的 (2-29) 至 (2-36) 的 8 个方程求解两层固体位移中的 8 个待定系数，以便求出特征方程的上下边界具体的固体位移 u_a、u_b；根据方程 (2-37) 求取特征单元的体变 ε；然后根据方程 (2-38) 求取特征单元的平面波体积模量（C^* 为复变模量）；最后根据方程 (2-39) 和 (2-40) 求取方特征单元的衰减（即地层吸收参数）和频散。

$$\varepsilon = \frac{u_b - u_a}{d_a + d_b} \quad (2\text{-}37)$$

$$C^* = \frac{-\hat{p}}{\varepsilon} = \left[\frac{1}{E_0} + \frac{2(R_b - R_a)^2}{\mathrm{i}\omega(d_a + d_b)(I_a + I_b)}\right]^{-1} \quad (2\text{-}38)$$

$$\frac{1}{Q} = \frac{\mathrm{Imag}(C^*)}{\mathrm{Real}(C^*)} \quad (2\text{-}39)$$

$$\frac{1}{v_P} = \mathrm{Real}\left(1\bigg/\sqrt{\frac{C^*}{\rho}}\right) \quad (2\text{-}40)$$

用以上求解跨尺度岩石物理模型的衰减和频散方法，利用表 2-1 给出的孔隙介质参数描述的两层介质计算特征单元的衰减（图 2-4）和频散（图 2-5）。通过这两幅图可以看

出，在地震频带确实有地震波的频散和衰减的产生，并且该跨尺度岩石物理模型衰减和频散值都低，在 0.1 之下，这和表 2-2 中所列举的不同人观测到的低频衰减实验数据范围十分吻合，说明该模型更加真实地刻画了地震波在地下饱和岩石中传播的衰减和频散特征。

表 2-1　孔隙介质参数

参　数	第一层	第二层
岩石厚度（cm）	10	10
骨架体积模量（GPa）	3.18	3.18
渗透率（mD）	1000	1000
黏滞度（Pa·s）	0.6×10^{-3}	1.5×10^{-5}
孔隙度	0.3	0.3
固体骨架（GPa）	33.8	33.8
流体体积模量（GPa）	2.2	9.6×10^{-3}
剪切模量（GPa）	1.4	1.4
喷流尺度（m）	\multicolumn{2}{c}{0.17×10^{-3}}

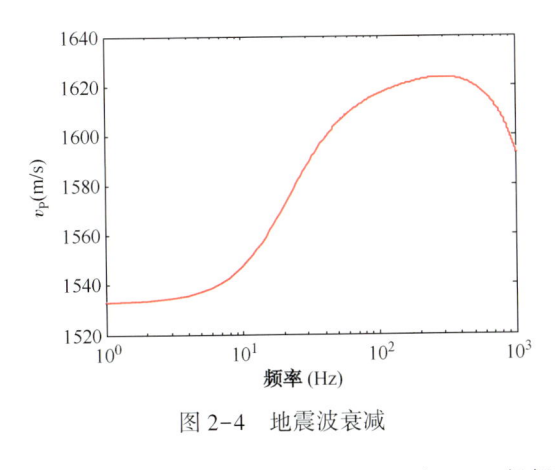

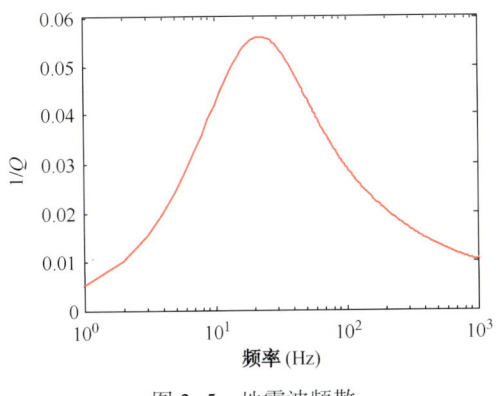

图 2-4　地震波衰减

图 2-5　地震波频散

表 2-2　低频衰减实验研究

Winkle 和 Nur，1979，Geophys. Res. Lett	Spencer，1981，J. Geophys. Res
Murphy，1984，Geophys. Res. Lett	Paffenholz，1989，J. Geophys. Res
Yin，1992，Geophys. Res. Lett	Batzle，2006，Geophysics
Gautam，2003，SEG Annual Meeting	Adam，2009，J. Geophys. Res

　　进一步比较了跨尺度模型与经典 White 模型的计算结果。跨尺度模型表征的纵波衰减曲线和频散曲线如图 2-6 和图 2-7 所示，其中 White 表示用 White 公式计算的结果，公式的具体形式可参看 White（1975）。可以看到在低频段用 3 种方法得到的速度和衰减符合得很好。但随着频率的升高，White（1975）与另外两种方法的结果差异变得明显。分析其原因，对比弹性结构的声子晶体的原理，该原理考虑的 Patchy 模型由于空间的周期结构使得其变成了孔隙弹性的声子晶体。当外加载荷的频率升高，孔隙介质内的波长达到和层厚尺

度相当时，模型中传播的纵波进入了声子晶体的能量禁带，所以在一定频率后出现纵波速度随频率升高而降低、逆品质因子在出现第一个峰值后的一段频率后又出现衰减值增大的现象。由于 White 求等效模量的方法是在低频假设的前提下得到的，当模型内的纵波波长和特征单元尺度相当时，低频假设已经不满足，所以此时用 White 方法求波速和衰减是不合理的。

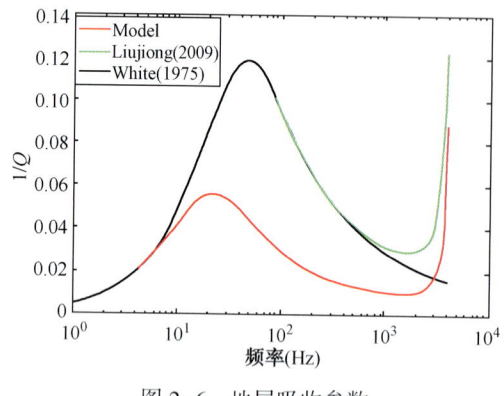

图 2-6　地层吸收参数

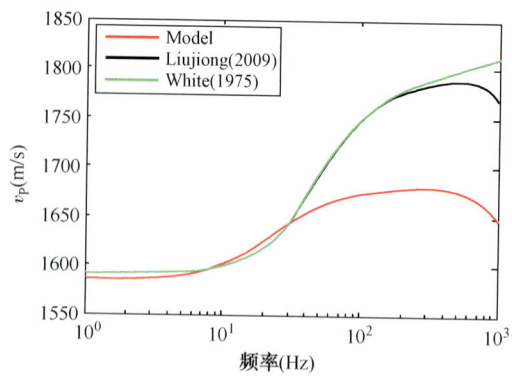

图 2-7　纵波速度

3 地层吸收衰减与储层物性及流体性质的关系

地层吸收衰减与储层物性及流体性质的量化理论关系，是利用吸收衰减属性进行油气预测的基础。本章基于岩石物理理论模型和黏弹正演模拟，系统分析了地震波速度、衰减与储层物性及流体性质的关系。

3.1 吸收衰减理论模型分析

对于跨尺度岩石物理模型，图 3-1 描述了不同特征喷射流动长度的地震波衰减和频散。当 R 大约小于 0.0001 时，地震波的衰减和频散基本不变。随着 R 增加时，有一部分衰减逐渐向低频移动。当特征喷射流动长度 R 等于 5 时，跨尺度模型退化成了 White（1975）模型，基本没有了裂隙的影响。在讨论裂隙密度和裂隙纵横比及裂隙含量对于地震波的频散和衰减的影响时，应该考虑到它们的变化对于干岩石模量的变化。给出该模型基岩的剪切模量为 $\mu_s = 22\text{GPa}$，利用 Thomson（1985）提出的 Biot-consistent 理论求取骨架的体积模量和剪切模量。

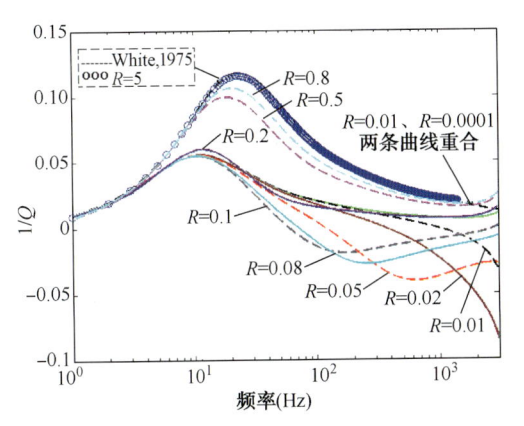

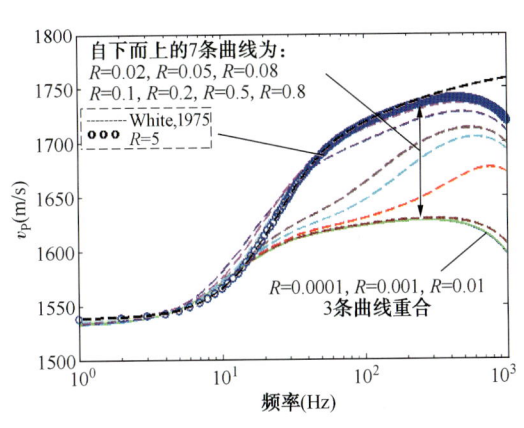

图 3-1 不同特征喷射流动长度的地震波衰减和频散

图 3-2 对比了不同裂隙纵横比下孔隙流体介质的纵波衰减和频散，具体参数参见表 3-1。可见，随着裂隙纵横比变大，有一部分纵波衰减向高频段移动，纵波衰减先减小后增加。这是由于裂隙的纵横比增加，裂隙"喷射流"产生的纵波衰减主频向高频段移动造成的。

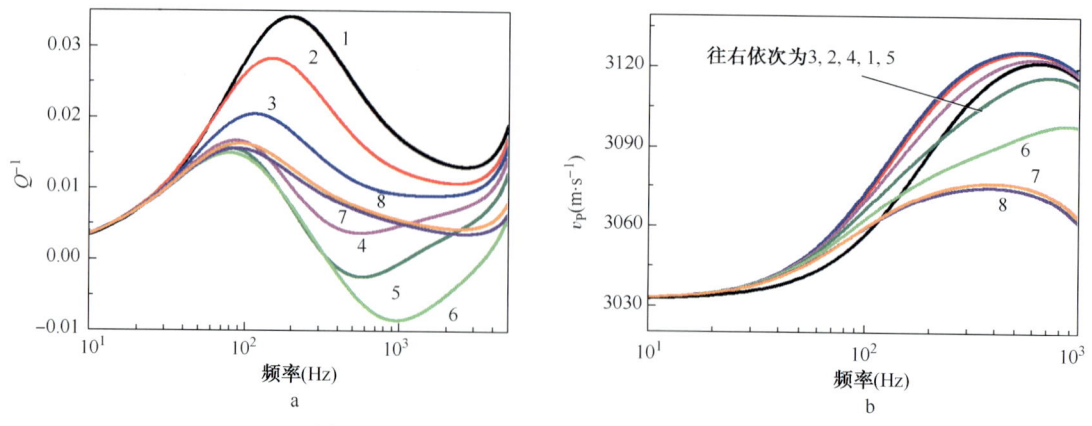

图 3-2　不同裂隙纵横比的地震波衰减和频散

图 3-3 对比了不同裂隙密度下孔隙流体介质的纵波衰减和频散，具体参数参见表 3-1。可见，随着裂隙密度的减小，即增加岩石围压，含硬币型裂隙、孔隙流体介质的体积模量、剪切模量增大，纵波衰减逐渐降低，频散速度逐渐增加，与实验室结果一致。

图 3-4 对比了不同硬币型裂隙含量下孔隙流体介质的纵波衰减和频散，硬币型裂隙含

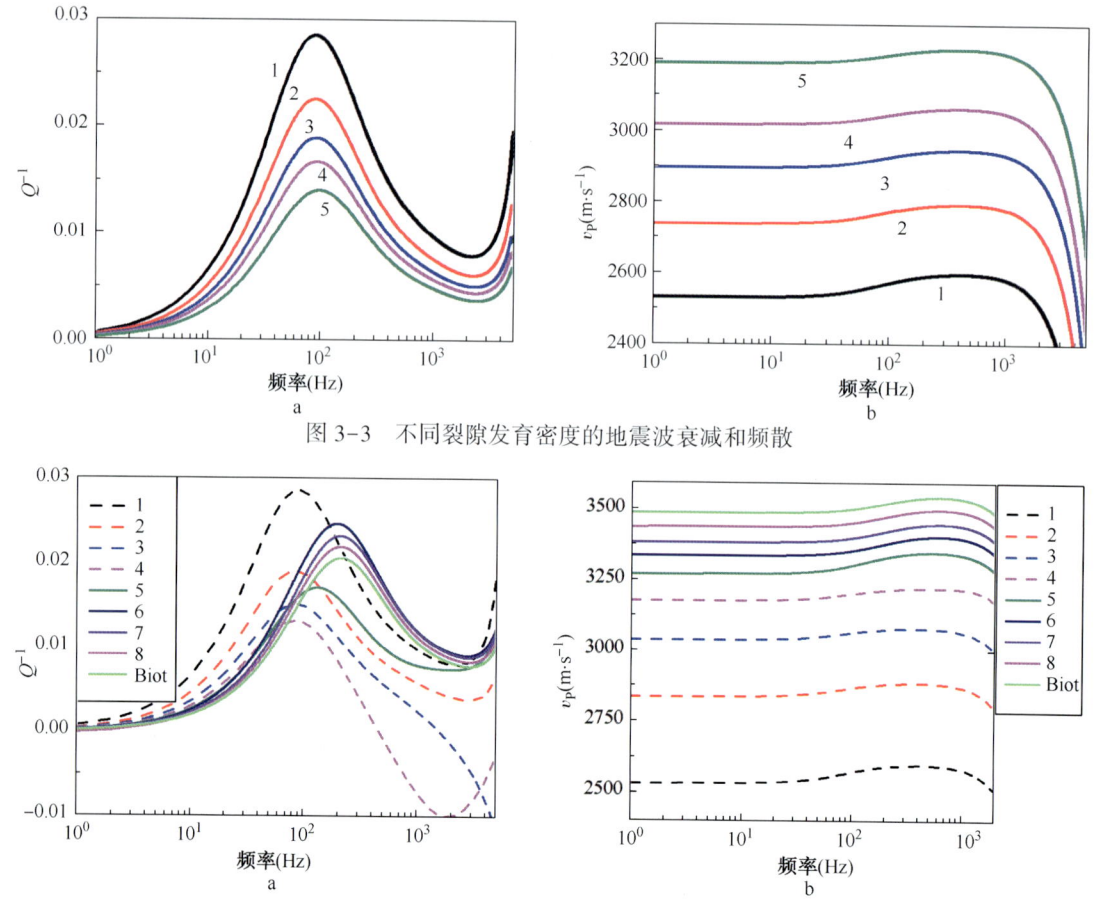

图 3-3　不同裂隙发育密度的地震波衰减和频散

图 3-4　不同硬币型裂隙含量的纵波衰减和频散（具体参数参见表 3-1）

量逐渐减少，即裂隙密度和裂隙纵横比（裂隙闭合程度）同时减小，具体参数参见表 3-1。可见，当裂隙含量逐渐减少时，纵波衰减逐渐降低，裂隙密度的减小是影响纵波衰减的主要因素。减小到一定程度时，纵波衰减会小幅度增加，裂隙纵横比的减小是影响纵波衰减的主要因素。最后，纵波衰减逐渐降低，裂隙密度的减小又成为影响纵波衰减的主要因素。频散速度也逐渐增加，且逐渐接近于解耦求解不含裂隙的 Biot 弹性波动方程的纵波衰减和频散速度曲线。

表 3-1　不同的裂隙参数

序号	图 3-2		图 3-3	图 3-4
	裂隙密度	裂隙纵横比	裂隙密度	裂隙纵横比
1	0.1	0.00001	0.1	0.01
2	0.08	0.00004	0.07	0.005
3	0.06	0.0006	0.05	0.0025
4	0.04	0.0007	0.03	0.0013
5	0.03	0.0008	0.02	0.0006
6		0.001	0.016	0.0003
7		0.006	0.01	0.00015
8		0.01	0.005	0.00003

进一步研究纵波频散和衰减与孔隙渗透率的关系。分别取骨架渗透率为 $\kappa=30\text{mD}$，$\kappa=100\text{mD}$，$\kappa=500\text{mD}$ 的 3 种情况，并对地震频带 1~1000Hz 的衰减和速度进行了计算，结果如图 3-5 所示。传统的 Biot 理论认为，随着渗透率的降低，衰减峰向高频移动。图 3-5 的

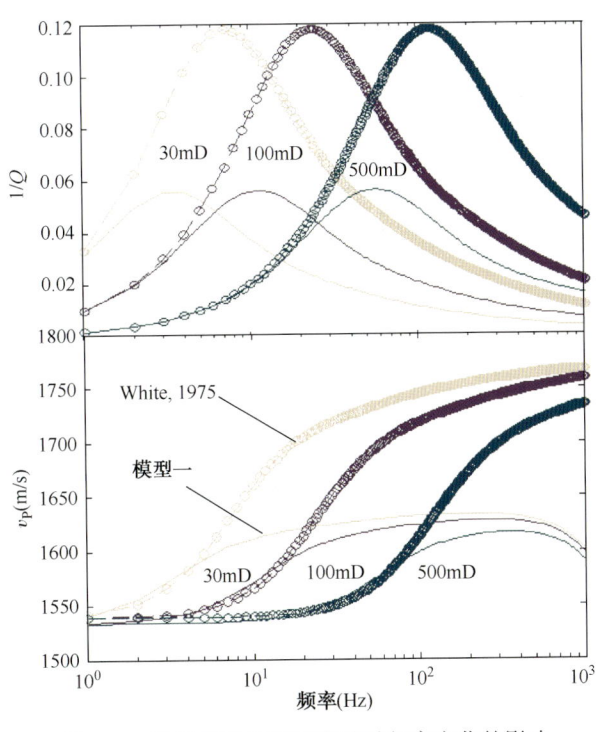

图 3-5　渗透率对速度与衰减随频率变化的影响

计算结果却表明：在地震频段，随着渗透率的降低，衰减峰向低频移动，这和 Batzle（2001，2006）做的实验结果一致。

图 3-6 为含气饱和度对衰减的影响。在地震频段的开始阶段，纵波衰减峰值随着含气量的升高先上升，其峰值对应的频率向低频移动。在一定含气饱和度后，衰减峰值随频率升高而下降，且峰值频率向高频移动。纵观总体变化趋势，衰减峰的最大值出现在含气量 0.1 时，这和 Gautam（2003）做的实验结果一致。

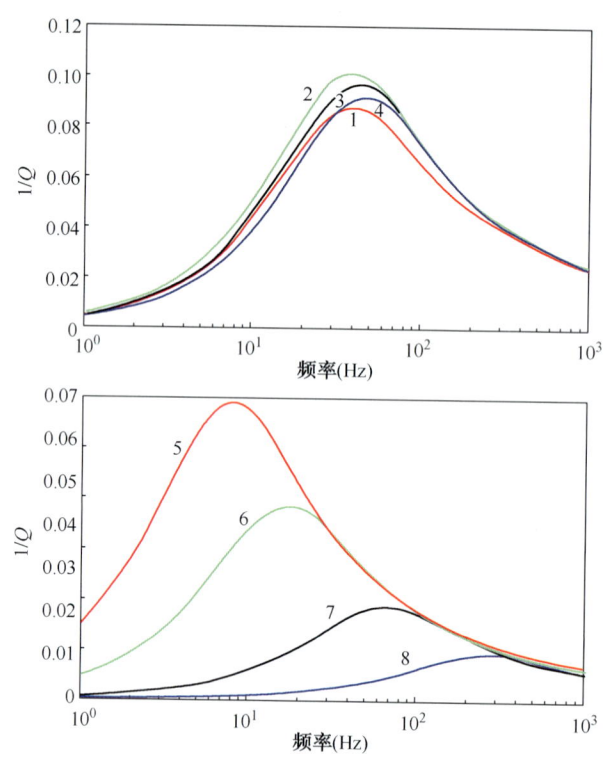

图 3-6 含气饱和度对速度与衰减随频率变化的影响
1，2，3，4，5，6，7，8 的气体饱和度分别为 0.02，0.1，0.15，0.2，0.4，0.6，0.8，0.9

图 3-7 为不同孔隙度条件下，速度和衰减随频率的变化。随着孔隙度的减小，地震波的纵波衰减逐渐降低，频散速度逐渐升高。

图 3-8 为流体类型的变化对于地震波的衰减和频散的影响。可见，含气—水的纵波衰减比含油—水的纵波衰减大，纵波的频散速度低。

图 3-9 为含油饱和度的变化对于地震波衰减和频散的影响。随着含油饱和度的增加，地震波衰减先增加后减小，在含油饱和度 0.4 左右，地震波衰减最大。随着含油饱和度的增加，纵波速度逐渐减小。

从这些分析中可以看出，流体的渗透率只影响地震波低频衰减的衰减主频，而对于幅值没有影响。流体的饱和度及流体类型不仅影响衰减和速度频散的衰减主频，还会影响其幅值的大小。流体的这两个参数都对地震波的低频衰减和频散有较强的响应。

地层吸收衰减与储层物性及流体性质的关系

图 3-7 孔隙度对速度与衰减随频率变化的影响

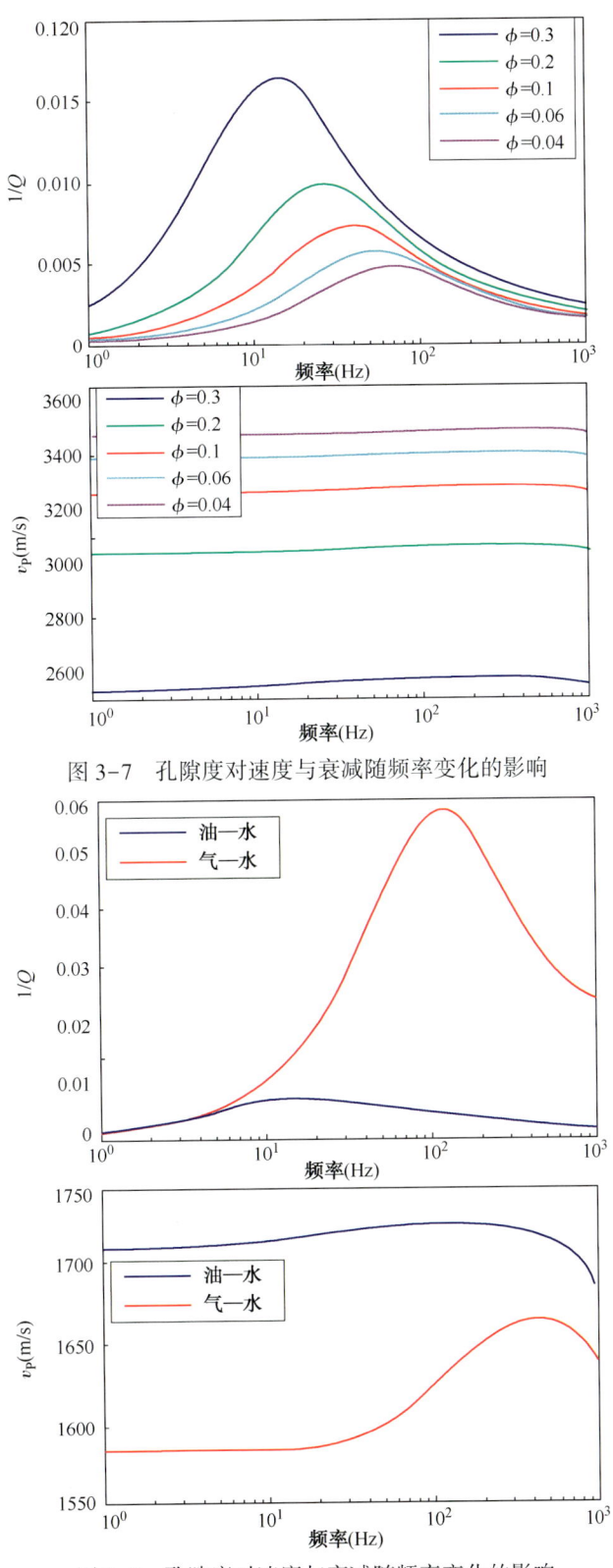

图 3-8 孔隙度对速度与衰减随频率变化的影响

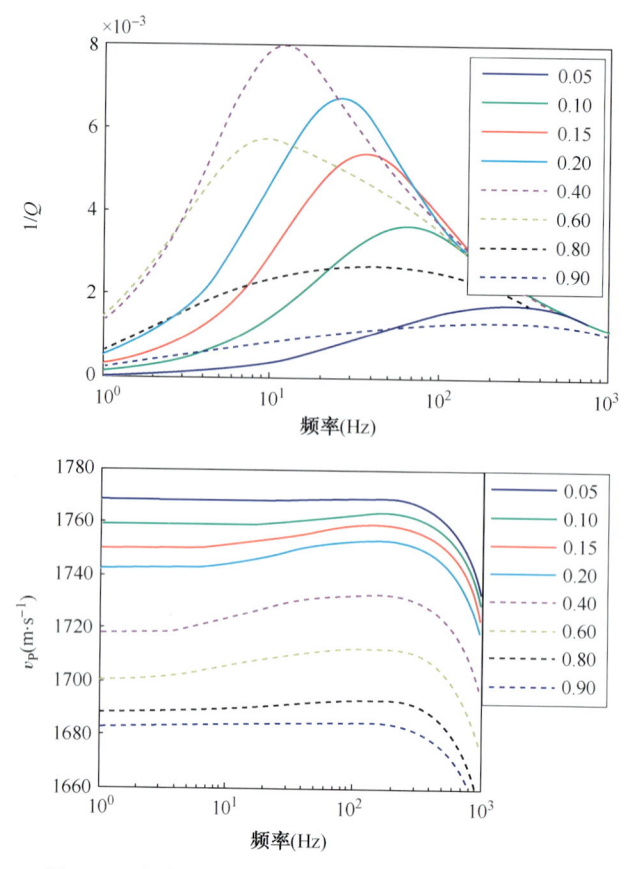

图 3-9　含油饱和度对速度与衰减随频率变化的影响

3.2　吸收衰减参数孔隙流体敏感性分析

许多前人都做过流体敏感性方面的研究，试图寻找对孔隙流体最为敏感的流体因子。但是通过实际地震解释时发现，对于不同的工区，对孔隙流体敏感最强的参数往往不是固定的。许多流体因子都是基于尽可能地弱化骨架的影响，提高储层流体的影响提出来的。Batzle（2006）着重分析了模量（骨架模量、流体模量、剪切模量等）对孔隙流体的敏感性，Goodway 自 1997 以来系统分析了 $\lambda\rho$ 的敏感性。在此基础上，Lucia（2003）提出了一种储层及流体参数敏感性评价方法［方程（3-1）］，即敏感因子等于流体因子含油与含水平均值之差和含油流体因子标准差的比。结合地层吸收参数，利用方程（3-1）对吸收衰减参数和常规属性参数的敏感性进行评价，即敏感因子等于流体因子含气与非含气平均值之差和含气流体因子平均值的比，即

$$R_{\text{sensitivity}} = \frac{|X_{\_\text{gas}} - X_{\_\text{nogas}}|}{|X_{\_\text{gas}}|} \tag{3-1}$$

利用表 3-1 的孔隙介质参数求取地层吸收参数和其他的常规流体因子。由于衰减和频散与频率相关，所以求出的参数都与频率有关。从图 3-10 可得，地层吸收参数的敏感性是最大的。

地层吸收衰减与储层物性及流体性质的关系

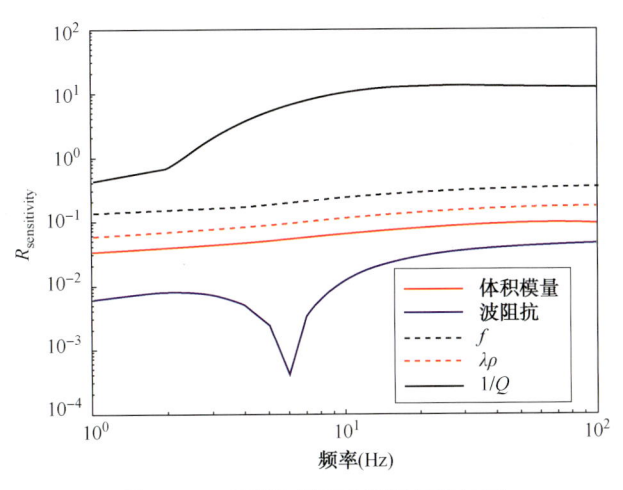

图 3-10 各流体因子之间敏感性比较

结合某工区实际含气测井资料得到不同流体敏感性的测井曲线如图 3-11a 所示。其中，红色代表含气储层。利用方程（3-1）进行流体敏感性分析统计可得图 3-11b。通过比较可得，地层的吸收参数与其他常规流体因子相比对于气层的敏感性是最强的。

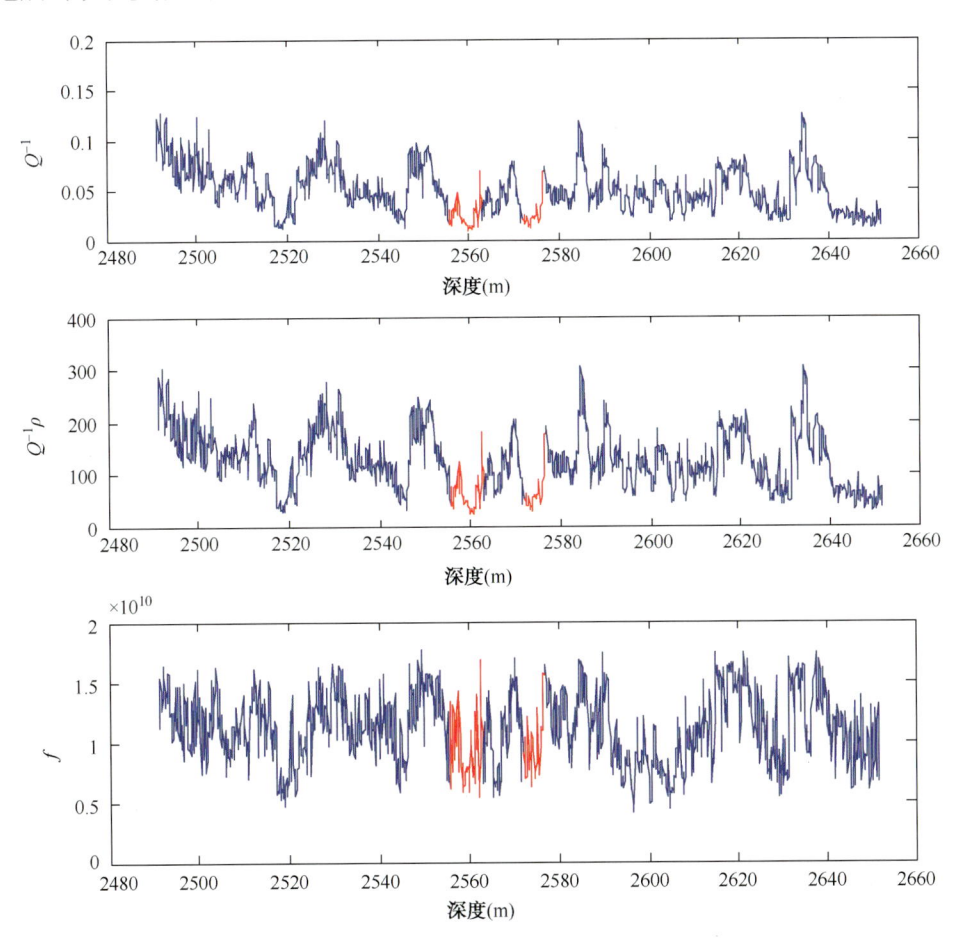

025

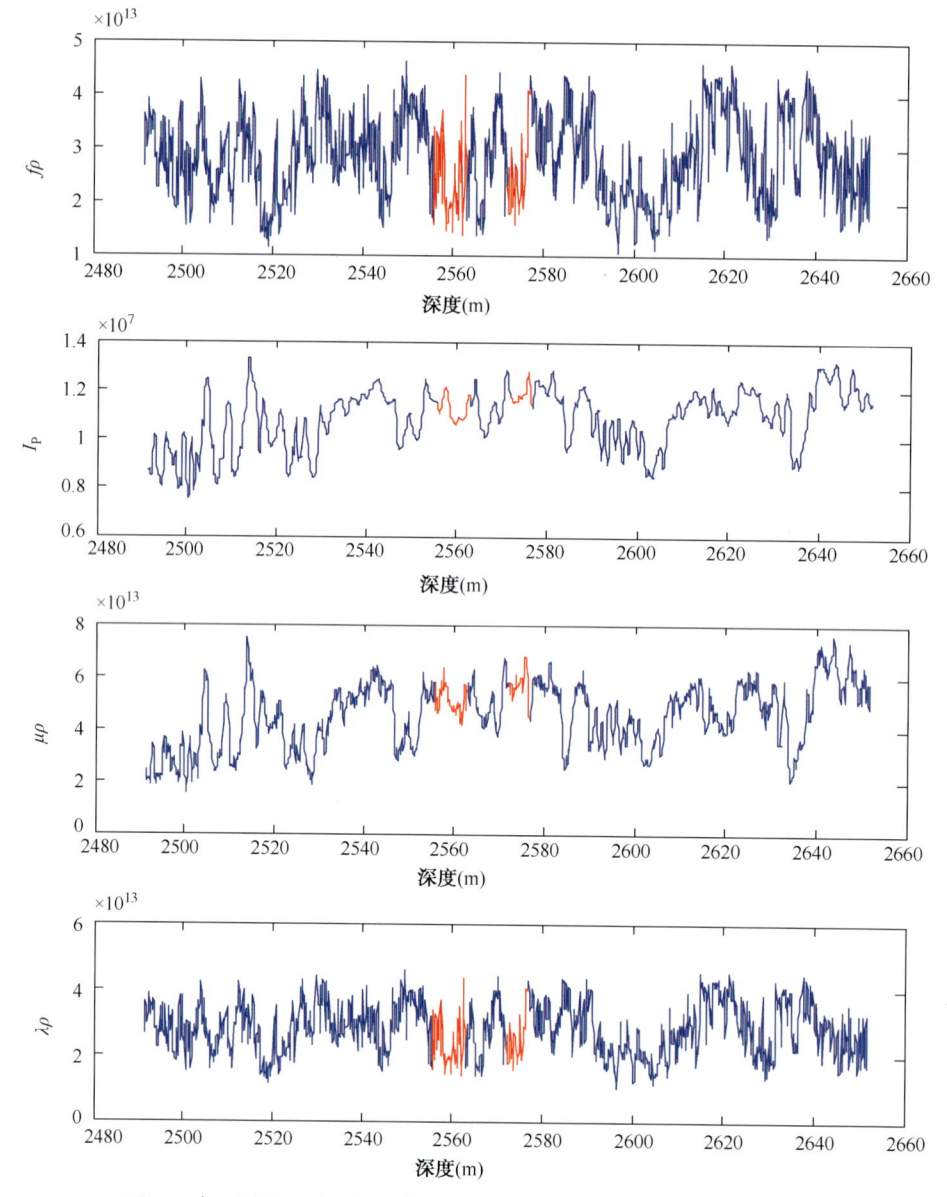

图 3-11a　测井 A 中不同流体因子的测井曲线（红色代表含气储层）
所代表的属性依次是 Q^{-1}, $Q^{-1}\rho$, f, $f\rho$, I_P, $\mu\rho$, $\lambda\rho$

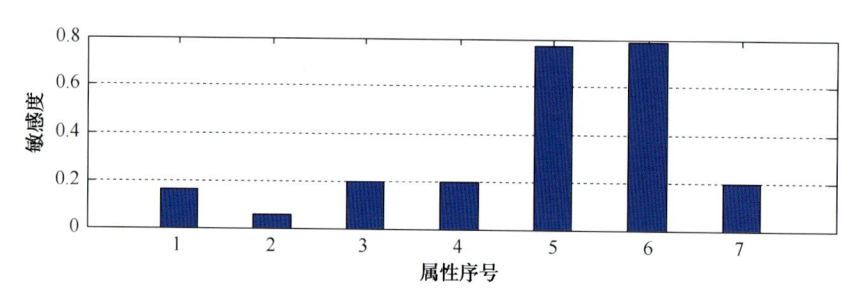

图 3-11b　测井 A 中不同属性对流体敏感性分析比较

3.3 基于黏弹正演模拟地层吸收衰减特征分析

基于胜利油田典型油气藏地质特点，建立岩性、流体性质变化的地质模型。通过多尺度地球物理资料黏弹正演模拟，分析储层岩性、物性和孔隙流体性质对地震波衰减特征的影响，从地震波正演模拟的角度研究地层对地震波吸收的影响因素。

3.3.1 简单储层模型的地层吸收衰减参数正演模拟与分析

3.3.1.1 单储层模型的含油气性响应特征（气、油、水替换）

设计一个单储层模型（图3-12），顶底为泥岩，储层为砂岩，储层厚度100m；砂岩为气层时的纵波速度为2300m/s，根据李庆忠经验公式计算纵波 Q 值为87，顶层泥岩纵波速度2000m/s，纵波 Q 值为200，底层泥岩速度为3000m/s，纵波 Q 值为180；砂岩为油层时的纵波速度为2650m/s，根据李庆忠经验公式计算纵波 Q 值为105，其他参数不变；砂岩为水层时的纵波速度为2650m/s，根据李庆忠经验公式计算纵波 Q 值为120，其他参数不变。

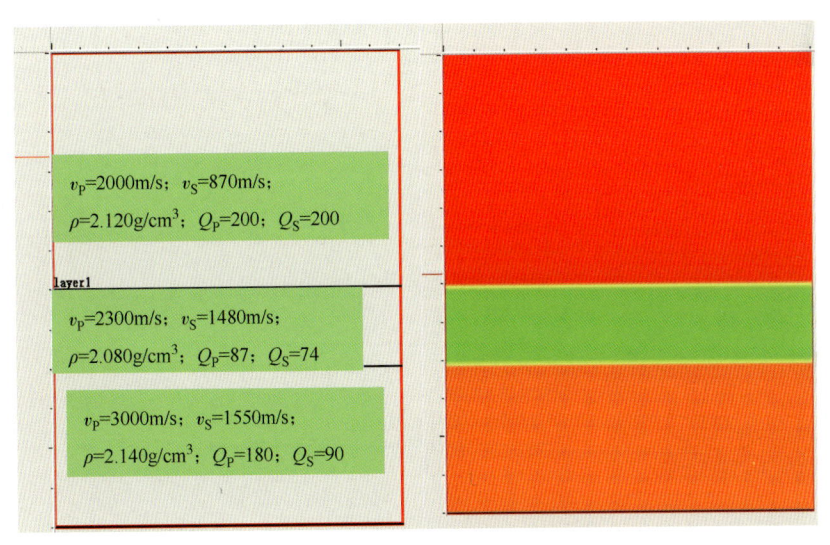

图3-12　单储层模型架构与纵波 Q 值

对气、油和水三种情况分别进行了黏弹正演模拟得到叠后记录，图3-13为三者叠后记录的振幅对比。从对比可看出：经过气层的吸收衰减，地震波形变胖，但振幅仍为亮点，能量更强，气层底界面反射为强反射；油层顶底反射表现为顶强底弱，水层顶底反射同样为顶强底弱，水层顶界振幅最强；气层底界振幅最强，表现为亮点；油层次之，水层最弱，表现为暗点。

3.3.1.2 地层 Q 值变化对储层地震响应特征的影响

为了研究 Q 值对储层地震响应特征的影响，对简单气层模型进行了不同 Q 值的地层吸收衰减黏弹模拟分析。气层 Q 值分别设为9，15，30，45，60，87，120等多组，为体现多尺度模拟对正演激发子波主频采取了两种设计，正演激发主频为50Hz，代表地面地震尺度

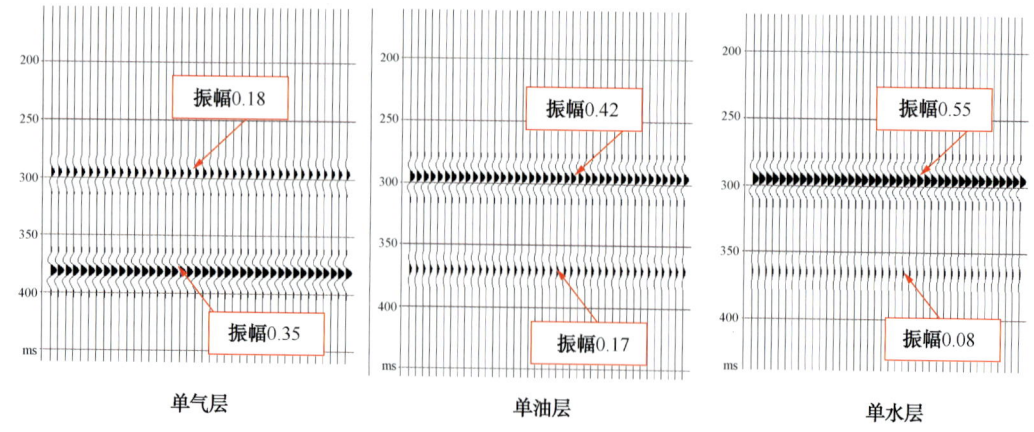

图 3-13 叠后记录的振幅对比

的模拟；正演激发主频为 100Hz，代表井间地震尺度的模拟。分别得到不同 Q 值下的正演叠后记录，并对记录进行了振幅和频率变化特征分析。

图 3-14 是气层 Q 值为 9 的正演叠后记录及频谱分析。可以看出：气层顶界反射振幅强，底界振幅衰减明显，振幅较小；地震波未穿过气层时，主频为 50Hz，有效频带为 10~90Hz。经过气层衰减，底界面的主频降低为 30Hz，有效频带为 0~70Hz，频率明显降低。

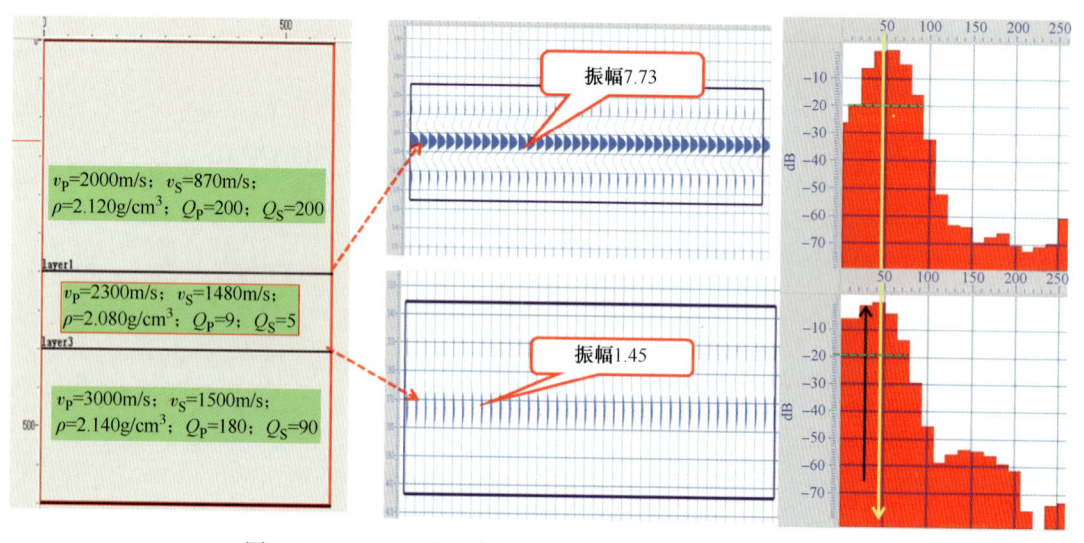

图 3-14 $Q_P=9$，激发主频 50Hz 的气层顶底反射频谱分析

同样，对气层 Q 值为 30，45，60，87，120 等条件下的 50Hz、100Hz 正演叠后记录的振幅和频率变化特征进行了分析和比较（表 3-2、表 3-3）。并根据统计数据形成了 50Hz 激发和 100Hz 激发的地震波频率随 Q 值变化统计曲线图（图 3-15、图 3-16），由此可以直观地得出地震波振幅和频率随 Q 值变化而变化的规律认识。首先从频率变化特征曲线图可以得出以下认识：信号主频及高截频的变化均与 Q 值大小成正比；Q 值越低对频率的衰减

作用越大，当 Q 值大于 120 后，对频率的衰减作用很小，低频子波几乎不衰减，高频子波仍有衰减。同时，分别对 50Hz 和 100Hz 激发的子波进行顶底振幅变化特征分析，图 3-17 和图 3-18 分别为两者的气层顶界面与底界面振幅随 Q 值变化统计曲线图。可以看出：（1）气层顶随着衰减的增强，出现振幅变换，顶界面振幅反而增大；气层底界面随着衰减的增强，振幅衰减越强，底界面振幅随之减小。（2）Q 值对地震波频率、振幅都有衰减，但对振幅的衰减作用更强，Q 值大于 100 后，低频子波的频带基本不变，仅对高频子波有衰减，而 Q 值达到 120 后对振幅仍有衰减。

表 3-2　50Hz 激发正演子波的不同 Q 值对地震波振幅和频率（Hz）影响分析表

层位	振幅	激发主频	低截频	高截频	记录主频	低截频	高截频	Q 值
顶	7.73	50	10	110	45	10	90	200
顶	5.64	50	10	110	45	10	95	200
顶	4.53	50	10	110	50	10	95	200
顶	4.39	50	10	110	50	10	95	200
顶	4.32	50	10	110	50	20	95	200
顶	4.13	50	10	110	50	20	90	200
顶	4.065	50	10	110	50	25	90	200
顶	4.03	50	10	110	50	10	90	200
底	1.45	50	10	110	30	0	70	9
底	2.9	50	10	110	35	0	75	15
底	5.66	50	10	110	40	0	80	30
底	6.24	50	10	110	40	0	80	45
底	6.54	50	10	110	42	0	85	60
底	7.4	50	10	110	45	0	87	75
底	7.767	50	10	110	48	0	90	87
底	7.95	50	10	110	50	0	90	120

表 3-3　100Hz 激发正演子波的不同 Q 值对地震波振幅和频率（Hz）影响分析表

层位	振幅	激发主频	低截频	高截频	记录主频	低截频	高截频	Q 值
顶	1.85	100	25	250	90	25	175	200
顶	1.39	100	25	250	100	20	175	200
顶	1.07	100	25	250	95	25	180	200
顶	0.942	100	25	250	95	25	180	200
顶	0.938	100	25	250	95	25	175	200
顶	0.91	100	25	250	95	25	175	200
顶	0.896	100	25	250	95	25	175	200
顶	0.88	100	25	250	95	25	175	200

续表

层位	振幅	激发主频	低截频	高截频	记录主频	低截频	高截频	Q值
底	0.107	100	25	250	65	10	125	9
底	0.29	100	25	250	75	10	150	15
底	0.73	100	25	250	80	10	160	30
底	1.17	100	25	250	82	10	165	45
底	1.2	100	25	250	85	20	165	60
底	1.38	100	25	250	85	15	170	75
底	1.47	100	25	250	87	20	170	87
底	1.58	100	25	250	90	15	175	120

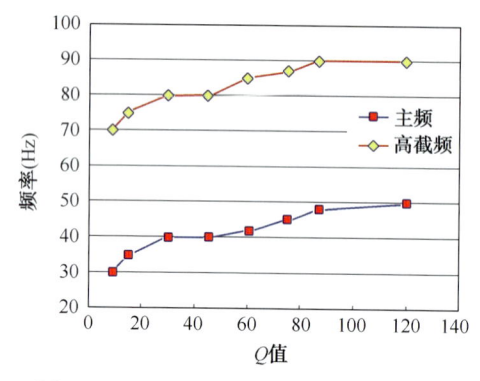

图 3-15 50Hz 激发的地震波频率随 Q 值变化统计曲线图

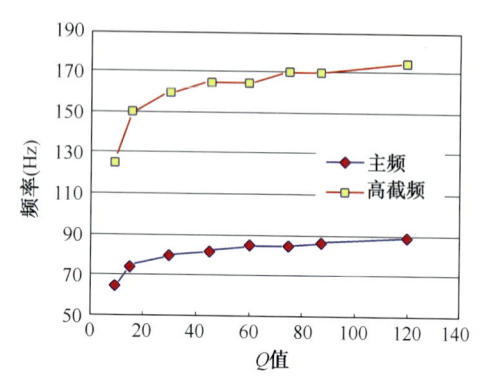

图 3-16 100Hz 激发的地震波频率随 Q 值变化统计曲线图

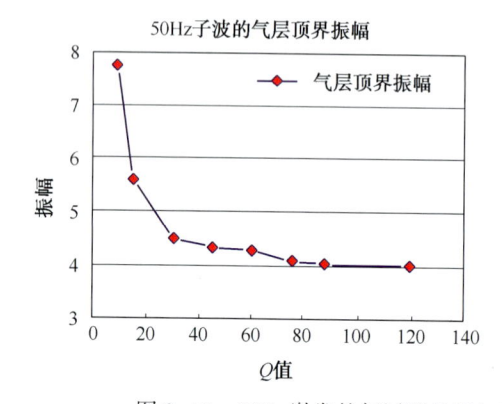

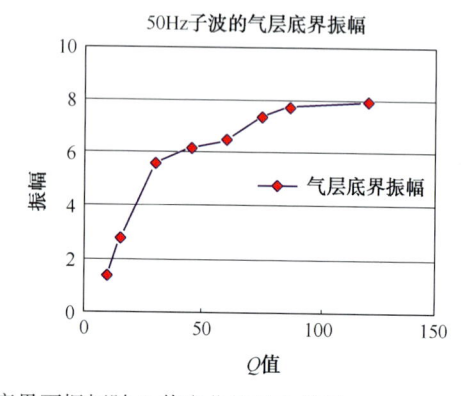

图 3-17 50Hz 激发的气层顶界面与底界面振幅随 Q 值变化统计曲线图

3.3.2 基于典型油藏地质模型的正演模拟与分析

为了更好地模拟实际油区储层的吸收衰减响应特征，在简单模型正演形成的规律认识基础上，开展了典型油藏地质模型的正演模拟与分析，以更真实地反映储层岩性、物性和

地层吸收衰减与储层物性及流体性质的关系

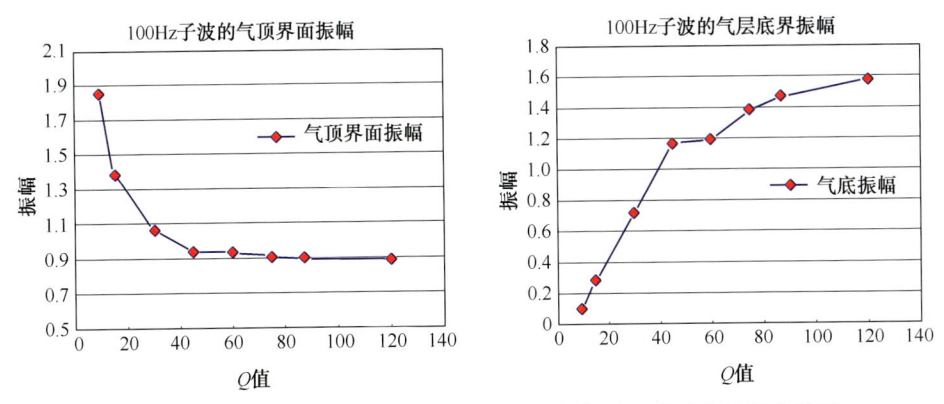

图 3-18　100Hz 激发的气层顶界面与底界面振幅随 Q 值变化统计曲线图

孔隙流体性质对地震波衰减特征的影响。

3.3.2.1 地质—地球物理模型建立

根据垦 71 区块油藏建模结果，建立典型地质模型（图 3-19）。模型剖面信息丰富，既有油、气、水砂体，又有透镜体、河道砂体，和实际资料连井剖面匹配较好。通过丰富的地质信息，可有效分析储层岩性、含油气性及厚度等与地层吸收衰减参数的关系，并揭示地层吸收衰减参数引起的不同尺度地震资料波场特征差异，形成规律性的认识。

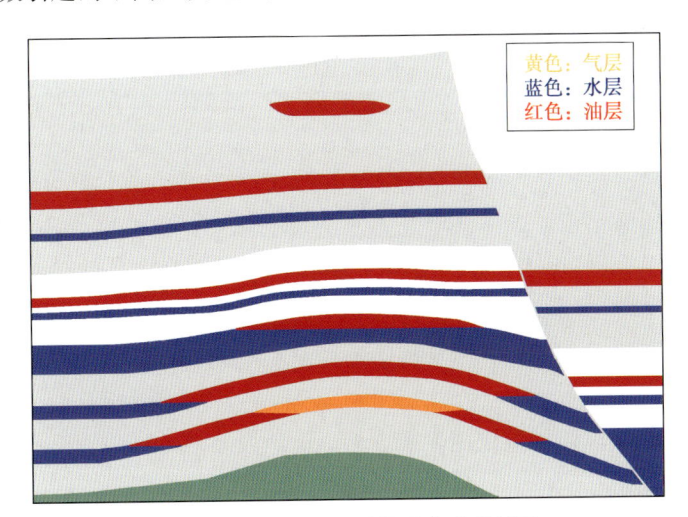

图 3-19　地震模拟测线油藏地质剖面

模型参数依据区域实际地层参数选取（表 3-4）。

表 3-4　K71 区块油藏模型物理参数表

深度 （m）	岩性类型	纵波速度 （m/s）	横波速度 （m/s）	密度 （g/cm³）	Q_P	Q_S	备　注
0~280	Q_P	1800	700	1.97	50	16	经验公式
280~580	Nm上	2100	900	2.05	70	27	经验公式

续表

深度 (m)	岩性类型	纵波速度 (m/s)	横波速度 (m/s)	密度 (g/cm³)	Q_P	Q_S	备注
580~1070	Nm下	2300	1000	2.09	87	14	
1070~1200	Ng₁	2500	1200	2.14	105	21	
1200~1350 Ng₂₊₃	泥岩	2550	1250	2.15	110	23	
	水层	2550	1300	2.15	110	25	
	气层	2100	1150	2.05	72	19	
1350~1530 Ng₄₊₅₊₆	泥岩	2700	1300	2.17	124	25	
	油层	2600	1400	2.1	115	29	由VSP+瞬 时衰减系数 确定
1530~1660 Ng₇	泥岩	2800	1350	2.2	135	27	
	油层	2600	1400	2.12	115	29	
	水层	2700	1450	2.14	124	32	
1640	厚砂岩（水层）	2850	1550	2.1	140	37	
1660~1760 Ed₂	泥岩	2800	1350	2.25	135	27	
	水层	2850	1550	2.15	140	37	
	油层	2750	1550	2.15	130	34	
	气层	2350	1400	2.08	92	29	
1760以下	Ed₃	3000	1600	2.3	157	39	

3.3.2.2 地震资料黏弹性正演模拟

采用模型网格化、参数化技术，建立了二维地震介质模型，形成与垦71区块典型油藏地质模型相对应的地球物理速度、密度及 Q 值等参数模型。模型网格大小为 5m×2m。对该模型进行多尺度地震采集设计，如图3-20所示。模型宽5530m，高1800m，核心目标区域横向位置为2000~3600m，深度范围1200~1800m，VSP与井间地震的接收井设计在2820m，井间地震激发井设计位于2420m；井间地震观测深度段在800~1800m深度范围内，井间地震距离为400m。

（1）地面地震吸收衰减参数正演模拟。

参考野外观测系统，可设计如下地面地震采集参数。

接收道数：201道；接收方式：双边；检波器距：20m；炮点距：20m；

炮点起始：2000m；炮数：81；

震源类型：爆炸震源；主频：50Hz；

正演介质：黏弹介质；

记录长度：3.0s；

采样间隔：1ms。

通过对地面地震黏弹性波正演记录的波场分析（图3-21），可以看到：正演记录波场齐全清晰，动力学特征突出，地质信息丰富，薄互层储层反射波表现为复合波，而且黏弹性波场随波传播时间的增加，振幅明显衰减，主频降低，相位畸变。含油、含气和含水在

3 地层吸收衰减与储层物性及流体性质的关系

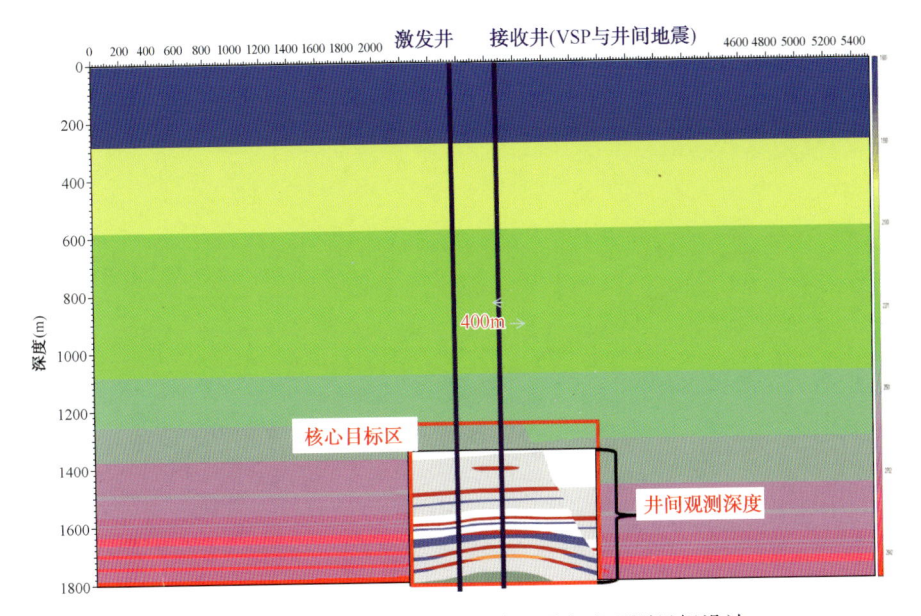

图 3-20 典型正演模型的多尺度地震方法观测目标设计

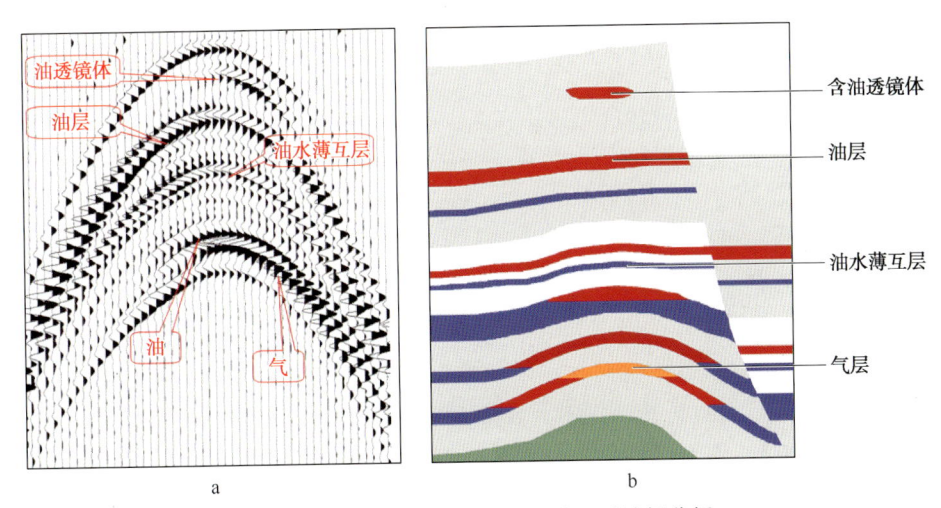

图 3-21 地面地震黏弹性波正演记录波场分析
a—正演模拟记录；b—模型数据

地震记录上，纵波气层表现为局部强振幅。

（2）VSP 吸收衰减参数正演模拟。

以下是二维 VSP 采集参数。

井中接收道数：179 道；

检波器距：10m；井位置：2900m；

井源距：50m（零偏）和 1500m；

震源类型：爆炸震源；主频：60Hz；

正演介质：黏弹介质；

记录长度：3.0s；

采样间隔：1ms。

按照采集参数进行了零偏 VSP 黏弹波动方程正演，得到典型地质模型的 VSP 正演记录（图 3-22）。记录波场信息丰富，直达波波形稳定，并且直达波振幅随偏移距增大而减小。

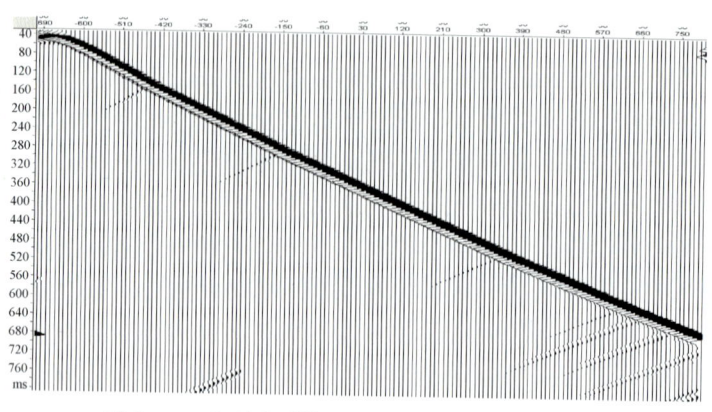

图 3-22 典型地质模型的零偏 VSP 黏弹正演记录

（3）井间地震吸收衰减参数正演模拟。

下面是井间地震采集参数。

井中接收道数：331 道；炮数：331；

检波器距：3m；炮点距：3m；

井距：400m；接收井：2900m 处；

震源类型：爆炸震源；主频：200Hz；

正演介质：黏弹介质；

记录长度：1.0s；

采样间隔：0.5ms。

按照上述采集参数进行了井间地震黏弹波动方程模拟，得到了反映地层衰减参数的正演模拟记录（图 3-23）。记录波场信息丰富，直达波波形稳定，并且直达波振幅随偏移距增大而减小，远偏移距能量衰减严重，几乎看不到直达波波形。进一步对近、中、远三段偏移距的地震道进行频谱分析，从频谱分析图对比可以看出：主频从近偏移距的 170Hz 降低到 130Hz，直至远偏移距的 80Hz；有效频带从 30~380Hz 降低到 2~350Hz，直至 10~290Hz。频率衰减作用非常明显。随着偏移距的增大，吸收衰减作用增大，井间地震记录表现为频率降低、振幅减弱。

按照井间地震处理流程对正演资料进行了处理。图 3-24 为正演模型与正演资料偏移成像剖面的对比。可以看出：反射波成像剖面波组关系清楚，成像分辨率高。与正演模型对比，几乎一致。砂体尖灭、砂泥岩薄互层、含气层和上下两砂体叠置关系等都能精细刻画。

3.3.2.3 地层衰减特性与波场特征关联性研究

对成像剖面进行波场特征分析（图 3-25），可以看出：（1）反射波偏移成像后，分辨

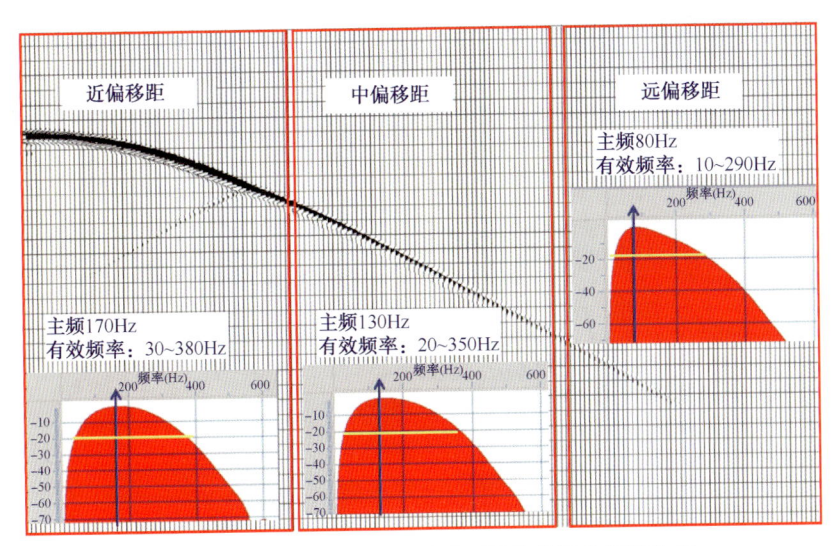

图 3-23 正演井间地震记录及不同偏移距的频谱分析

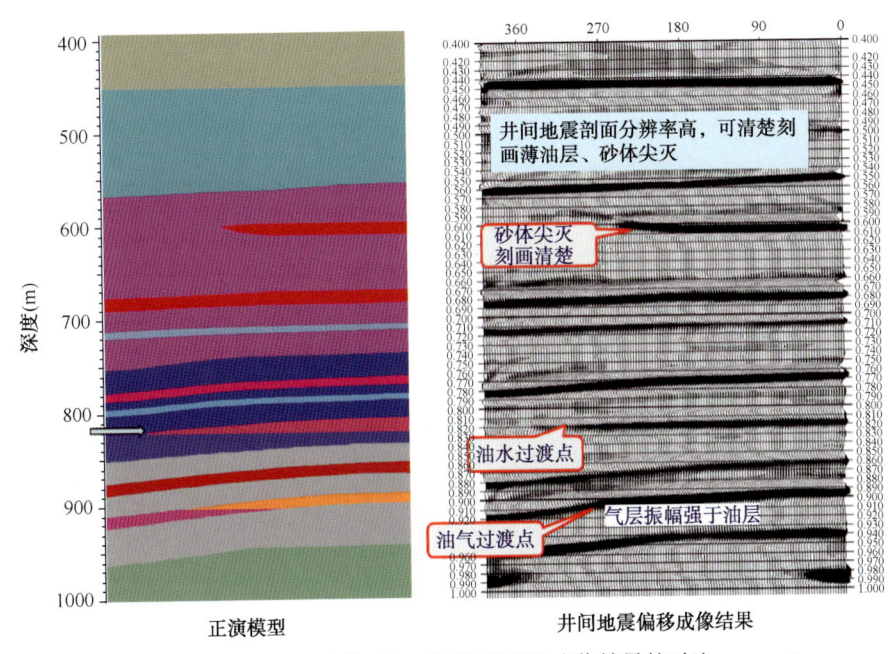

图 3-24 正演模型与正演资料偏移成像结果的对比

率较高，薄层、断面、断点、构造、砂体等成像清晰，关系清楚，地层产状与空间位置正确。（2）受流体影响，油气水的振幅特征强弱分明。且气层下部局部振幅的能量要减弱，形成局部的弱振幅区，影响的范围大小由气层的厚度决定。

对典型地震模型及其油水替换模型的单炮记录进行了对比分析。当炮点位置在 2800m 时（如图 3-26 和图 3-27 所示）：（1）油气水同层的层位反射，气顶明显振幅强，含油段振幅弱，含水段为波谷；（2）油顶替换成水层后振幅减弱明显。

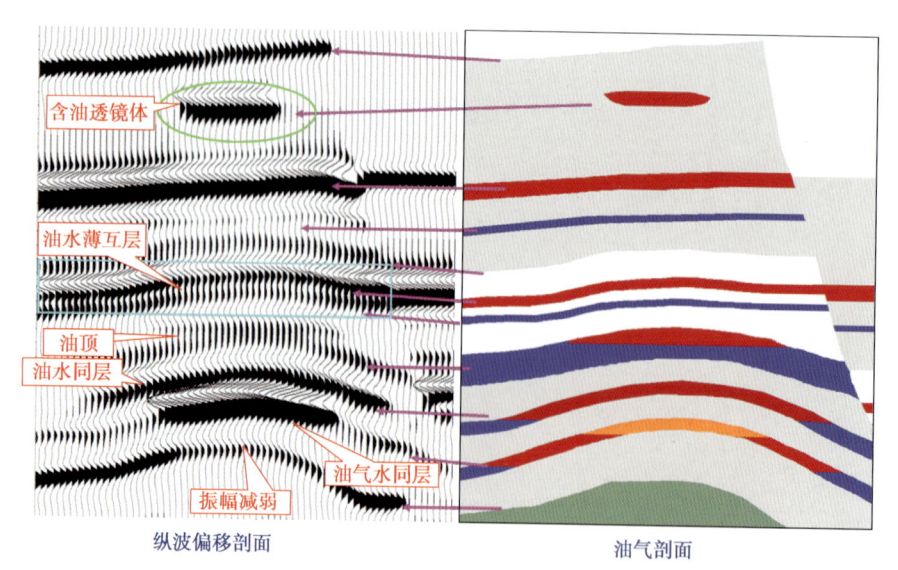

图 3-25 纵波偏移剖面与地震模型对比及特征分析

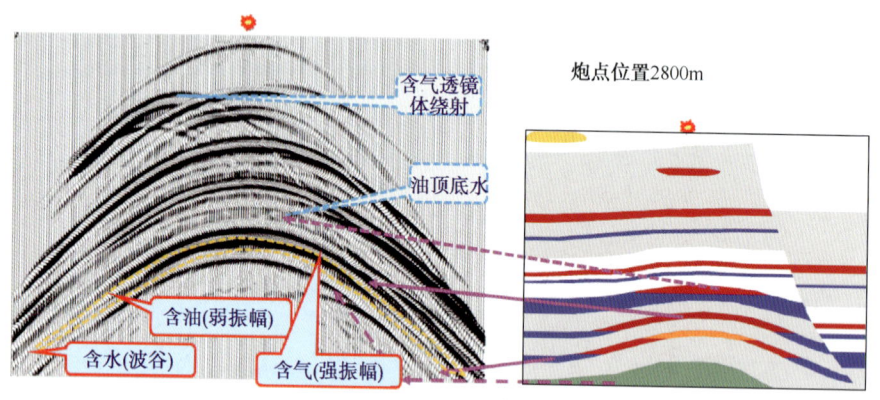

图 3-26 炮点在 2800m 时的正演单炮记录反射层位与模型对应关系（含油）

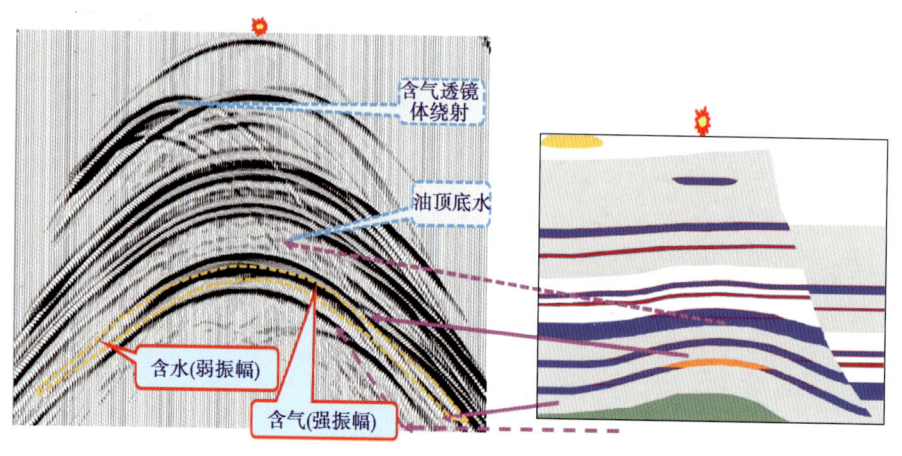

图 3-27 炮点在 2800m 时的正演单炮记录反射层位与模型对应关系（含水）

4 基于VSP资料品质因子计算

利用 VSP 资料求取地层品质因子是理论上最为可行、最为可靠的地层品质因子计算方法。本章阐述了 VSP 技术及资料的特点，介绍了几种有效的 VSP 资料品质因子计算方法。

4.1 VSP 技术及资料特点

如第 1 章所述，Q 值被定义为波动传播一个波长的距离后，原存储能量 E_0 与所消耗能量 ΔE 之比，即

$$Q = 2 \cdot \pi \cdot \frac{E_0}{\Delta E} \tag{4-1}$$

它直接影响地震波在介质传播过程中的吸收衰减效应。由于地球介质不可逆的摩擦损耗和热损失，地震波向地下传播的过程中经受这种吸收衰减，波的高频成分随着传播路径增大而减少，利用不同频率成分能量的衰减特征即可求取地层的 Q 值。但 Q 值研究一般存在以下两方面的难点：（1）地震衰减包括由孔隙流体和岩石结构产生的固有衰减和几何扩散引起的散射衰减，由于这两种衰减对地震波的作用非常相似，很难将它们完全分离开来；（2）一般的 Q 值估算方法需要对子波进行提取，但对于实际资料而言，子波的准确提取是非常困难的。这两方面原因导致很难准确地提取到表征地层固有衰减性质的品质因子。

VSP 技术要求在地表疏松带以下激发，在地下深部接受直达波与反射波，减小了地表低速带对地震信号高频成分的吸收，使接收到的地震信号的频率更高，频带更宽，同时提高了有效波的信噪比。这时，波的运动学特征（时距关系、层速度等）和动力学特征（振幅、频率、相位、波形等）变化更明显、更灵敏，能够相对完好地保留地震波振幅频率的变化关系。特别地，利用零偏 VSP 资料可以较为准确地提取直达波信息。因此，利用零偏 VSP 的直达波计算地层的 Q 值是目前可信度最大的一个途径，这对于其他 Q 值提取方式的标定和储层特征的研究具有重要的实用价值。

如何利用零偏 VSP 资料准确求取地层的品质因子一直是地球物理学家感兴趣的问题。计算 Q 值的方法有 3 大类：（1）时间域法，即在时间域计算 Q 值，如子波模拟、振幅衰减法、上升时间法和解析信号法等；（2）频率域法，即在频率域中计算 Q 值，如频谱模拟、频谱比法等；（3）信号变化法，即通过信号变化提取信号的特征值。各种方法都有其适应性和局限性。其中频谱比值法采用两个相隔一定距离的地震道的频谱相比的方法，可以消除与吸收衰减无关因素的影响，且直接对直达波频谱进行分析，也避免了子波提取的误差，在实践中得到了广泛应用。

以下介绍几种主要的 VSP 资料 Q 值计算方法，探讨了全组合最优化地层 Q 值计算方法的可行性，利用正演和实际资料分析了不同方法的应用效果。

4.2 频谱比法 Q 值计算方法

4.2.1 频谱比值法原理

设定一个地层模型，厚度为 ΔH，速度为 v，地震波的吸收系数为 α，品质因子为 Q（图 4-1）。在 t_1 和 t_2 时刻到达顶底两端的直达波波形分别为 $W_1(t)$ 与 $W_2(t)$，令初始子波的频谱为 $S_0(f)$，则 $W_1(t)$ 与 $W_2(t)$ 对应的频谱分别为

$$S_1(f) = S_0(f) e^{-\alpha(f)t_1}$$
$$S_2(f) = S_0(f) e^{-\alpha(f)t_2} \qquad (4-2)$$

大量岩心试验证明，当频率在几赫兹到几千赫兹的范围内，吸收系数 α 是与频率成正比的函数，且与 Q 有

$$\alpha(f) = \frac{\pi f}{Q} \qquad (4-3)$$

的关系。将上式代入（4-1）与（4-2）式，取频谱比的自然对数得

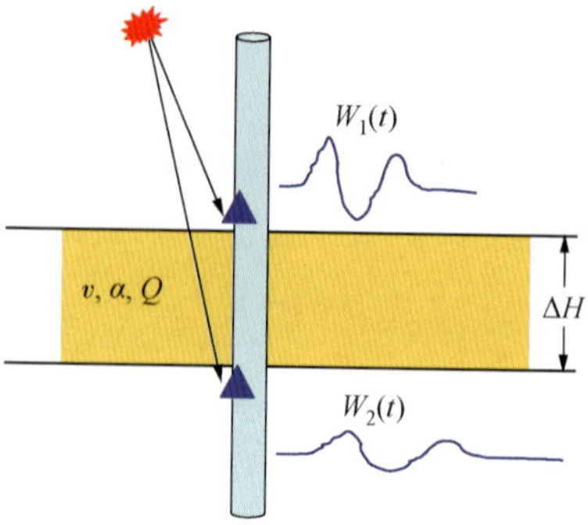

图 4-1 地震波吸收衰减的地层模型

$$\ln\left[\frac{S_2(f)}{S_1(f)}\right] = -\alpha(f)(t_2 - t_1) = \frac{-\pi \Delta t}{Q} f \qquad (4-4)$$

微分得

$$\frac{d(\ln[S_2(f)/S_1(f)])}{df} = \frac{-\pi \Delta t}{Q} \qquad (4-5)$$

令

$$X = \frac{d(\ln[S_2(f)/S_1(f)])}{df} \qquad (4-6)$$

最后得到

$$Q = \frac{-\pi \Delta t}{X} \qquad (4-7)$$

实际计算时，对离散的数据点采用最小二乘法拟合出一条直线，取该直线的斜率作为 X。

4.2.2 理论子波试验

设计一个主频在 50~60Hz 之间的子波，Q 值设为 50，速度取 2400m/s，理论地震记录证明，当吸收系数函数满足（4-1）至（4-3）式时，无论最小相位还是混合相位，子波的振幅、频率和频谱都能发生较大的变化（图 4-2）。由于无噪声干扰，频谱比对数明显呈现出线性变化的态势，其斜率是定值（图 4-3），计算的 Q 值为 49.9996。这说明在目前的地

震频带内，频谱比值法是可行的。

考虑到实际资料的应用，可以在 $W_1(t)$ 与 $W_2(t)$ 中加入呈正态分布的随机噪声，试验在不同信噪比（S/N）下 Q 值计算的精度。试验数据说明，噪声水平越高，对频谱高、低两频端影响越大，可资利用的频谱比计算范围越小，计算误差增大，数据点线性相关系数也越小。因此，在信噪比较低的情况下，应当根据频谱比点子分布的趋势，合理划定频谱比的计算范围，以免出现错误的拟合，得出错误的结果。

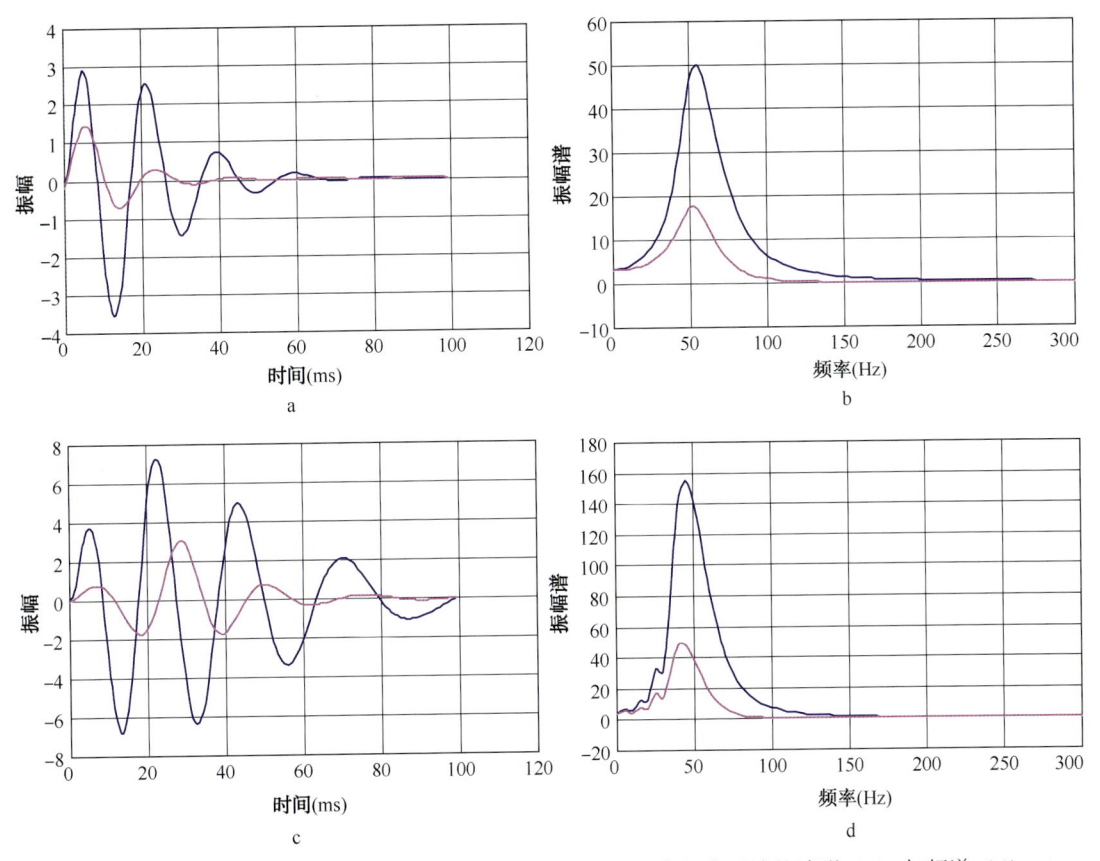

图 4-2　最小相位子波的波形（a）与频谱（b），以及混合相位子波的波形（c）与频谱（d）
蓝：原子波及其频谱，红：吸收衰减后的子波及其频谱

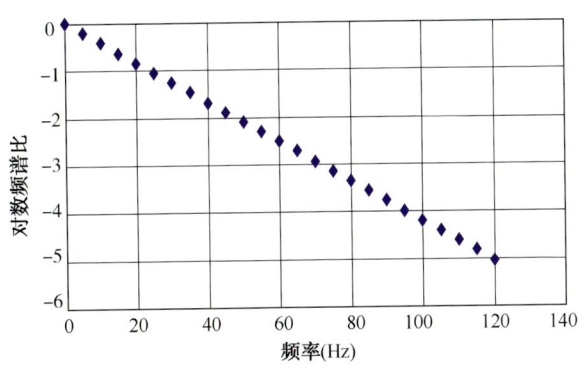

图 4-3　无噪声记录的频谱比值的对数与频率关系

4.2.3 VSP 黏弹模型资料试验

对复杂地层模型（图 4-4），利用黏弹性介质的弹性波动方程进行正演模拟，利用该正演记录（图 4-5）进行求取 Q 值的方法试验。

分别用 3 种方法计算平均 Q 值，最后取频谱比值法与频谱质心移动法的计算结果。确定该模型的平均 Q 值由浅层的 50 增至深层的 80，基本上呈线性变化（图 4-6）。振幅（能量）衰减法的计算结果误差过大，不予考虑。

利用该正演模拟资料提取平均 Q 值。该模型的平均 Q 值由浅层的 50 增至深层的 80（图 4-6），与模型实际的平均 Q 值比较吻合。这表明了频谱比值法提取 Q 值的可靠性。

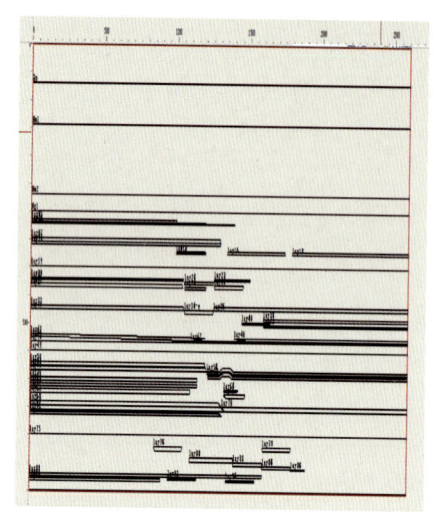

图 4-4　黏弹介质地层模型

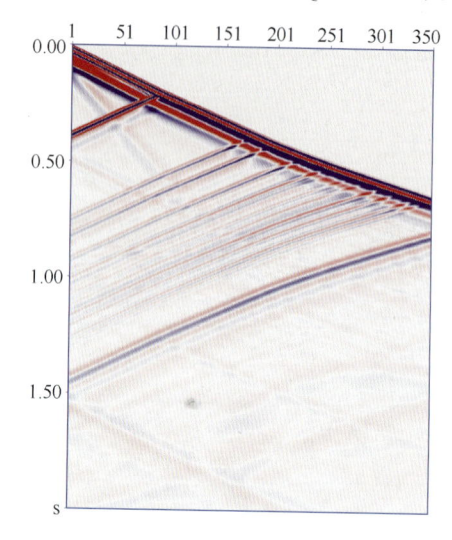

图 4-5　黏弹介质模型 VSP 正演记录

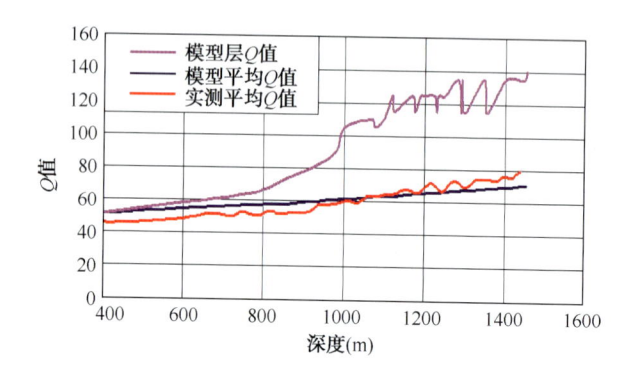

图 4-6　从零偏 VSP 正演模拟记录提取的 Q 值

4.2.4　K71-J41 井零偏 VSP 资料试验

K71 井区块的 J41 井零偏 VSP（图 4-7），采集的资料全（从 5m 到井底），密度高（点距 5m），采样间隔小（0.5 ms），激发条件稳定。随着深度增加，直达波的能量逐渐减小，视周期逐渐增大（图 4-8）；对应的频谱上高频衰减，低频增强，主频向低端移动（图 4-9）。能量、频率、波形等在浅层变化剧烈，至深层逐渐趋于稳定。该资料适合于进行求取 Q 值的实验。

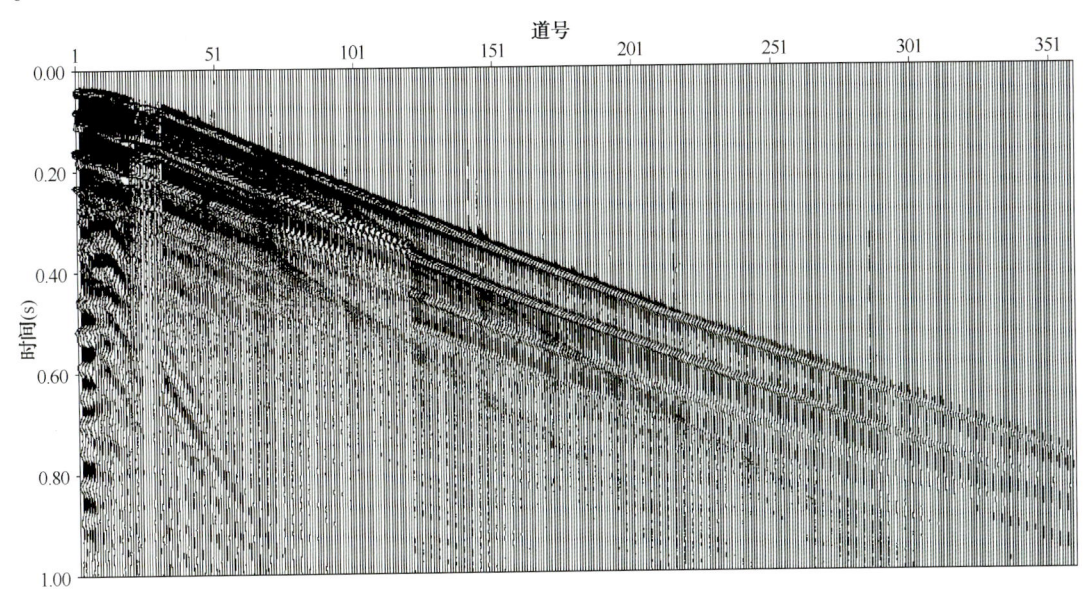

图 4-7　K71-J41 零偏 VSP 记录

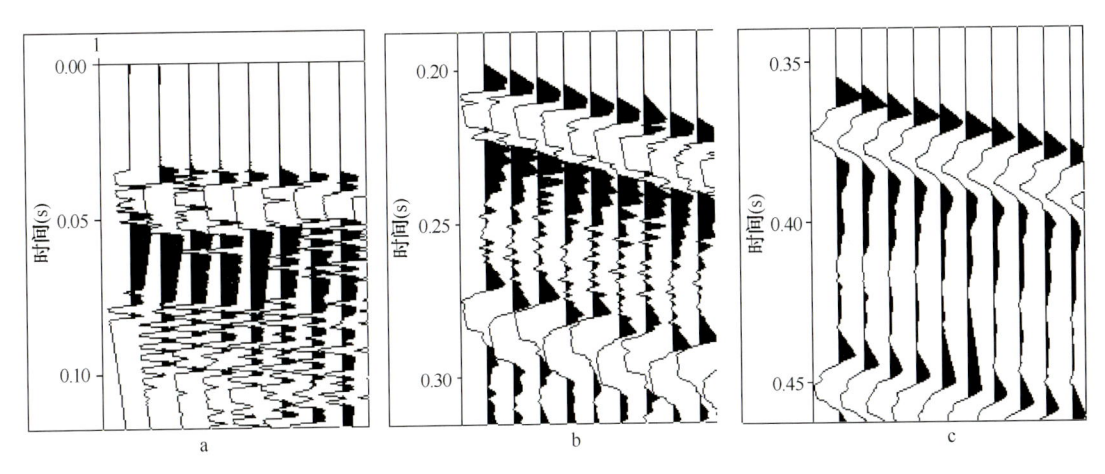

图 4-8　K71-J41 零偏 VSP 直达波
a—20m；b—350m；c—720m

最后得到 J41 井 Q 值随深度的变化曲线（图 4-10）。抛去浅层若干不正常的值点，从总趋势来看，第四系的 Q 值由浅层的 40 迅速上升为 60。进入 Nm 后 Q 增加到 80，至 1200m 达到 100 左右。进入 Ng 后 Q 值继续增大，Ng 上五段 Q 值为 110，Ng 下五段 Q 值为 120。进入 Ed_2 后 Q 可增加至 130。

图 4-9　J41 井零偏 VSP 直达波频谱
a—20m；b—350m；c—720m；d—1185m

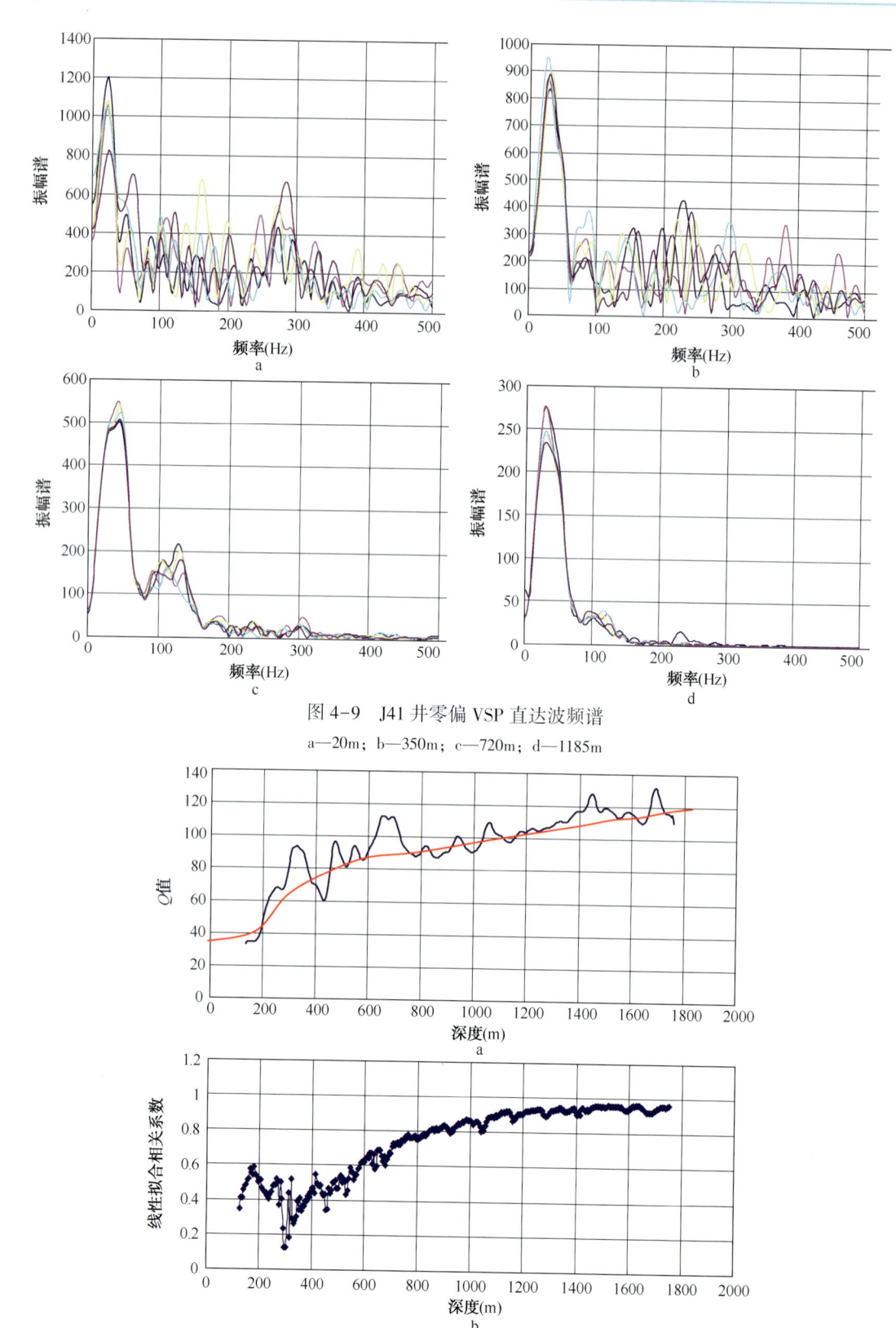

图 4-10　计算的 J41 井地区 Q 值（a）和线性拟合相关系数（b）

4.3 质心频移 Q 值计算方法

如果震源子波的振幅谱为 $S(f)$，接收子波的振幅谱为 $R(f)$，仅考虑利用振幅谱质心频率情况下，两者间可以用以下关系式表征，即

$$R(f) = S(f) \cdot \exp(-\pi ft/Q) \tag{4-8}$$

式中：t 为震源点到接收点旅行时；Q 为震源点与接收点间的等效品质因子。

接收子波振幅谱 $R(f)$ 的质心频率 f_R 定义为

$$f_R = \int_0^\infty fR(f)\,\mathrm{d}f \Big/ \int_0^\infty R(f)\,\mathrm{d}f \tag{4-9}$$

假设接收点接收到的接收子波振幅谱为 $R_{\mathrm{real}}(f)$，将其代入（4-9）式得到接收子波真实质心频率 f_{Rreal} 为

$$f_{\mathrm{Rreal}} = \int_0^\infty f \cdot R_{\mathrm{real}}(f)\,\mathrm{d}f \Big/ \int_0^\infty R_{\mathrm{real}}(f)\,\mathrm{d}f \tag{4-10}$$

根据（4-8）式可知，在震源子波和接收子波间旅行时 δt 已定，不同地层 Q 值情况下接收点接收子波振幅谱 $R_{\mathrm{cal}}(f)$ 可由下式计算，即

$$R_{\mathrm{cal}}(f) = S(f)\exp(-\pi f\delta t/Q) \tag{4-11}$$

则根据（4-11）式其质心频率 $f_{\mathrm{Rcal}}(Q)$ 可以由下式计算，即

$$f_{\mathrm{Rcal}}(Q) = \int_0^\infty f \cdot R_{\mathrm{cal}}(f)\,\mathrm{d}f \Big/ \int_0^\infty R_{\mathrm{cal}}(f)\,\mathrm{d}f \tag{4-12}$$

建立函数 $F(Q)$，即

$$F(Q) = f_{\mathrm{Rcal}}(Q) - f_{\mathrm{Rreal}} \tag{4-13}$$

由质心频率的定义和地层衰减的性质知，在传播时间一定的情况下，接收点接收子波的计算质心频率 $f_{\mathrm{Rcal}}(Q)$ 与 Q 值成单调递增关系，即 Q 值越小对震源子波高频部分的吸收衰减相对越大，计算得到的质心频率越小，反之亦然。因而 $F(Q)$ 为关于 Q 的单调递增函数。

根据零点定理，对于单调函数 $F(Q)$，如果存在 $Q_{\min}$ 和 $Q_{\max}$，使得 $F(Q_{\min}) = f_{\mathrm{Rcal}}(Q_{\min}) - f_{\mathrm{Rreal}} < 0$，且 $F(Q_{\max}) = f_{\mathrm{Rcal}}(Q_{\max}) - f_{\mathrm{Rreal}} > 0$，则存在唯一 Q，满足 $Q_{\min} < Q < Q_{\max}$，使得 $F(Q) = f_{\mathrm{Rcal}}(Q) - f_{\mathrm{Rreal}} = 0$。该方程通常使用二分法求解，其计算流程如下：

(1) 应用（4-12）式计算当前接收子波真实质心频率 f_{Rreal}。

(2) 应用（4-13）式计算 $F(Q_{\min})$ 和 $F(Q_{\max})$，如果存在 $F(Q_{\min}) > 0$，或者 $F(Q_{\max}) < 0$，则结束计算，Q 值异常。

令 $Q_h = (Q_{\min} + Q_{\max})/2$，如果 $F(Q) > 0$，则 $Q_{\min} = Q_h$。否则，$Q_{\max} = Q_h$。

(3) 如果 $F(Q) = 0$ 或 $Q_{\max} - Q_{\min} < Q_{\mathrm{err}}$，则 $Q = Q_h$，结束计算。否则，进入第（2）步继续迭代运算。

4.4 频谱匹配 Q 值计算方法

利用零偏 VSP 资料求取 Q 值的常用方法是频谱比方法。其原理如下：设定一个地层模

型，厚度为 ΔH，速度为 v，地震波的吸收系数为 α，品质因子为 Q。在 t_1 和 t_2 时刻到达地层顶底两端的直达波波形分别为 W_1 与 W_2，令初始子波的频谱为 $S_0(f)$，则 W_1 与 W_2 对应的频谱分别为

$$S_1(f) = S_0(f) e^{-\alpha(f)t_1} \tag{4-14}$$

$$S_2(f) = S_0(f) e^{-\alpha(f)t_2} \tag{4-15}$$

大量岩心试验证明，当频率在几赫兹到几千赫兹的范围内，吸收系数 α 是与频率成正比的函数，且与 Q 有以下关系，即

$$\alpha(f) = \frac{\pi f}{Q} \tag{4-16}$$

将上式代入（4-14）与（4-15）式，取频谱比的自然对数得

$$\ln\left[\frac{S_2(f)}{S_1(f)}\right] = -\alpha(f)(t_2 - t_1) = \frac{-\pi \Delta t}{Q} f \tag{4-17}$$

微分得

$$\frac{\mathrm{d}(\ln[S_2(f)/S_1(f)])}{\mathrm{d}f} = \frac{-\pi \Delta t}{Q} \tag{4-18}$$

令

$$X = \frac{\mathrm{d}(\ln[S_2(f)/S_1(f)])}{\mathrm{d}f} \tag{4-19}$$

最后得到

$$Q = \frac{-\pi \Delta t}{X} \tag{4-20}$$

实际计算时，对频谱比自然对数的离散数据点，采用最小二乘法拟合出一条直线，取该直线的斜率作为 X，然后利用（4-20）式算出 Q 值。但是函数 $\lg(x/y)$ 在 x、y 取值较小时变化会非常剧烈，造成斜率拟合不准确。为了避免这种影响可以建立如下目标函数，即

$$G(a, C) = \sum_{f=F_1}^{F_2} [S_2(f) - C \times S_1(f) e^{-a t_{12} f}]^2 \tag{4-21}$$

其中

$$C(a) = \sum_{f=F_1}^{F_2} S_2(f) S_1(f) e^{-a t_{12} f} / \sum_{f=F_1}^{F_2} S_1^2(f) e^{-2 a t_{12} f} \tag{4-22}$$

计算过程中可以将 α 在指定的范围内扫描，确定使得目标函数（4-21）式取得最小值时的吸收衰减系数，最后利用（4-22）式计算地层 Q 值。

4.5 全组合最优化 Q 值计算方法

4.5.1 方法原理

如图 4-11 所示，假设检波器位于深度 Z_k 位置处（其中 $k=1, 2, \cdots, N$），层间旅行时和层间 Q 值分别为 t_k 和 q_k。现已知层间旅行时 t_k 和对应检波器的频谱 S_k，计算地层的层间 Q 值。检波器级间吸收衰减系数 A_{km} 和层吸收衰减系数 α_j 的关系可以推导如下。假设 A_{km} 为深

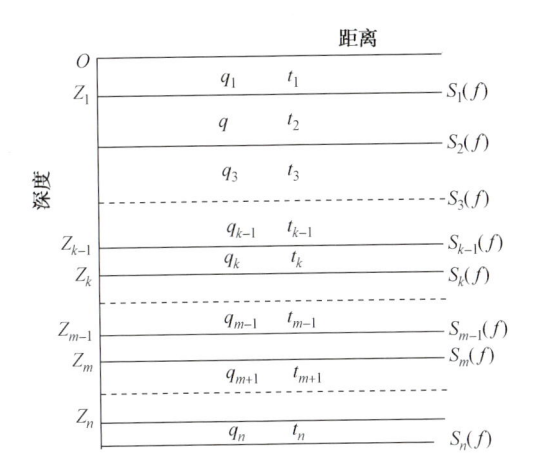

图 4-11 水平地层模型及其分层 Q 值旅行时和频谱

度 Z_k 和 Z_m 处检波器的级间吸收衰减系数，则可以得到如下关系式，即

$$S_m(f) = Const * S_k(f) e^{-fA_{km}(T_m-T_k)} \tag{4-23}$$

式中：T_m 为地表到深度 Z_m 处的旅行时。同理根据吸收衰减公式可以得到下式，即

$$S_m(f) = Const * S_k(f) \exp(-f\sum_{j=k+1}^{m} \alpha_j t_j) \tag{4-24}$$

式中：t_j 为深度 z_{j-1} 和 z_j 间的层旅行时。从式（4-23）和式（4-24）可以得出以下公式，即

$$A_{km} = \sum_{j=k+1}^{m} \alpha_j t_j / T_m - T_k \tag{4-25}$$

由公式（4-25）可以推导出下式，即

$$A_m = \frac{1}{T_m} \sum_{j=1}^{m} \alpha_j t_j \tag{4-26}$$

式中：T_k 是地表到深度 Z_k 处的旅行时。

$$T_k = \sum_{j=1}^{k} t_j \tag{4-27}$$

式（4-27）中给出了层吸收衰减系数和级间吸收衰减系数之间的关系。

根据（4-27）式建立下式的目标函数 $F(\alpha)$，并用利用最小二乘法计算层吸收衰减系数。

$$F(\alpha) = \sum_{m>k=1} u_{km} \left[A_{km} - \frac{1}{T_m - T_k} \sum_{j=k+1}^{m} \alpha_j(T_j - T_{j-1}) \right]^2 + \sum_{j=2}^{N} w_j(\alpha_j - \beta_j)^2 \tag{4-28}$$

式中：β_j 为层吸收衰减 α_j 的初始近似值；A_{km} 和 T_j 已知。式（4-28）中权重 u_{km} 由下式确定，即

$$u_{km} = 1/\sigma_{km} \tag{4-29}$$

式中：σ_{kn} 为 A_{km} 的标准方差，可由下式确定，即

$$\sigma_{km}^2 = \frac{1}{M} \sum_{j=1}^{M} [S_m(f_j) - CS_k(f_j) e^{-A_{km}(T_m-T_k)f_j}]^2$$

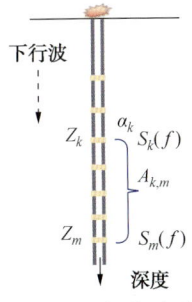

图 4-12 级间衰减系数和层衰减系数

$$f_j = F_1(j) - \Delta f, \quad j = 1, 2, \cdots, M \tag{4-30}$$

权重 w_j 用来保证计算的层吸收衰减系数收敛到指定的范围内。可以将 (4-30) 式转换成以下的线性方程组计算，即

$$\frac{\partial F(\alpha)}{\alpha_j} = 0, \quad j = 2, \cdots, N \tag{4-31}$$

在 (4-30) 式优化求解过程中，仅仅选取指定范围内的级间吸收衰减 A_{km}，如果所有的级间吸收衰减系数都在合理范围内，则可以获取 $N(N-1)/2$ 个值。前面提出了两种优化的频率域 Q 值计算方法，它们均具有较好的抗噪能力，因而在实际计算中可以利用两种方法相互验证，用来优选合适的级间吸收衰减系数。具体方法为将两者的计算结果相除，取一定的比值范围（通常取 0.8~1.2）来进行筛选。

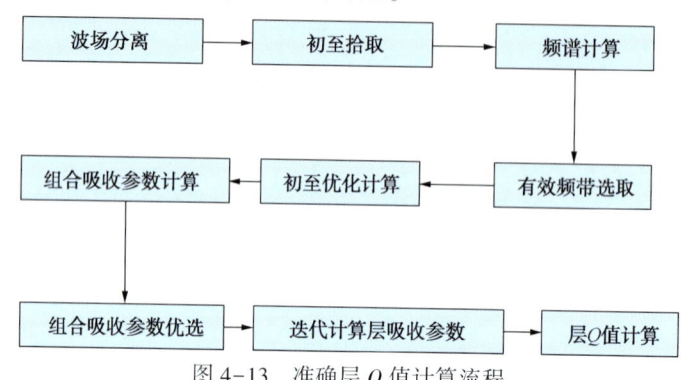

图 4-13　准确层 Q 值计算流程

最优化 Q 值计算流程如下：首先针对采集的零偏 VSP 数据，利用波场分离算法提取下行波记录；手动拾取每级检波器的初至直达波记录，并利用快速傅里叶变换计算出直达波记录的频谱；根据资料实际情况选取有效频段利用优化算法计算出所有可能的组合衰减系数；选取可靠的吸收衰减系数采用优化迭代方法计算得到准确层 Q 值。

4.5.2　简单地质模型应用

建立如图 4-14 所示正演模型。该模型共分为 3 层，炮点偏移距 50m，炮深 5m，首级检波器深度 20m，共 161 级检波器，级深 5m。通过黏弹正演方法获得了如图 4-15a 所示的地震剖面；通过波场分离后获取了下行波（如图 4-15b 所示）。

利用基于二分算法的质心频移 Q 值估算方法和频谱匹配法优化计算检波器对之间的级间 Q 值（如图 4-16 所示）。图 4-16 中横坐标为检波器级差，纵坐标为检波器级数，也就是地层的深度，剖面的颜色代表计算的层间 Q 值的大小。以图 4-16 中的 A 点为例，它对应的横坐标为 80，纵坐标为 100，其代表的含义就是利用第 60 级和第 140 级相隔 80 级的检波器对计算的以第 100 级检波器深度为中心的级间 Q 值。直线 B 上的 Q 值为第 100 级检波器分别与 1~99 级检波器组合计算的层 Q 值。从图中可以看出，直线 B 上的 Q 值与周围的剖面对比有明显的异常，这可能是第 100 级检波器存在异常造成的。在下一步的计算中，可以将第 100 级检波

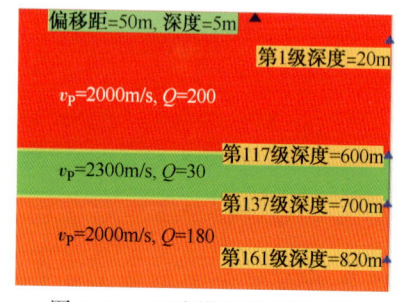

图 4-14　正演模型及观测系统

基于VSP资料品质因子计算 4

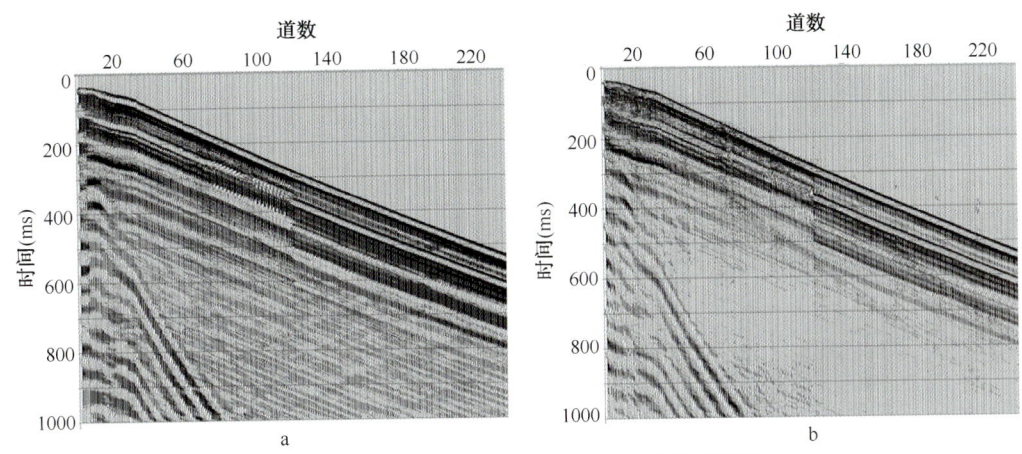

图 4-15 波场分离前（a）后（b）的地震剖面

器舍弃掉，从而提高层 Q 值的计算精度。进而应用优化方法计算地层的层 Q 值（如图 4-17 所示），通过对比发现该优化方法计算的 Q 值与模型真实 Q 值非常相符，进一步说明了 Q 值计算方法的可靠性。

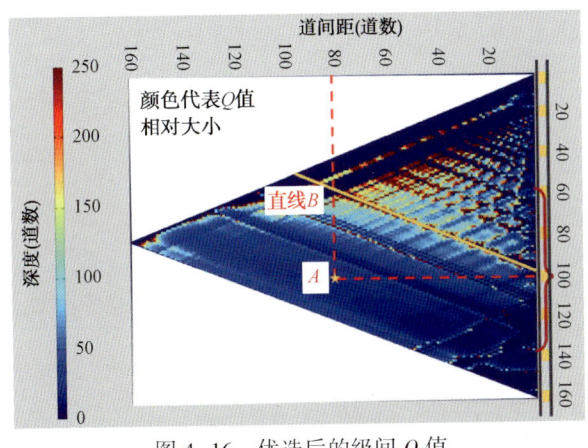

图 4-16 优选后的级间 Q 值

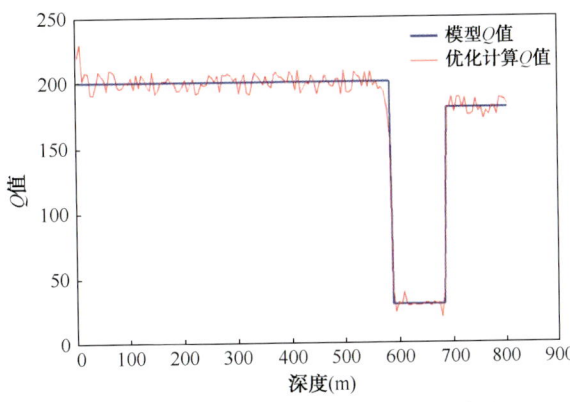

图 4-17 模型真实 Q 值与优化计算 Q 值对比

047

4.5.3 实际数据应用

进一步将该优化方法应用到 K71 工区 J41 井的零偏 VSP 数据（如图 4-18 所示），用于计算地层的层 Q 值。首先提取地震资料的直达波并利用傅里叶变化求取不同深度的频谱（如图 4-19 所示）。可以看到，随着深度增加，直达波的能量逐渐减小，视周期逐渐增大；对应的频谱上高频衰减，低频增强，主频向低端移动。能量、频率、波形等在浅层变化剧烈，至深层逐渐趋于稳定。

图 4-18　K71-J41 零偏 VSP 记录

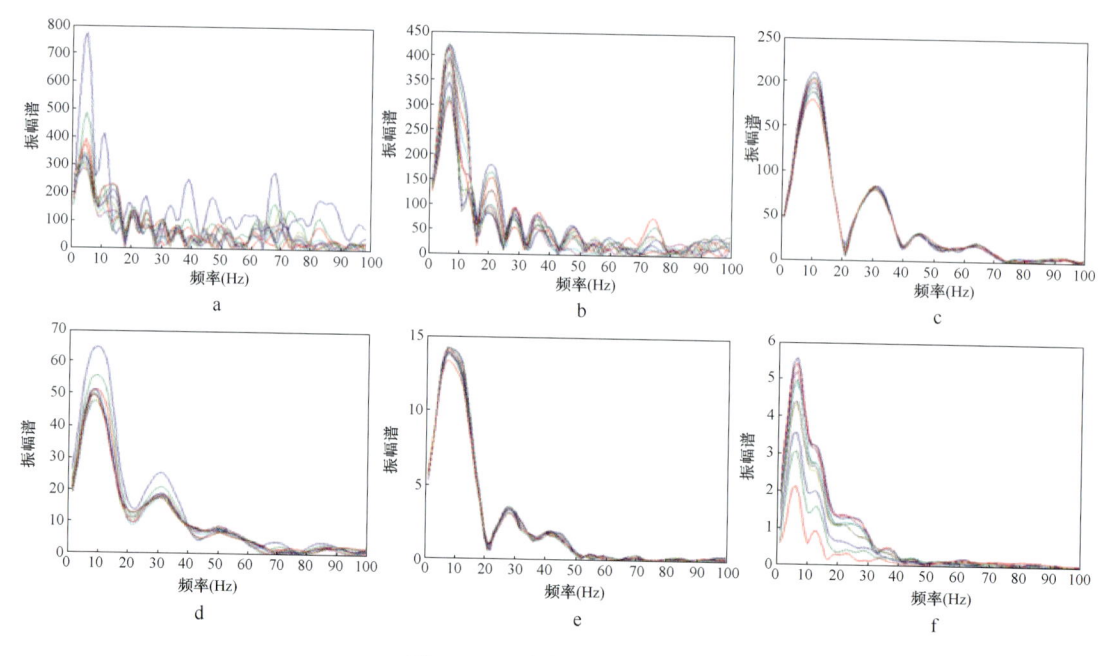

图 4-19　不同深度处的频谱

a—5~50m；b—305~350m；c—755~800m；d—1055~1100m；e—1405~1450m；f—1755~1800m

图 4-20 为计算的级间 Q 值剖面，进一步应用优化 Q 值计算方法计算出地层的层 Q 值（如图 4-21 所示）。其中，横坐标为地层深度，纵坐标为反演的地层 Q 值，图中红线为反演的地层 Q 值，绿线和蓝线分别为对应深度的质心频率和 VSP 层速度。为了方便对比，显示将质心频率和地层层速度压缩到 Q 值显示范围内综合显示。从图 4-21 中可以看出，反演的层 Q 值与地层的 VSP 层速度有明显的对应关系（区域 C 对应关系尤为明显）。同时可以看出，在 A 区域反演的 Q 值有明显的异常，其原因为浅层检波器受地表噪声影响较大。区域 B 和 D 显示为低 Q 值高衰减区域，主要原因是 B 处为浅层高衰减层，而 D 区域则是因为含油气后地层的吸收衰减特性明显增强造成的。将区域 D 进一步放大对比显示（如图 4-22 所示）后可看出，在深层 1700~1740m 含气区域均有明显低 Q 值显示，从而说明了 Q 值计算结果的准确性。

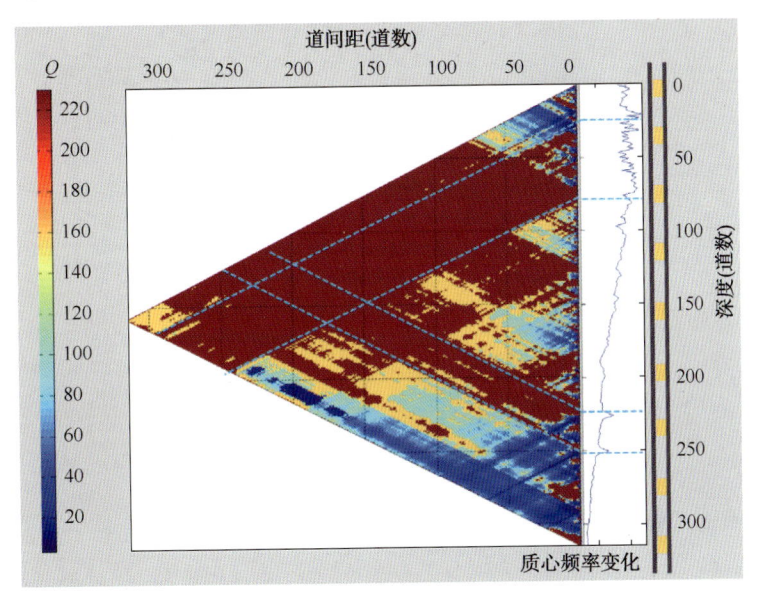

图 4-20 优化后的级间 Q 值剖面

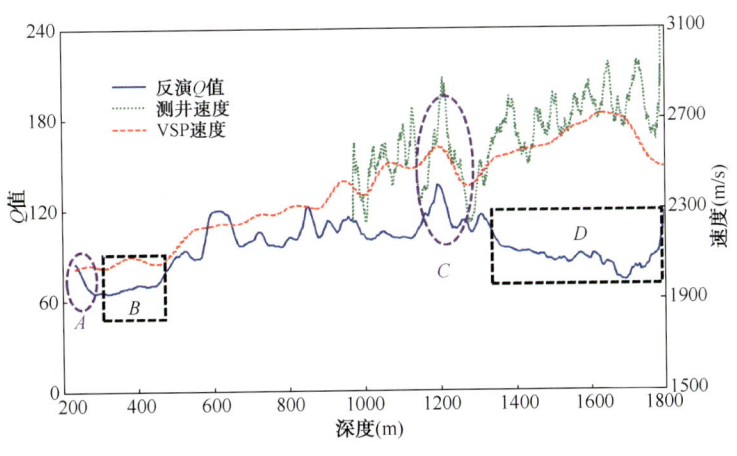

图 4-21 反演地层 Q 值

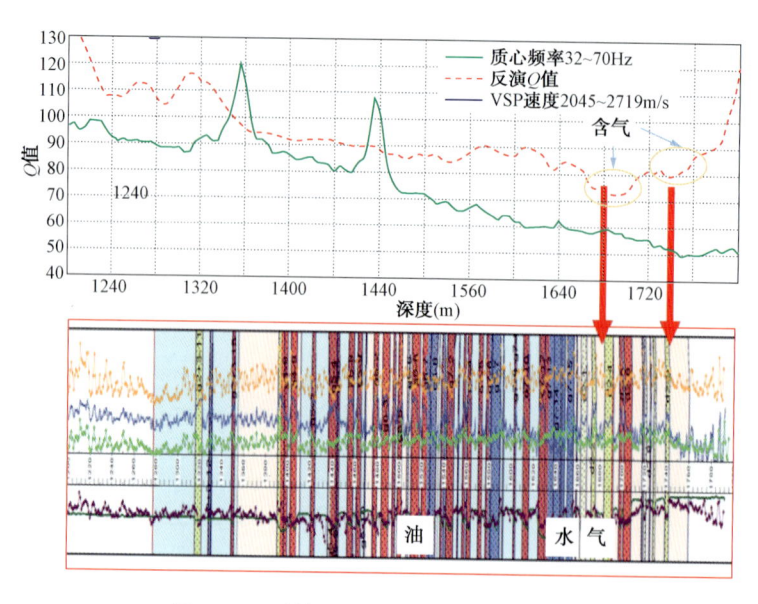

图 4-22 反演地层 Q 值与油气对应关系

5 井间地震Q层析成像

井间地震技术是在一口井中激发、在另一口井中直接接收信号的开发地震新技术，被誉为井间地质的放大镜。利用井间地震直达波信号可以进行两井间非常精细的速度层析成像。本章阐述了井间地震技术及其资料的特点，介绍了常用的井间地震速度层析成像方法；在此基础上，总结和探讨了井间地震Q层析成像方法。

5.1 井间地震技术及其资料特点

井间地震技术是油气田勘探开发领域的一项新技术。该技术将震源系统置入井中并在另一口或多口井中放置接收器接收地震波。通过对记录的地震波的走时、振幅和频率等信息的处理，结合测井、地质和地面地震等资料，可得到井间地下介质的结构特征和物性变化情况。由于避开了地表低速带对地震信号高频成分的吸收，因此，利用井间地震可以获得比常规地面地震高10倍以上的极高分辨率的地震信号。利用井间地震成像技术，可以对井间小幅度构造、小断块、薄储层的横向变化等情况进行精细描述，还可以对油气开采过程中储集层参数进行动态监测，从而分析监测流体移动的方向、残余油气位置与数量等，为提高油气采收率（EOR）和优化油气田开发方案提供依据。

利用井间地震直达波初至信息，通过层析反演可以得到两井之间的高分辨率速度剖面。而且，通过对井间地震直达波时域振幅信息和频域信息的处理，可以实现两井间的吸收衰减层析成像。

地震衰减层析成像是确定地下介质衰减系数或品质因子的一种有效手段。地震衰减层析成像可分为两类：一类是基于射线的衰减层析成像方法；一类是基于波动方程的衰减层析成像方法。后者从理论上更精确，但计算量大，目前还不实用。

基于射线的衰减层析成像方法主要有振幅衰减法、上升时间法、频谱比法和质心频移法。振幅衰减法与上升时间法属于时间域方法；频谱比法与质心频移法属于频率域方法。振幅衰减法利用了地震波衰减导致振幅的变化，但时间域的振幅受多种因素（如几何扩散、仪器响应、震源/检波器耦合特性、反射/透射等）的影响，振幅信息不保真、信噪比较低，估算的衰减系数精度不高。频谱比法则利用了频率域的振幅信息，在频率域中，与仪器、几何扩散和速度有关的振幅衰减均为与频率无关的常量，但是求取的衰减量受干扰信息的影响较大。上升时间法与质心频移法则利用了地震波衰减在频率上的变化。由于地震波的频率受其他因素影响的畸变较小，据此计算衰减系数值的精度较高。但上升时间法对噪声干扰比较敏感，从实测数据中拾取准确的上升时间是非常困难的。质心频移法使用震源子

波和接收地震波脉冲频谱的质心频率移动量。尽管相对于振幅变化和上升时间等方法，在频率域拾取质心频率和使用质心频率移动量会更方便、更可靠。在频率域中，干扰信息总是表现在一定频率段内，所以将频谱比法改进为求取有效频段内振幅的比值，并进行直线拟合，以拟合的斜率作为衰减量。在进行模型测试与实际资料的计算中，质心频率法与频谱比法表现出了不同的适用性。因此，结合油气勘探和开发的需要，在井间地震速度层析成像的基础上，通过质心频率移动法与频谱比法来研究井间衰减层析成像。

下面介绍井间地震速度层析成像反演方法，研究时域的频谱比 Q 值层析成像和频域的质心频率偏移 Q 值层析成像。通过两者的联合，在 VSP 求取 Q 值的约束下，实现两井间较为准确的 Q 值层析反演。

5.2 井间地震速度层析成像反演

根据地震射线理论，旅行时 t 与慢度 s 有如下关系

$$t = \int_{L(s)} s(x, y, z) \mathrm{d}l \tag{5-1}$$

式中：t 是地震波的旅行时；$L(s)$ 为射线路径；$s(x, y, z)$ 为慢度；$\mathrm{d}l$ 为沿射线路径的距离增量。以上表达式是一个非线性关系，只有旅行时是已知的观测数据，慢度信息和射线路径均为未知。为了能利用计算机求解上述未知信息，可以将其离散化，即

$$\sum_{j=1}^{n} l_{ij} s_j = t_i, \quad i=1, 2, \cdots, m \tag{5-2}$$

式中：m 为观测旅行时个数（或射线条数）；n 为模型单元个数。用矩阵（或向量）表示为

$$\boldsymbol{A}\boldsymbol{s} = \boldsymbol{t} \tag{5-3}$$

式中：$\boldsymbol{s} = \begin{pmatrix} s_1 \\ s_2 \\ \vdots \\ s_n \end{pmatrix}$, $\boldsymbol{t} = \begin{pmatrix} t_1 \\ t_2 \\ \vdots \\ t_m \end{pmatrix}$, $\boldsymbol{A} = \begin{pmatrix} l_{11} & l_{12} & \cdots & l_{1n} \\ l_{21} & l_{22} & \cdots & l_{2n} \\ \vdots & \vdots & & \vdots \\ l_{m1} & l_{m2} & \cdots & l_{mn} \end{pmatrix}$

式中：s 是由离散模型网格节点慢度所组成的 n 维矢量；n 为节点总数；s_i 为第 i 个网格节点上的慢度；t 为由观测走时组成的 m 维矢量；m 为观测数据的总道数；t_j 为第 j 个直达波走时数据；矩阵 $\boldsymbol{A}$ 则是 $m \times n$ 系数矩阵，其元素为旅行时对慢度的偏导数，亦即射线在该单元中的长度；l_{ij} 表示第 j 条射线在第 i 个单元中的长度。地震走时层析反演问题就是已知 t 求 s。(5-3) 式看似线性关系，但慢度矢量 s 和射线路径矩阵 $\boldsymbol{A}$ 都未知，且射线路径又是慢度的非线性函数，因而该式实际上仍是慢度的非线性方程。实际解这种反演问题时，采用逐次迭代的方法。即先给定一个初始模型 s_0，用该初始模型计算射线路径和理论旅行时，根据上述方程求出慢度的扰动量 δs，修正初始模型 $s = s_0 + \delta s$，得到新的慢度模型。如此反复进行，直到计算的理论旅行时与观测的初至旅行时之差满足一定的条件为止，这时所得到的模型便作为反演结果。流程如图 5-1 所示。

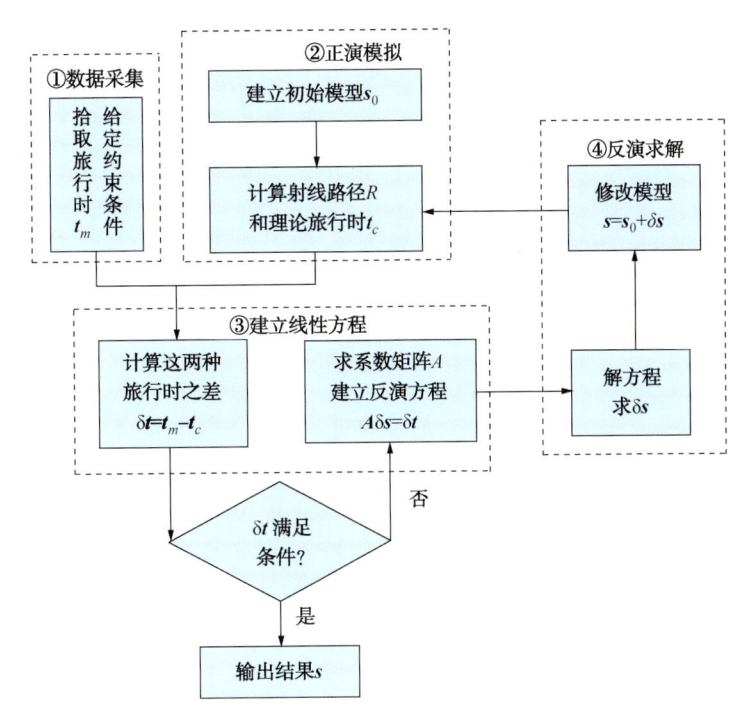

图 5-1 Q 值层析流程图

5.3 频谱比法 Q 层析成像反演

地震波在传播时,振幅变化与地层介质衰减因子相关的衰减可以表示为

$$A = A_0 e^{-\alpha(f)x} \tag{5-4}$$

若震源子波频谱为 $S(f)$,仪器与介质响应为 $G(f)\cdot H(f)$,那么接收的地震波频谱可以表示为

$$R(f) = G(f)\cdot H(f)\cdot S(f) \tag{5-5}$$

式中:$G(f)$ 包含了几何扩散、仪器响应、震源/检波器耦合特性、反射/透射系数等因素的效应;$H(f)$ 表示地震波振幅的衰减效应,可表示为

$$H(f) = e^{-f\int_L \alpha dl} \tag{5-6}$$

式中:L 为射线长度;α 为地层衰减系数,且

$$\alpha = \frac{\pi}{Qv} \tag{5-7}$$

式中:v 为地层的地震波传播速度;Q 为地层的品质因子。

对于第 j 道,有

$$R_j(f) = G_j(f)\cdot H_j(f)\cdot S(f) \tag{5-8}$$

对于 $j+1$ 道,有

$$R_{j+1}(f) = G_{j+1}(f)\cdot H_{j+1}(f)\cdot S(f) \tag{5-9}$$

上两式相比,得

$$\frac{R_j(f)}{R_{j+1}(f)} = \frac{H_j(f)}{H_{j+1}(f)} \cdot \frac{G_j(f)}{G_{j+1}(f)} \quad (5-10)$$

两边取对数,得

$$\ln\frac{R_j(f)}{R_{j+1}(f)} = \left(-\int_{l_j}\alpha \mathrm{d}l + \int_{l_{j+1}}\alpha \mathrm{d}l\right)f + \ln\left(\frac{G_j(f)}{G_{j+1}(f)}\right) \quad (5-11)$$

若假设 G 与频率 f 无关,则上式便是 f 的线性方程,且该直线的斜率为

$$p_i = -\int_{l_j}\alpha \mathrm{d}l + \int_{l_{j+1}}\alpha \mathrm{d}l \quad (5-12)$$

对上式离散化,得

$$p_i = -\sum_{k_j}\alpha_{k_j}l_{k_j} + \sum_{k_{j+1}}\alpha_{k_{j+1}}l_{k_{j+1}} \quad (5-13)$$

由于相邻道频谱比与频率 f 呈线性关系,求出各频率点对应的相邻道频谱比,然后对频谱比和频率数据进行直线拟合,求取斜率,这个斜率值就是(5-13)式左边的 p_i 值。对于多个炮点,利用(5-13)就得到一个线性方程组,其中,方程的右端向量为拟合直线的斜率,系数矩阵元素为离散单元中的射线长度,而未知量则为所有求的各离散单元的衰减系数值。

5.4 质心频率偏移法 Q 层析反演

定义震源子波频谱的质心频率为

$$f_S = \frac{\int_0^\infty fS(f)\mathrm{d}f}{\int_0^\infty S(f)\mathrm{d}f} \quad (5-14)$$

方差为

$$\sigma_S^2 = \frac{\int_0^\infty (f-f_S)^2 S(f)\mathrm{d}f}{\int_0^\infty S(f)\mathrm{d}f} \quad (5-15)$$

则接收的地震波频谱的质心频率和方差分别为

$$f_R = \frac{\int_0^\infty fR(f)\mathrm{d}f}{\int_0^\infty R(f)\mathrm{d}f} \quad (5-16)$$

$$\sigma_R^2 = \frac{\int_0^\infty (f - f_S)^2 R(f) \mathrm{d}f}{\int_0^\infty R(f) \mathrm{d}f} \tag{5-17}$$

假设 $G(f)$ 与频率 f 无关，则由上式可以看出 f_R 和 σ_R^2 与 G 无关。若震源子波频谱是高斯分布的，即

$$S(f) = \exp\left(-\frac{(f - f_o)^2}{2\sigma_S^2}\right) \tag{5-18}$$

那么

$$\begin{aligned} R(f) &= GS(f)H(f) \\ &= G\exp\left[-\frac{(f - f_o)^2}{2\sigma_S^2} - f\int_L \alpha \mathrm{d}l\right] \\ &= G\exp\left(-\frac{f^2 - 2ff_R + f_R^2 + f_d}{2\sigma_S^2}\right) \\ &= A\exp\left[-\frac{(f - f_R)^2}{2\sigma_S^2}\right] \end{aligned} \tag{5-19}$$

其中，$f_R = f_o - \sigma_S^2 \int_L \alpha \mathrm{d}l$

$$f_d = 2f_o \sigma_S^2 \int_L \alpha \mathrm{d}l - \left(\sigma_S^2 \int_L \alpha \mathrm{d}l\right)^2$$

$$A = G\exp\left(-\frac{f_d}{2\sigma_S^2}\right)$$

令

$$f_0 = f_S$$

有

$$f_R = f_S - \sigma_S^2 \int_L \alpha \mathrm{d}l \tag{5-20}$$

上式表明，由于地层吸收，地震波质心频率从 f_S 减小到 f_R。由该式得

$$\int_L \alpha \mathrm{d}l = \frac{f_S - f_R}{\sigma_S^2} \tag{5-21}$$

因此，由震源子波和接收地震波频谱质心频率的变化就可以估计沿该射线路径 L 的平均衰减系数。

按照前述的模型离散方法，把井间介质离散成若干小单元，对上式离散化可得

$$\sum_{i=0}^n \alpha_i l_i = \frac{f_S - f_R}{\sigma_S^2} \tag{5-22}$$

式中：i 表示井间介质离散网格序号；n 表示离散单元数或网格节点总数。

f_R 可以求出，而 f_S 是未知的。因此，假设

$$f_S = \max(f_R) + \Delta f \tag{5-23}$$

式中：$\max(f_{R_i})$ 为炮点 S 对应的所有接收点的质心频率中的最大值；Δf 作为需要确定的量。把该式代入上式有

$$\sum_{i=0}^{n} \alpha_i l_i - \frac{\Delta f}{\sigma_S^2} = \frac{\max(f_R) - f_R}{\sigma_S^2} \tag{5-24}$$

式中：σ_S^2 表示的是炮点频率方差，取一个炮点对应的接收点地震频谱方差的平均值作为该炮点的频谱方差，而接收点地震频谱方差可由 (5-17) 式计算。上式表示一条射线满足的方程，若某条射线的编号为 j，则上式表示为

$$\sum_{i=0}^{n} \alpha_i l_i - \frac{\Delta f}{\sigma_S^2} = \frac{\max(f_{R_j}) - f_{R_j}}{\sigma_S^2} \tag{5-25}$$

若共有 n 条射线，便可形成一个线性方程组，即

$$\boldsymbol{A\alpha} = \boldsymbol{b} \tag{5-26}$$

且

$$\boldsymbol{A} = \begin{bmatrix} l_{11} & l_{12} & \cdots & l_{1n} & -1/\sigma_{S,1}^2 & 0 & \cdots 0 \\ l_{21} & l_{22} & \cdots & l_{2n} & -1/\sigma_{S,1}^2 & 0 & \cdots 0 \\ \vdots & \vdots & & \vdots & & & \\ l_{m1} & l_{m2} & \cdots & l_{mn} & 0 & \cdots 0 & -1/\sigma_{S,p}^2 \end{bmatrix}, \boldsymbol{\alpha} = \begin{bmatrix} \alpha_1 \\ \alpha_2 \\ \vdots \\ \alpha_n \\ \Delta f_1 \\ \vdots \\ \Delta f_p \end{bmatrix}, \boldsymbol{b} = \begin{bmatrix} b_1 \\ b_2 \\ \vdots \\ b_m \end{bmatrix}$$

式中：

$$b_j = \frac{\max(f_{R_j}) - f_{R_j}}{\sigma_S^2} \tag{5-27}$$

$\boldsymbol{\alpha}$ 是由离散模型网格节点衰减值与炮点主频修正量所组成的 $(n+p)$ 维矢量；n 为节点总数；p 为炮点个数；α_i 为第 i 个网格节点上的衰减因子；Δf_i 分别为各炮点对应射线的频率差 ($i=1, 2, \cdots, p$)；$\boldsymbol{b}$ 为由观测资料计算的接收波的质心频率位移和方差组成的 n 维矢量；m 为观测数据的总道数；矩阵 $\boldsymbol{A}$ 则是 $m \times (n+p)$ 系数矩阵，其元素中的 l_{ij} 表示第 j 条射线在第 i 个单元中的长度；$\sigma_{S,k}^2$ 表示第 k 个炮点的方差。

5.5　时频域联合速度和 Q 层析同步反演

质心频移 Q 层析法利用了地震波的频率受其他因素影响的畸变较小的特点。通过计算地震波衰减在频率上的变化量来计算衰减系数，计算精度较高，相对于振幅衰减等方法更为方便、可靠，但求取的衰减量易受噪声干扰影响而产生假的衰减异常。速度层析是在时域利用直达波的初至，建立矩阵最优化求解方程组。因此，可以把时域的速度层析与频域的 Q 层析两种方法联合起来，即同时反演速度和 Q，提高了效率，同时又相互增加了约束条件，提高了反演结果的可靠性，得到更加准确的速度和 Q 值。

据公式（5-25），质心频率法的反演方程为

$$\sum_{i=0}^{n} \alpha_i l_i - \frac{\Delta f}{\sigma_S^2} = \frac{\max(f_{R_j}) - f_{R_j}}{\sigma_S^2}$$

速度层析反演的方程为 $\sum_{j=1}^{n} l_{ij} s_j = t_i$

给频谱比的拟合效果设置一个门限，当相邻道频谱比的相关系数大于门限时，此方程参与反演计算。

对于质心频率与频谱比联合反演法，若利用质心频率建立的方程矩阵为

$$A_1 q = b \tag{5-28}$$

速度层析建立的方程矩阵为

$$A_2 S = T \tag{5-29}$$

通过将公式（5-28）和（5-29）联立求解即可得到衰减因子 Q。

另外，如果存在已知井位置准确的地层 Q 值（如利用零偏 VSP 资料求取的地层 Q 值），可以将其作为约束条件，加入到联立方程。

5.5.1 Q 层析反演方程的解法

对于公式（5-28）与（5-29）联立的反演方程组是超定的，数据量一般都很大，所以反演算法需要能节省内存，并有较快的计算效率。这里同样采用阻尼最小二乘法（LSQR）。

利用最小二乘原理，目标函数可以写为

$$\phi(x) = \rho_1 \| b - A_1 q \|_2 + \rho_2 \| T - A_2 S \|_2 + \rho_3 \| W_p (q - q_p) \|_2 \tag{5-30}$$

式中：ρ_1, ρ_2, ρ_3 分别表示各项的权系数；q_p 为已知井位置处的 Q 值；W_p 为其正则化矩阵。利用阻尼最小二乘法求解方程组（5-30）。

5.5.2 典型地质模型黏弹正演模拟数据应用

利用前文中所述的典型地质模型的井间地震黏弹正演模拟结果，对时频域联合 Q 层析方法的效果进行了分析。图 5-2 是第一炮下部接收点的初至波及其频谱。图 5-3a 是用初至走时层析反演的速度模型；图 5-3b 是用质心频率法反演的 Q 模型；图 5-3c 是用频谱比法反演的 Q 模型；图 5-3d 是联合使用振幅和频率反演的 Q 模型。可以看出，图 5-3c 上部出现的局部低值，是因为上部的 Q 值较大，当 Q 值太大时，质心频率移动量较小，质心频率法将出现计算误差。在这种情况下，频谱比法的效果较好，如图 5-3d 所示。

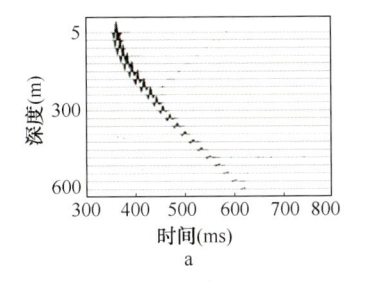

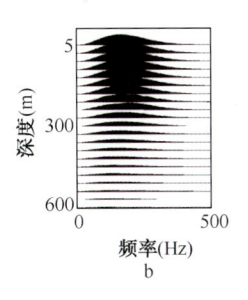

图 5-2 第一炮下部接收点的初至波（a）及其频谱（b）

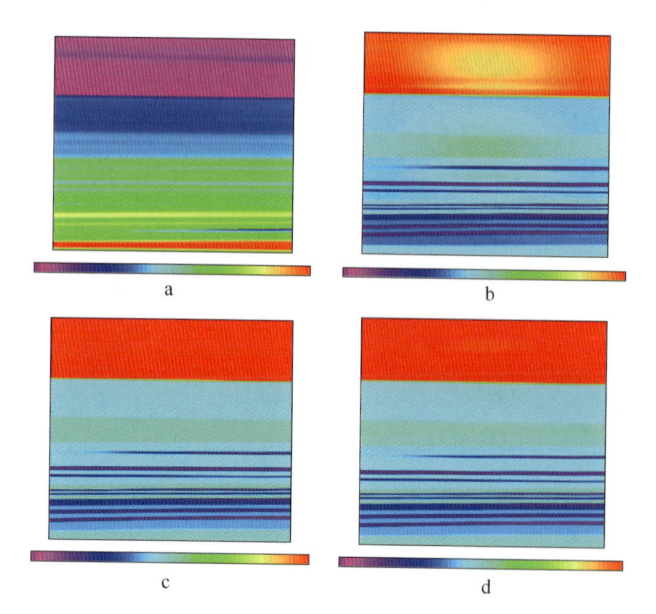

图 5-3 不同方法 Q 层析反演比较

a—走时层析反演速度；b—质心频率法反演 Q；c—频谱比法反演 Q；d—联合反演法反演 Q

5.5.3　K71–J41 井实际数据应用

对胜利油田 J41—J108 井实际采集数据的初至波进行了 Q 层析成像处理。该实际资料共有 43568 道采样数据，道采样点数为 2000，道采样间隔为 0.5ms，炮检距 3m，道间距 3m，共有炮点 329 个，检波点 300 个。图 5-4 是第 49 炮的地震记录、初至波波形。图 5-5 为层析反演得到的速度和 Q。图 5-6 是层析反演的左井 Q 曲线与利用 VSP 资料计算结果的比较，除了局部不一致外，两者具有较好的一致性，且层析反演的分辨率更高一些。图 5-7 为 VSP 结果与两种方法反演的 Q 和声波测井的速度、电位测井曲线、油藏描述的对比图。可见，层析反演的 Q 具有很高的分辨率，与速度、油藏描述图具有良好的对应关系。

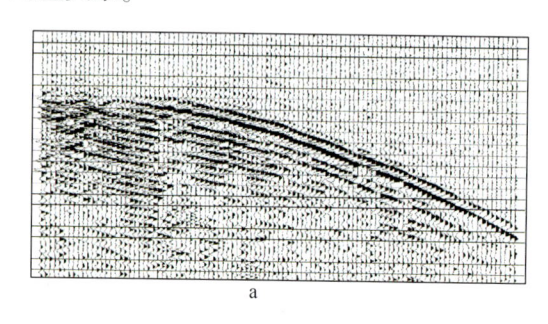

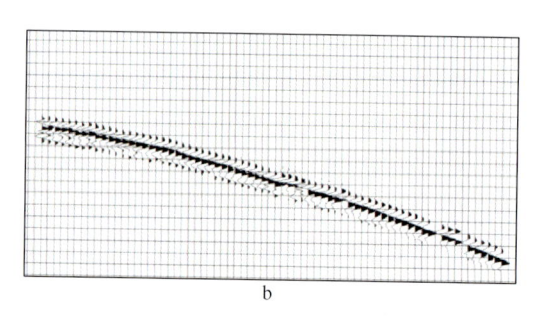

图 5-4 第 49 炮的地震记录与提取的初至波波形

a—地震记录；b—初至波波形

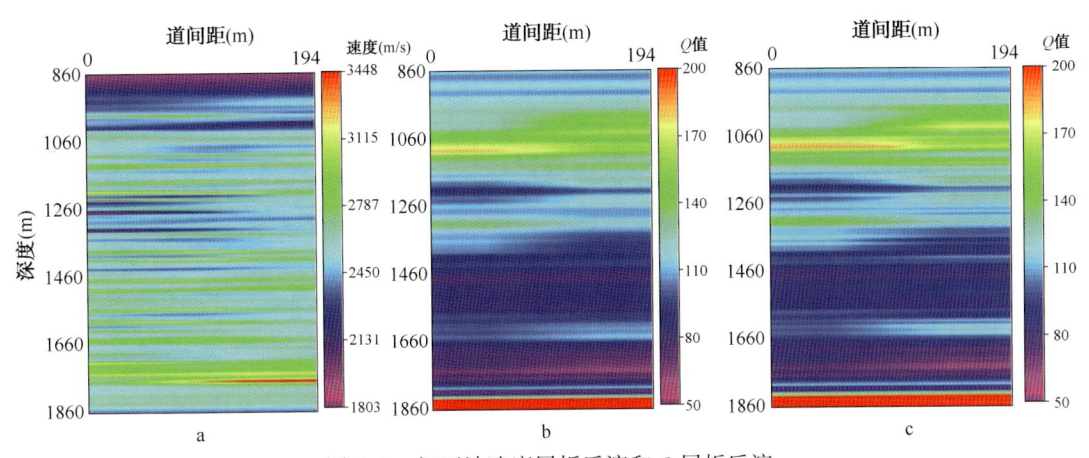

图 5-5 初至波速度层析反演和 Q 层析反演
a—层析速度；b—质心频率偏移 Q 层析；c—时频域联合 Q 层析

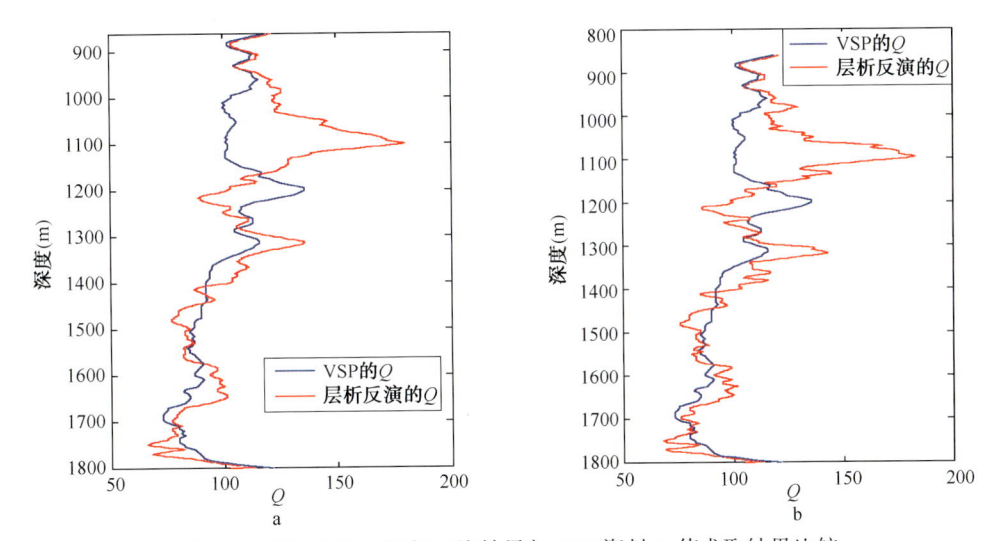

图 5-6 不同方法 Q 层析反演结果与 VSP 资料 Q 值求取结果比较
a—质心频率法反演；b—时频域联合反演

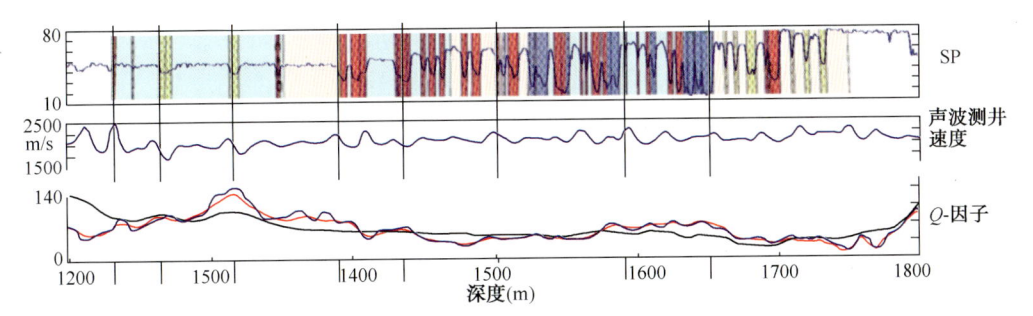

图 5-7 两种方法计算的 Q、VSP 的 Q 与声波测井速度、油藏描述、电位测井曲线的对比
蓝色为联合反演法得到的左井 Q 值，红色为质心频率法得到的左井 Q 值，黑色为 VSP 计算的 Q

6 叠后地震资料吸收衰减参数计算

除了地震波的振幅、频率类属性，地震波的衰减属性也是对油气最为敏感的属性参数之一。本章重点介绍几种重要的地震波衰减属性计算方法。

6.1 叠后地震吸收衰减计算概述

近年来，地震波的衰减作为一种与油气属性密切相关的地震属性已经被国外众多的研究机构和石油公司用来直接预测储层、油气和油气的运移。如前所述，地震波在地球介质中衰减的原因基本上分为以下两大类：（1）与地震波传播特性有关的衰减，如介质非均匀性引起的散射、球面扩散和层状结构地层所引起的地震波衰减；（2）反映介质内在属性的地层本征衰减。通常所讨论的地震波的衰减主要是指由于地下介质的非完全弹性所引起的地层本征衰减，因此需要消除散射、反射系数等因素的影响。而实际生产中往往忽略散射和反射系数的影响，直接以地震记录或是成像剖面作为输入，求取地震波的衰减量。这部分衰减中除了我们所需要的本征衰减量外，还包括散射衰减量及反射系数的影响，称为有效衰减，所对应的品质因子称为有效品质因子。因此需要在吸收衰减参数计算的过程中消除散射及反射系数的影响获取本征衰减量，进而求取固有品质因子，有效表征地层的吸收衰减特征，实现烃类的检测和识别。

自 Futterman（1962）第一次详细论述岩石对地震波的吸收衰减为地层的基本特性以来，许多地球物理工作者在地层的吸收衰减方面进行了大量的研究，取得了许多重要成果，并提出了许多有关衰减的理论和计算方法。1974年，M. Bath 提出了频谱比率法，该方法取两个深度或两个时间上的子波，进行频谱分析后得到两个频谱比的斜率，这个斜率就是品质因子 Q 的函数。1991年，Tonn 利用 VSP 资料应用频谱比法、振幅衰减法、解析信号法、子波模拟法、相位模拟法、频率模拟法、脉冲振幅法、拟合技术等一系列方法求取品质因子。Pavan Elapavuluri 与 John Bancroft（2004）提出了互相关的方法，该方法将经过 Q 滤波的 Richer 子波与信号子波进行互相关，通过 Q 值扫描，使得互相关达到最大时的 Q 值就是所要的 Q 估算值。这些方法都希望通过各种手段，避免吸收系数计算中的平均效应，准确地刻画出每一地层地震波的衰减特征。

进入新世纪之后，国内许多学者又开始尝试着基于时频分析理论和反演理论来估算地层吸收特性，并且提出了许多新的方法。例如，王西文、杨孔庆（2002）等提出利用小波域分频计算的瞬时振幅高、低频之比来计算拟吸收系数的方法；李宏兵等2004年从小波理论出发，结合地震波在黏弹性介质中的传播方程，推导出小波尺度域地震波能量衰减公式，利用尺度能量公式，可从反射地震资料中直接估算品质因子 Q（即衰减因子），也可以提取不同尺度的能量衰减剖面作为储层描述的属性参数。马在田、李振春等结合层位解释结果从地震资料中提取该层位地层吸收系数的空间分布，并与其他地震、测井和地质信息相结合直接用于圈定油气分布范围，估算储量在提高油藏描述及油气预测精度方面具有重要作用。王兴谋、印兴耀等基于 S 变换，得到两种品质因子 Q 值的估算方法，推导出峰值频率和平均频率与品质因子 Q 值的变换关系，利用 Q 值的异常特性来预测天然气藏的位置和范围。张繁昌，李传辉综合利用地层的吸收特征与地层弹性参数，从黏弹性介质的本构方程出发，推导出了品质因子与波阻抗的近似关系式，讨论了地层吸收对 AVO 类型和对弹性阻抗的影响，最后将地层品质因子融入到叠前弹性阻抗反演过程中，实现了地层品质因子与纵横波阻抗的同步反演，在实际应用中取得了明显效果，减少了储层预测的多解性。

近年来应用较多的方法是基于广义 S 变化吸收衰减参数计算和基于 Prony 滤波吸收衰减参数计算。广义 S 变换是一种无损可逆的时频分析工具，它是短时傅里叶变换和小波变换的组合，且有着比傅氏变换和小波变换更加优越的性质。改进型的广义 S 变换，采用宽度可变的高斯窗函数，其时窗宽度随频率呈正比例变化。在低频段时窗较窄，以获得较高的时间分辨率；在高频段时窗较宽，以获得更高的频率分辨率。该变换比广义 S 变换更适宜于地震资料相关频带的衰减分析。子波谱模拟技术可以实现精确子波谱的提取，将该技术与改进型广义 S 变换相结合，在消除散射和反射系数影响的基础上，实现地层吸收衰减参数的计算。Prony 分解技术经过几十年的发展，已成为一种有效的地震信号非线性分解技术。目前较常用的方法是采用奇异值分解总体最小二乘法确定阶数的 Prony 算法。利用 Prony 变换包含衰减因子的特点，对地震资料进行吸收滤波处理，将重构后不同频率段的剖面与全频段剖面进行比较来发现吸收异常区域，进行油气检测，其重构剖面中已基本消除散射的影响，提高了检测精度。在现代信号时频分析技术与子波估计技术基础上研究稳健的瞬时子波（偏重于子波的振幅谱或功率谱）提取技术，消除反射系数对吸收衰减参数提取的影响，能够提高衰减参数提取精度。

6.2 广义 S 变换地层吸收衰减参数提取方法

6.2.1 广义 S 变换的基本原理

高斯窗函数定义为：$w(n) = \mathrm{e}^{-\frac{1}{2}\left(\alpha \frac{n}{N/2}\right)^2}$，其中，$N$ 为窗函数的宽度，$-\frac{(N-1)}{2} \leq n \leq \frac{(N-1)}{2}$。高斯概率密度函数的标准差为：$\sigma = \frac{N}{2\alpha}$，可见，$\alpha$ 与标准差 σ 成反比；高斯窗函数的宽度 N 与参数 α 成 E 比。

Stockwell 等提出了 S 变换，高斯窗函数的选取与频率相关，S 变换的公式为

$$S(\tau, f) = \int_{-\infty}^{+\infty} h(t) \frac{|f|}{\sqrt{2\pi}} \exp\left(\frac{-f^2(\tau-t)^2}{2}\right) \exp(-2\pi \mathrm{i} f t) \mathrm{d}t \tag{6-1}$$

在 S 变换中，窗函数满足条件 $\int_{-\infty}^{\infty} w(\tau - t, f) \mathrm{d}\tau = 1$，调谐 Gauss 函数为

$$w(t, f) = \frac{|f|}{\sqrt{2\pi}} \exp\left(\frac{-t^2 f^2}{2}\right) \quad (6-2)$$

图 6-1 为不同参数下 Gauss 窗函数的形态。从图中可以看出：S 变换高斯窗函数的宽度与频率成反比，低频端的时窗较宽，频率分辨率较高；高频端时窗较窄，时间分辨率较高。S 变换和傅里叶变换关系明确，S 正逆变换是无损可逆的，算法实现相对直接简单。

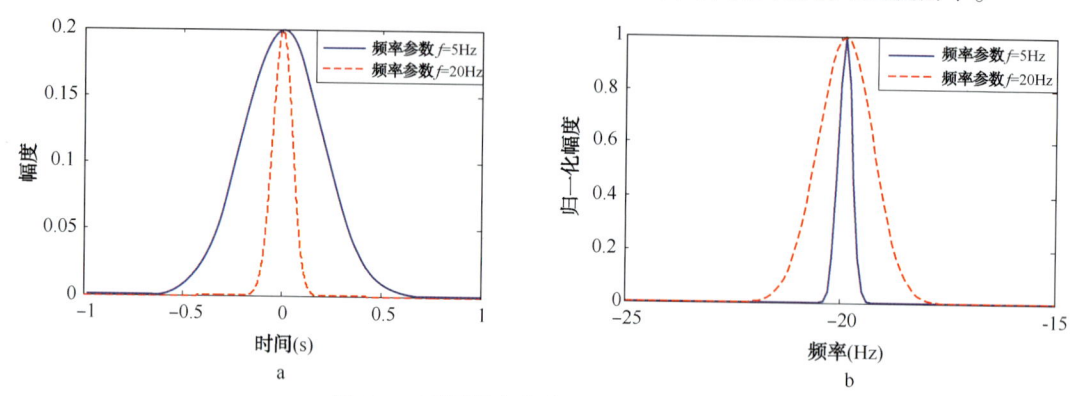

图 6-1 不同频率参数下 Gauss 窗的形态
a—时域响应；b—频域响应

6.2.2 改进型广义 S 变换的基本原理

随着频率的增加，广义 S 变换窗函数的幅值会迅速增大，对时频分布的高频端能量产生明显的加权效应，得到不准确的时频谱能量分布特征。为解决这一问题，本文提出窗函数能量归一化的广义 S 变换。

定义广义 S 变换的原始窗函数为

$$w(t, f) = \sqrt{\frac{|f|^p}{2\pi\lambda}} \exp\left(\frac{-f^p t^2}{2\lambda}\right) \quad (6-3)$$

式（6-3）不满足能量归一化条件 $\int_{-\infty}^{\infty} |w(t, f)|^2 dt = 1$，对窗函数进行能量归一化处理，得到窗函数为

$$w_N(t, f) = \sqrt[4]{\frac{|f|^p}{\pi\lambda}} \exp\left(\frac{-f^p t^2}{2\lambda}\right) \quad (6-4)$$

式中：窗函数的时间宽度随着频率 f 的增加而减小；p 和 λ 是调节参数。改进广义 S 变换的表达式为

$$\begin{aligned} GST_N(\tau, f) &= \int_{-\infty}^{\infty} h(t) \sqrt[4]{\frac{|f|^p}{\pi\lambda}} \exp\left(\frac{-f^p (t-\tau)^2}{2\lambda}\right) \exp(-i2\pi ft) dt \\ &= [h(\tau)\exp(-i2\pi f\tau)] * \left[\sqrt[4]{\frac{|f|^p}{\pi\lambda}} \exp\left(\frac{-f^p t^2}{2\lambda}\right)\right] \\ &= h(\tau) * w(\tau, f) \end{aligned} \quad (6-5)$$

图 6-2 是原始窗函数［式（6-3）］与能量归一化窗函数［式（6-5）］的对比，调

节参数分别为：$\lambda = 0.9$、$p = 1.2$。在调节参数相同的情况下，图 6-2a 中幅值随着频率的增加而迅速增大，频率为 40Hz 时幅值在 2 附近；而图 6-2b 中幅值随着频率的增加有所增大，但是幅值增大的速度明显降低，频率为 40Hz 时幅值仅在 1.5 附近。能量归一化的窗函数削弱了高频部分的加权效应，并且图 6-2a 与图 6-2b 中的时间窗宽度是相同的，没有改变广义 S 变换的时频分辨率。

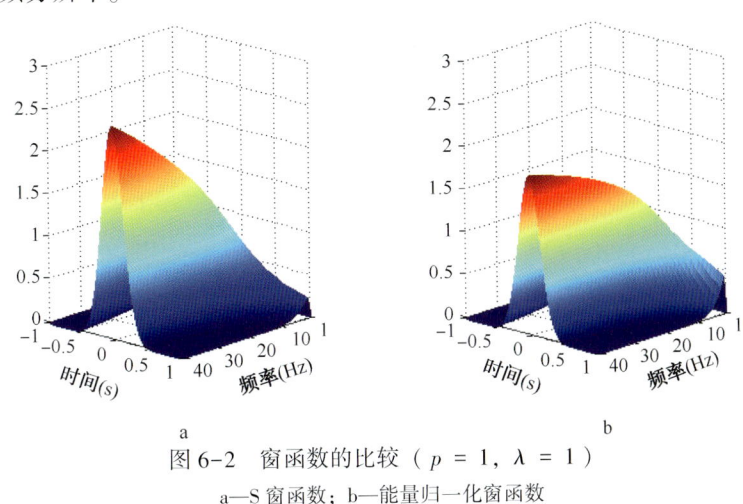

图 6-2 窗函数的比较（$p = 1$，$\lambda = 1$）

a—S 窗函数；b—能量归一化窗函数

6.2.3 谱模拟技术原理

谱模拟技术是 Rosa 和 Ulrych 在结合前人研究成果的基础上，在假设地震子波振幅光滑，以及给定子波模型表达式的前提下，采用数学手段将地震子波振幅谱从地震记录振幅谱中估计出来的。该子波振幅谱估计方法对反射系数是非白噪序列情况时具有很好的包容性，能够有效降低反射系数非白噪成分对子波振幅谱估计的影响，提高子波振幅谱估计质量和反褶积处理效果。

Rosa 经过实验，选用如下类型的数学表达式，即

$$W(f) = f^{\alpha} e^{H(f)} \tag{6-6}$$

式中：f 为频率；α 为常数；$H(f)$ 为 f 的多项式，假设该多项式阶数为 β。在最小二乘意义下，在给定参数 α 和 β 的前提下，对地震记录振幅谱进行拟合，可以得到多项式 $H(f)$ 的系数，并代入公式（6-6）就得到了子波振幅谱的估计值 $W(f)$。谱模拟方法的实质就是用上述数学表达式对地震记录振幅谱在最小二乘意义下进行拟合，即

$$W(f) \xrightarrow{\text{最小二乘意义下}} Y(f) \tag{6-7}$$

对于给定的 α 与 β，可计算出多项式系数 $a_i (i = 1, 2, \cdots, n)$。进而确定地震子波振幅谱 $W(f)$。

6.2.4 地层吸收衰减参数计算流程

地震波吸收衰减梯度核心是求取信号谱指数衰减系数。假设在分析区域中地层的岩性相对稳定，衰减在层与层之间缓慢变化，消除缓慢变化的背景值，剩下的异常值就是有意义的信息，以此来提取吸收衰减的异常信息。

基于改进广义 S 变换的吸收系数分析技术是：利用改进广义 S 变换方法求取时频谱，结合子波谱模拟技术，在子波谱上计算等效吸收系数，以此进行油气识别。

6.2.5 方法效果分析

6.2.5.1 典型地质模型应用

为进一步验证吸收衰减参数提取的正确性，采用图 6-3 的地质模型进行地震数据正演，其中图 6-3a 是给定的地质模型，模型中分别含油、气、水，采用主频为 50Hz 的混合相位子波进行纵波激发，采用有限差分方法进行正演模拟，道集 20m，炮距 20m，采集面元为 10m×10m。为验证方法对含油及含水的识别能力，采用图 6-3b 的方式对部分含油区域进行油水替换。对这两种模型分别进行正演模拟，从正演的模型记录中进行吸收衰减参数提取。

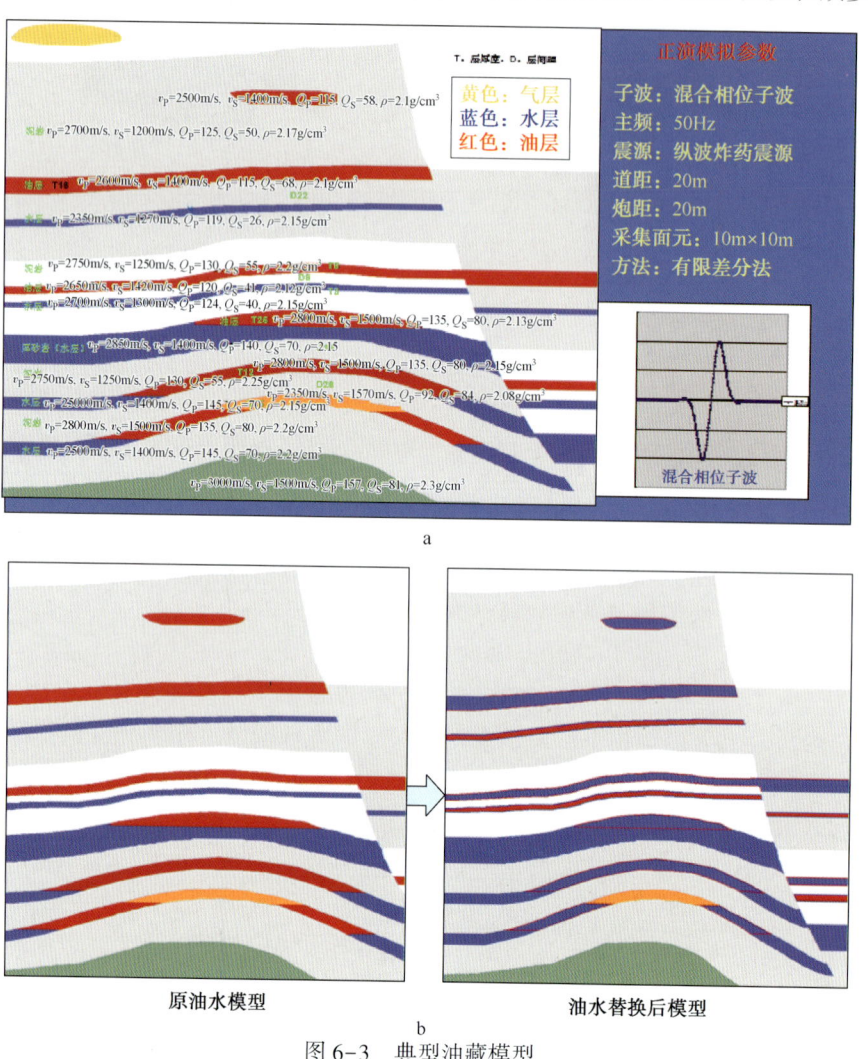

图 6-3 典型油藏模型
a—模型正演参数；b—油水替换模型

对图 6-3 的地质模型进行正演得到单炮记录，并对单炮记录进行偏移叠加处理，便得到了如图 6-4a，b，c 所示的叠后记录。其中图 6-4a 为李庆忠经验公式计算的 Q 值模型叠后剖面；图 6-4b 为零偏 VSP 计算的 Q 值模型叠加剖面；图 6-4c 为零偏 VSP 计算的 Q 值模型油水替换模型的叠后剖面。

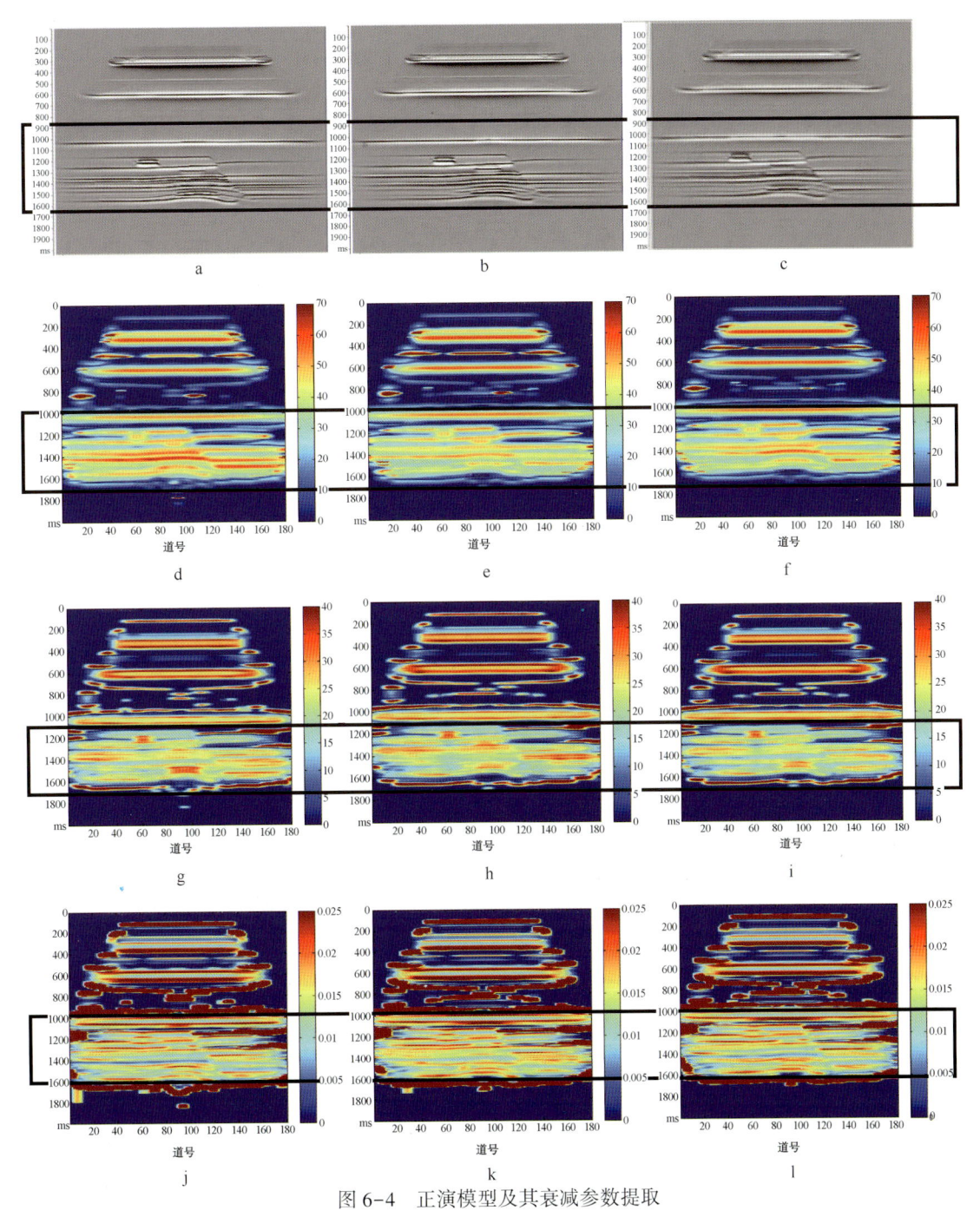

图 6-4　正演模型及其衰减参数提取

a—李氏公式计算的 Q 值模型叠后剖面；b—零偏 VSP 计算的 Q 值模型叠后剖面；c—零偏 VSP 计算的 Q 值模型油水替换模型的叠后剖面；d—剖面 a 提取的主频；e—剖面 b 提取的主频；f—剖面 c 提取的主频；g—剖面 a 提取的低频衰减系数；h—剖面 b 提取的低频衰减系数；i—剖面 c 提取的低频衰减系数；j—剖面 a 提取的高频衰减系数；k—剖面 b 提取的高频衰减系数；l—剖面 c 提取的高频衰减系数

分别对图 6-3 的叠后数据提取低频衰减系数、高频衰减系数及其主频剖面，如图 6-4d~l 所示。综合分析提取出的衰减系数剖面及其主频剖面可以得出以下认识：

（1）不同反射层的主频强弱关系可以用来表征 Q 值的变化；

（2）与周围围岩相比，当地层含油时，提取出的主频参数降低，提取出的低频衰减系数的幅度明显增强；

（3）将油替换为水后，主频比替换前增强，低频衰减强度明显减弱，高频衰减系数变化不明显；

（4）当地层含气时，低频、高频衰减明显增强，并且主频明显降低。

6.2.5.2 实际工区应用分析

图 6-5 为胜利永 3 断块探区过 A3-1 井的一条测线。由井坐标标定出的井旁道是第 62 道，对该井旁道采用广义 S 变换方法进行时频分析。如图 6-6 所示，色标范围在 0~1000 内，图 6-6a 为井旁道，其中红色部分是由测井记录大体估算出的叠后时间剖面中相对应的含油、水区域；图 6-6b 为广义 S 变换参数 $\lambda=1$，$p=2.5$ 时该井旁道的广义 S 谱；图 6-6c 是广义 S 变换参数 $\lambda=1$，$p=2$ 时该井旁道的广义 S 谱。从时频谱上难以发现低频异常。

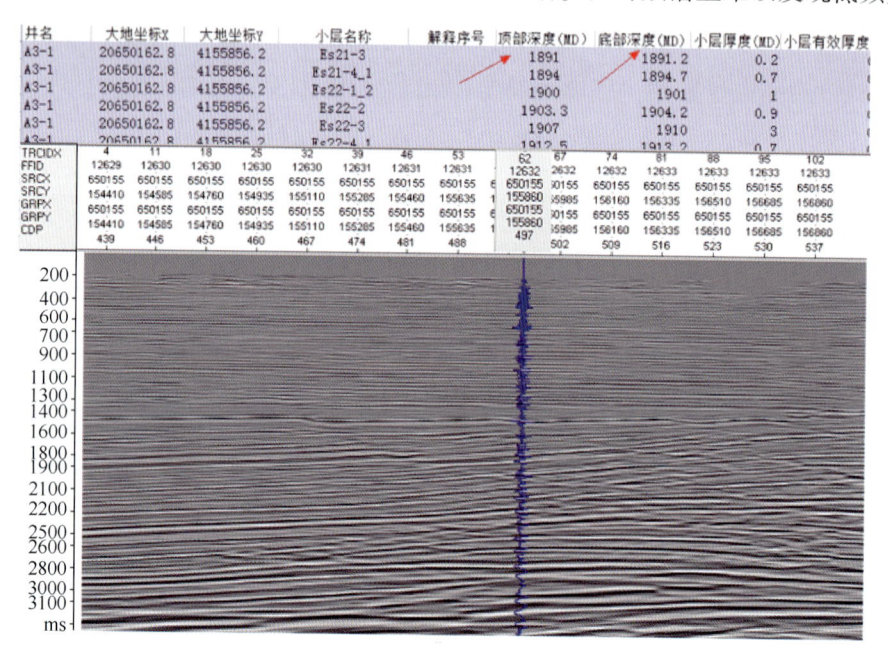

图 6-5　叠后实际记录

图 6-7a 左图是在广义 S 变换基础上，通过谱模拟拟合，提取出的低频衰减趋势图。从图中可以看出从浅层到深层低频衰减趋势越来越小，这在一定程度上符合随着地层埋藏的加深，由于压实等作用的影响，地层对地震波能量吸收衰减作用逐渐减弱的客观事实。图中黑色线条表示出了井所在的位置，图中椭圆方框是过井含油区域所在的位置。从剖面和井的位置对比可以看出，提取出的低频衰减系数剖面能够反映地层的含油状况，能够对地层的含油性进行预测。同时，从图中可以看出：不单地层含油时剖面上存在严重的低频衰减，其他区域也存在一定的低频衰减异常，这些跟地层的岩性有关。因而，进行油气预测

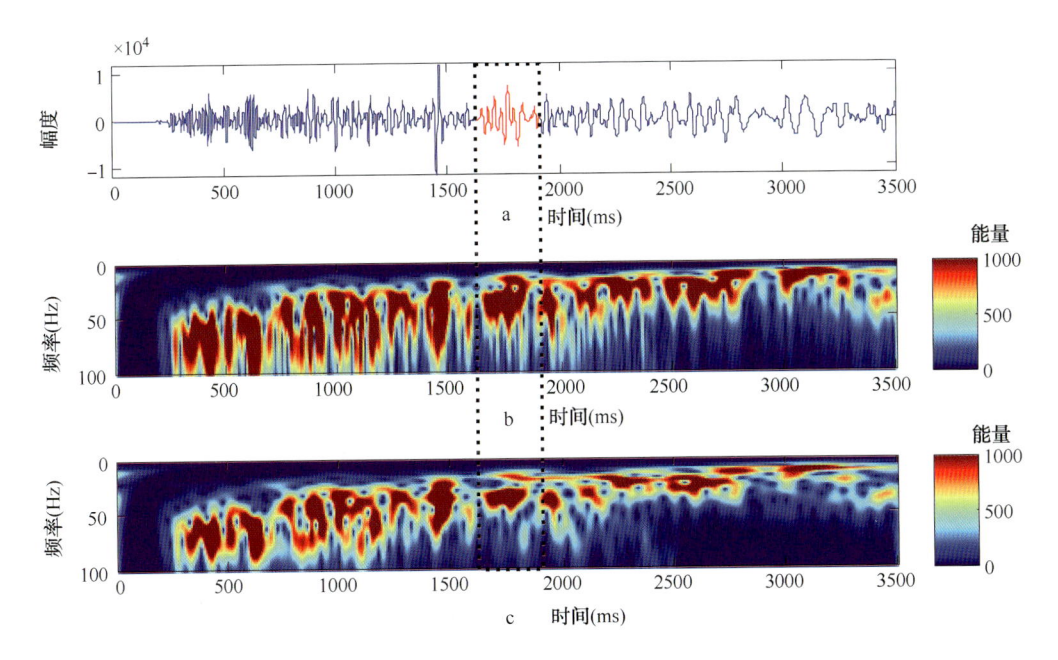

图 6-6　井旁道广义 S 分析
a—井旁地震记录；b—$\lambda=1$，$p=2.5$；c—$\lambda=1$，$p=2.0$

时需结合其他资料进行综合解释。图 6-7a 右图是目的层局部放大图，图中的时间范围是 2000~2300ms，过井含油区域在图中用椭圆框标出。从图中可以很清楚地看出：含油区域存在局部的低频强吸收异常。这表明提取出的低频衰减系数正确有效，并且能够反映地层含油的情况。图 6-7b 左图是提取出的高频衰减系数剖面。从趋势上看，从浅到深地层的高频吸收由强到弱，从而能够刻画出地层压实、岩性变化等引起的衰减变化，在一定程度上能够表征出层间的衰减变化；在 1500ms 附近存在一条明显的强衰减带，这是由于地层岩性变化引起的，该处存在较强衰减特性的岩层。由图中与井的对比可知，当地层含油时也能引起一定的高频衰减异常，该异常与该处提取出的低频衰减系数相比异常较弱。图 6-7b 右图是目的层局部放大图。从图中也可以清楚地看出：过井的含油区域高频衰减异常。将图 6-7a 与图 6-7b 对比可知：提取出的低频衰减剖面与提取出的高频衰减剖面具有很多相似之处，需进一步分析地层岩性引起的高、低频变化间的规律，以及结合其他资料排除岩性引起的高低频衰减参数异常，进一步进行油气预测。图 6-7c 左图是从时频谱中提取出的主频剖面。从图中看出：随着地层深度的增加，主频逐渐降低，也能表征能量的衰减，但在各层间能量衰减程度的刻画上要比高频衰减系数稍弱一些，主频剖面所表征的是能量衰减的整体趋势。将该剖面与含油井对比可看出，当地层含油时主频的变化不明显，因而该参数对油气预测帮助不大。一般用 Q 值描述地层对地震波能量的吸收作用，主频变化与地层岩性引起的衰减具有直接关系。因而，主频的变化与地层 Q 也存在关系，主频的变化可以在一定程度上反映地层岩性的变化。笼统地讲，主频剖面反映的是大套岩层的岩性变化。图 6-7c 右图是目的层区域主频变化的局部放大图，图中过井的含油区域与地层走向上其他区域并没有表现出明显差异，因而可以笼统地认为主频的变化主要反映了地层岩性的变化。

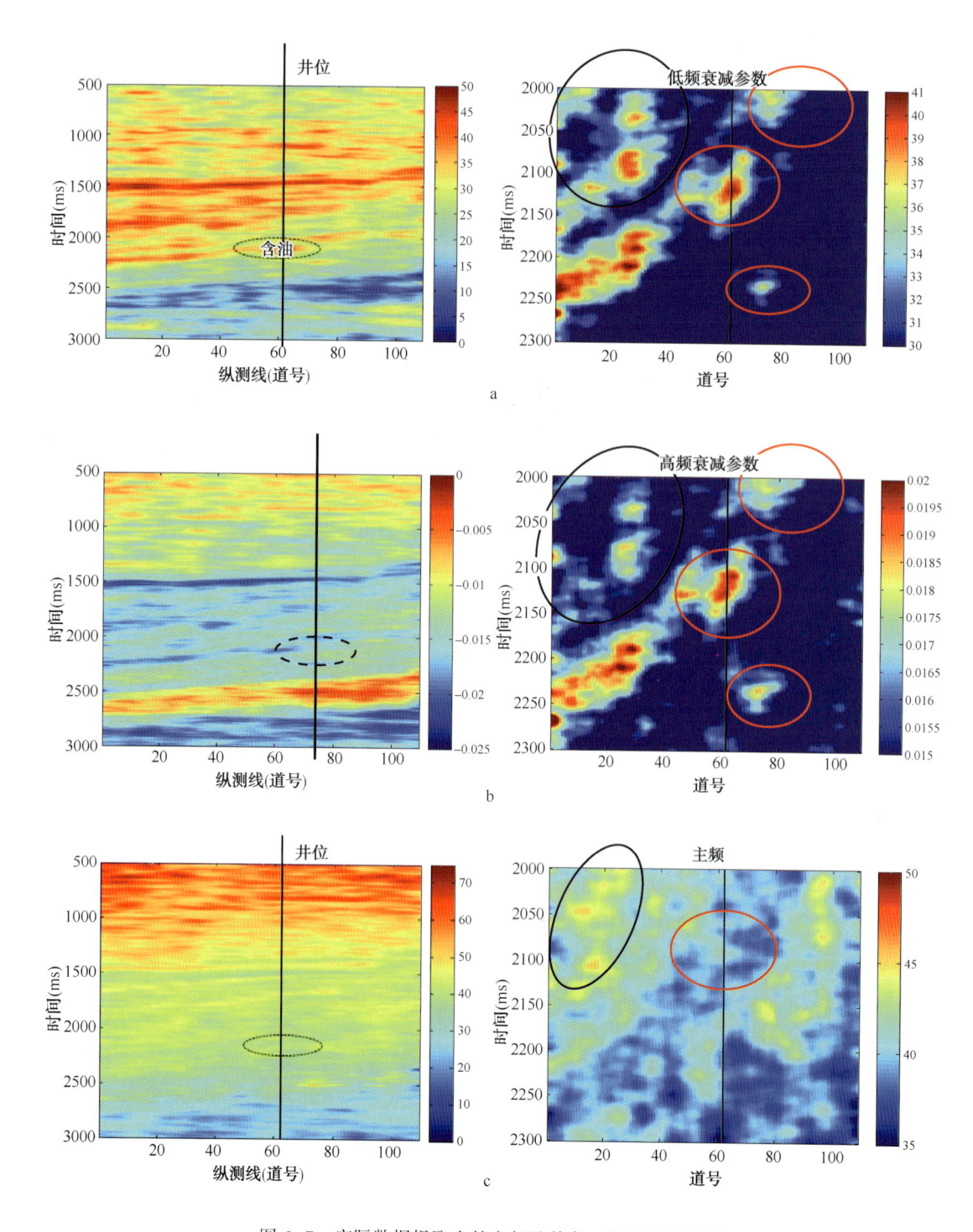

图 6-7 实际数据提取出的主频及其高、低频衰减剖面

a—提取的低频衰减剖面及其局部放大；b—提取的高频衰减剖面及其局部放大；c—提取出的主频及其局部放大

图6-8是由该区的三维叠后数据体提取的低频衰减系数数据体、高频衰减系数数据体、主频数据体的切片。从这三个特征数据体及其切片上可以清楚地看出衰减随纵测线及联络测线的变化,可以清楚地看出异常的空间展布情况。

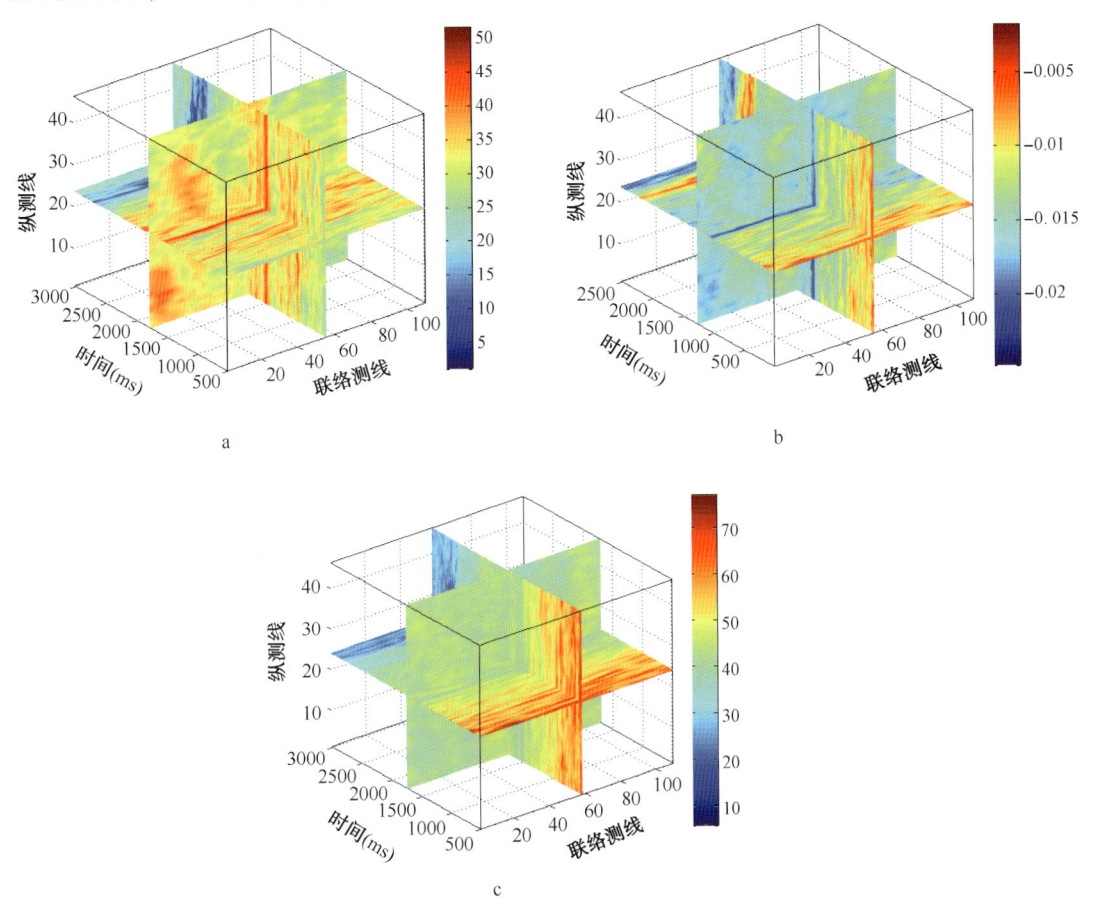

图6-8 三维叠后数据提取出的衰减参数数据体及其切片

a—提取的三维低频衰减切片;b—提取的三维高频衰减切片;
c—提取的三维主频切片

提取出的主频剖面和低频衰减系数剖面、高频衰减系数剖面结合可以在一定程度上消除地层岩性对该方法进行油气预测的干扰,可以将主频剖面与低频衰减系数剖面、高频衰减系数剖面结合进行地层含油气的综合分析预测,提高油气预测的可靠性。

初步的综合分析结果表明,低频衰减参数、高频衰减参数、主频分别反映地层的不同性质。低频衰减系数、高频衰减系数能够反映地层的岩性、含流体性质的变化;主频主要反映大套地层岩性的变化。

需要注意的是,低频、高频衰减系数都对前期处理中产生的噪声比较敏感,尤其是偏移过程中反射边界处弱振幅噪声,而对主频提取影响不明显。因此,提高前期处理的保真性对后续的属性分析、油气预测等极为关键。

6.3 Prony 滤波油气异常检测方法

长期以来,研究储层的吸收性能一般采用 Fourier 变换的方法,即先对地震信号进行 Fourier 分析,研究吸收系数与油藏参数的关系,再结合从地面地震资料获得的吸收参数横向相对变化规律,实现井间插值和外推,进行储层描述和参数预测。但由于 Fourier 变换是将信号分解为简谐波,且以线性方式求取目的层段相对的平均吸收率,从而制约了预测精度,并影响到方法的推广应用。

为克服 Fourier 变换的不足,出现了 Prony 变换方法,即用阻尼谐波分解信号及非线性方法进行滤波,直接求取目的层吸收系数,再选择对研究感兴趣的参数分量进行重构,以提高储层含气性预测的精度。Prony 滤波方法可以识别出地震能量的异常吸收带,并且在时间域和空间域都具有很高的分辨率。这对研究地震波场的高频分量的特征是非常重要的,因为高频分量可以清楚地反应含流体岩石、断裂带等。

6.3.1 Prony 滤波方法原理

众所周知,现在 Fourier 分析是正统的谱分析方法。而早在 1795 年,Prony 就提出了使用指数函数的线性组合来描述等间距采样数据的数学模型。

最完善的 Prony 分析方法是 Marple 在 1987 年提出的,它是将一个复数分解成一系列复指数之和,每一个复指数由振幅、频率、衰减系数和相位等 4 个实参数确定。由于观测到的地震信号是一个实数,故使用 Prony 变换可将地震信号分解为带有振幅、衰减、频率和相位等 4 个参数的一系列衰减正弦函数的和,其数学表达式为

$$x(t) = \sum_{k=1}^{P/2} A_k e^{\alpha_k t} \cos(2\pi f_k t + \theta_k) \tag{6-8}$$

式中:$x(t)$ 为地震信号时间序列;A_k,f_k,θ_k,α_k 分别为第 k 个分量的振幅、频率、相位和衰减系数(吸收系数);$P/2$ 为 Prony 分解的阻尼正弦值的个数;n 为 Prony 变换的地震信号样点数。

Prony 法是在调和函数的基础上提出的一种数学变换,使用指数函数的线性组合来描述等间距采样数据的数学模型。与 Fourier 变换不同的是,Prony 法用阻尼谐波描述所观测到的数据,可以看做是一种广义的 Fourier 分析。从(6-8)式也可以看出,Prony 变换与 Fourier 变换的形式非常相似。当 $\alpha_k = 0$,且 f_k 为已知的确定基波频率时,Prony 变换即为 Fourier 变换,也就是说 Fourier 变换是 Prony 变换的一个特例。恰恰是衰减系数 α_k 和频率 f_k 使它区别于 Fourier 变换,成为一种非线性的多维滤波方法。

从表 6-1 可以看出,Fourier 变换和 Prony 变换的主要区别在于 Prony 谱是 4 个参数的函数,而 Fourier 谱是 3 个参数(振幅、频率和相位)的函数。另外,Fourier 变换频率是等间隔采样,Prony 变换可以是任意频率采样间隔。

表 6-1　Fourier 变换与 Prony 变换的对比

方　　法	Fourier 变换	Prony 变换
表达式	$x(t) = \int_{-\infty}^{\infty} X(f) e^{i2\pi f t} df$	$x(t) = \sum_{k=1}^{P/2} A_k e^{\alpha_k t} \cos(2\pi f_k t + \theta_k)$
变量	振幅、相位、频率	振幅 A_k，相位 Q_k，频率 f_k，吸收系数 α_k
分解的波型	简谐波	阻尼谐波
吸收系数求取	由下式平均吸收率间接求取 $\delta_0 = \frac{1}{t_2 - t_1} dQ(f) df$	直接
显示类型	平均吸收率曲线	振幅谱、能量曲线、滤波剖面
精度	一般（无质控）	较高（多级质控）

Prony 变换能够描述频率和吸收衰减系数间的关系，所以它可作为检测吸收异常带和预测储层岩性变化的手段。Prony 滤波特征是立方体式的，谐波振幅与频率和吸收衰减系数均有关，因此可以从观测波场中的不同频率范围内提取不同的吸收系数信号。与 Fourier 变换相比，Prony 变换具有以下优点：

（1）利用阻尼滤波对信号进行分解；
（2）对单波有很好的分解能力；
（3）直接求取吸收系数；
（4）显示结果有振幅谱、能量曲线、滤波剖面等 3 类；
（5）质控手段强。

Prony 分解技术经过几十年的发展，已成为一种有效的地震信号非线性分解技术。目前，较常用的方法是采用奇异值分解总体最小二乘法确定阶数的 Prony 算法。利用 Prony 变换包含衰减因子的特点，对地震资料进行吸收滤波处理，通过将重构后不同频率段的剖面与全频段剖面进行比较来发现吸收异常区域。Mitrofanov 等人研制了 Prony 滤波程序，亦称吸收滤波程序。该程序可基于不同的标准来选择参数值，然后对实际记录进行处理。它类似于基于 Fourier 变换的带通滤波，但与之不同的是，Prony 滤波不只用频率一个参数，还可以用上面提到的其他参数，如频率和衰减参数。

6.3.2　Prony 滤波处理流程

图 6-9 为 Prony 滤波处理流程框图。Prony 滤波处理主要由以下几部分构成。

6.3.2.1　资料选取

选用宽频、保幅叠加剖面（或原始道集），并拉平目的层。同时要做到同一区块的资料处理流程、参数尽可能一致，目的层段主频带宽度也要尽可能一致。

6.3.2.2　频谱分析

在选定的时间段内对目的层段进行频谱分析。其目的是确定原始资料的频谱宽度及频率分布，特别是要了解在高频域中缺失频率段的分布规律，并用于指导滤波参数的选取和滤波剖面吸收异常带的分析。

利用 Prony 滤波技术进行储层非均质性和含气性识别。首先选择过已知井的地震测线进行相对振幅保持处理；为保证预测的精度，最好要做保持频率和相位处理；进行标准谱分析，

了解地震信号的主频和谱宽。谱宽用于确定高频域中是否存在有用的频率成分，须用比地震目标层反射信号长度大的时窗做分析。用分析的结果可估算 Prony 滤波的总频率范围和主频。

6.3.2.3 参数选择

通过分析和确定时窗长度、分解长度、白噪系数、滤波主频、滤波半频宽和吸收系数宽度范围等参数，进行优化 Prony 滤波，可达到较好的滤波效果。

对处理后的地震剖面进行细致的层位标定，确认目的层的顶底界面；根据地震资料的频率分析情况和层位解释，确定 Prony 滤波处理参数。影响 Prony 滤波效果的主要参数是分解步长。分解步长大，数据信噪比高，但分辨率下降；分解步长小，数据信噪比降低，分辨率得到提高。因此，必须根据实际资料情况和目的层的厚度综合考虑选择合适分解步长，做到既提高地震资料的分辨率，又有较高的信噪比。

6.3.2.4 进行 Prony 滤波

当最佳参数选择后，用 Prony 滤波程序对资料进行处理。以得到的各频率段剖面去识别与目标层段相关联的异常，形成反射异常带剖面图，最后与已知钻井做对比，形成识别模式。在理论分析指导下，依据过井段的不同频率带的特征与储层非均质性、含气性关系，建立识别模式；最后进行储层非均质性和含气性识别。目的是分离非正常带，以便对这些异常带进行物性、含气性的进一步解释。

Prony 吸收滤波分析的解释方法是对原始输入剖面和高频吸收滤波剖面进行对比解释，并通过高频吸收异常带模式对目标区含油气性进行预测。高频吸收异常带可分为 5 种模式。

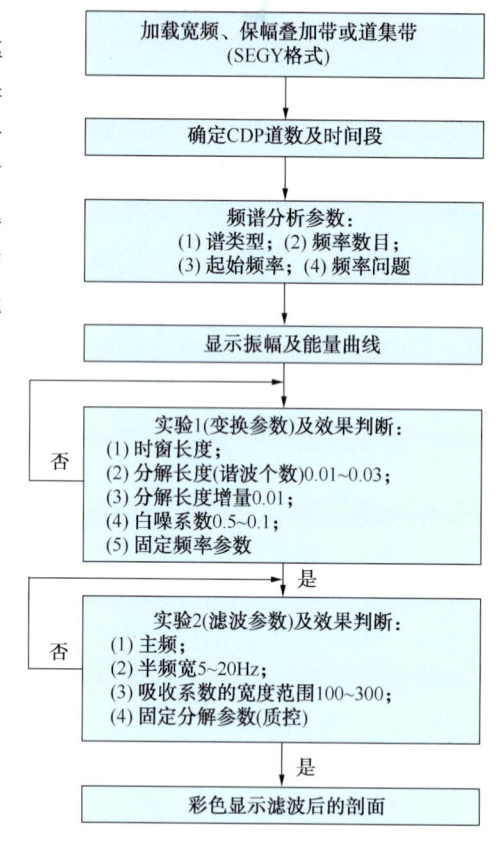

图 6-9　Prony 滤波处理流程框图

Ⅰ类异常：全频强振幅带，高频弱振幅带，可能的较好含油气带。
Ⅱ类异常：全频弱振幅带，高频弱振幅带，可能的较差含油气带或断裂带。
Ⅲ类异常：全频弱振幅带，高频强振幅带，致密岩性带。
Ⅳ类异常：全频强振幅带，高频强振幅带，致密岩性带。
Ⅴ类异常：高频振幅突变带，可能为含油气带的指示。

上述解释方法只是现有经验的总结，具体应用时要根据区域地质情况进行综合分析。

6.3.3　方法效果分析

选取东营东辛油田永新地区永 3 断块砂层数据进行实际资料处理，因资料中给出第 62 道为 A3-1 井旁道，选取第 51~71 道进行处理。

图 6-10a~f 分别为 13~22Hz、18~26Hz、23~42Hz、30~36Hz、35~41Hz、40~46Hz6 个频率带的 Prony 滤波结果。其中 13~22Hz（图 6-10a）为主频带，各道的信息都可有一定程度的还原重构；40~46Hz（图 6-10f）已为能量分布较少的高频突变带，许多区域无法还原；而 18~26Hz、23~42Hz、30~36Hz、35~41Hz（图 6-10b~e）几个频带都落在图 6-10e 中的椭圆框内，即能量变化异常区域内。从图中看出，在 63 道附近、时深 1.9~2.2s 处出现了低频异常吸收区。但是由于地下结构的复杂性、实验过程中的主观推断、野外采集数据的误差等因素，单凭 Prony 滤波资料，是不能推断地下真实情况的，只能推测 63 道附近时深 1.9~2.2s 处存在一块异于周围环境的结构，尤其是在出现了低频和高频两处反常吸收的时深 2.0~2.05s 处。

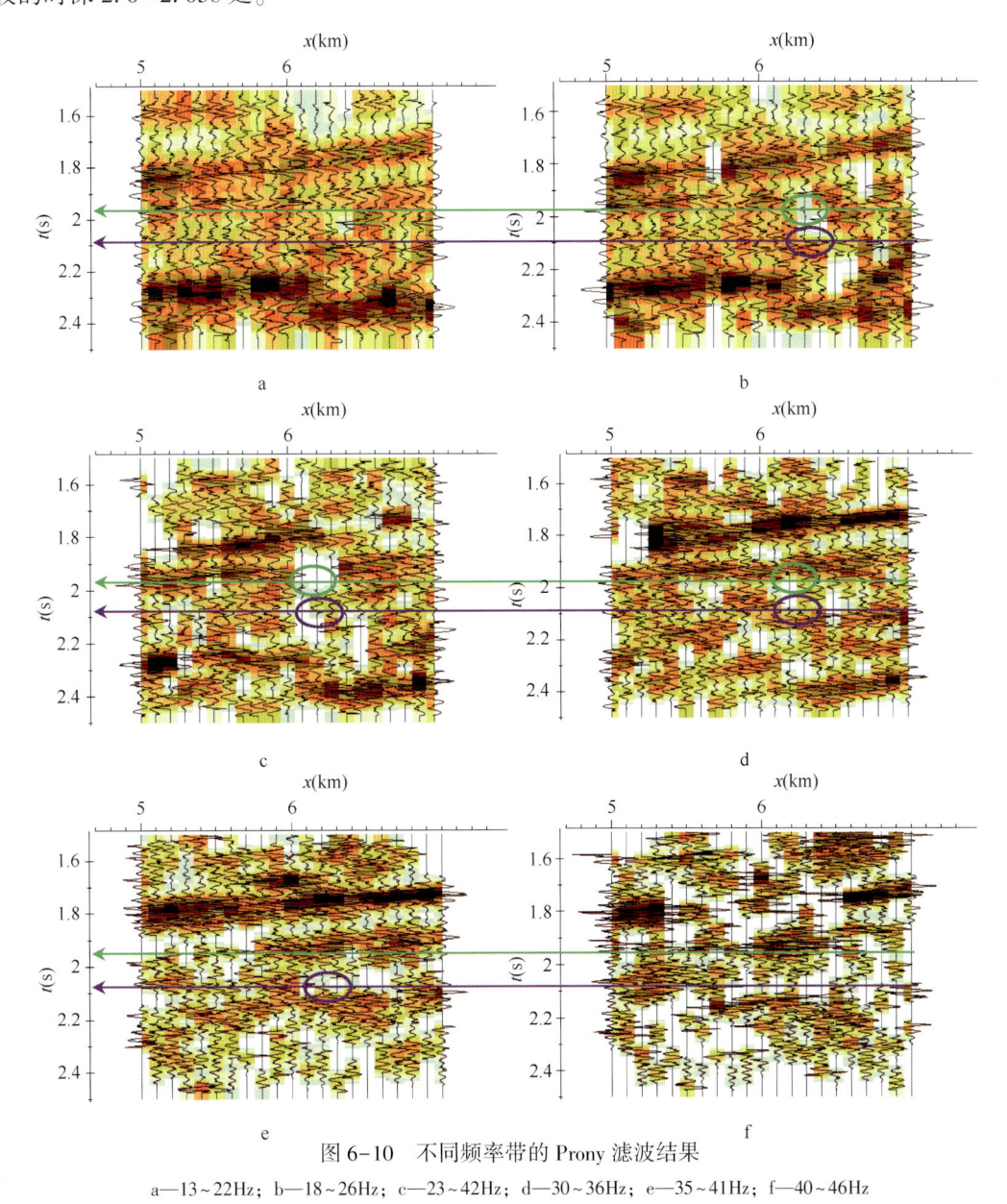

图 6-10 不同频率带的 Prony 滤波结果

a—13~22Hz；b—18~26Hz；c—23~42Hz；d—30~36Hz；e—35~41Hz；f—40~46Hz

在实际生产中，Prony 滤波结果对推断地下含油气状况是有一定帮助的，但单凭 Prony 滤波技术来判断是有局限的，需要多种资料联合分析。Prony 滤波油气分析存在的具体问题包括：

（1）Prony 滤波资料只能统一给出一个滤波结果，无法追溯排查原因，无法判断每一处的衰减或增强的来源。另外，因为结果的相似性，提高了对野外数据采集精准程度的要求，这些都是处理中无法控制和解决的。

（2）在 Prony 滤波中，结合井的位置及测井解释结果，调节相关滤波参数，可以获取较好的滤波结果。但如果整个区域内无井的话，会给滤波参数的选取及滤波结果带来不确定性。

（3）预测精度和地震资料的品质关系较大。当地震资料具有较宽的频带，特别是高频成分非常丰富、资料信噪比高时，储层预测和含气识别的精度也会较高。

6.4 峰值频率频移 Q 值计算方法

求取品质因子最常用的方法是频谱比法，其基本思路是首先用一个时间窗截取地层顶底界面对应的地震记录，然后分别计算其对应的傅里叶谱，再通过拟合频率与振幅比之间的关系求出 Q 值。这种方法依赖于诸多因素，如时窗类型和长度、线性回归时所选择的频率范围等。尽管人们对频谱比法提出了多种改进，但这种方法仍然只适用于大套地层（厚层）的品质因子估计。地震波在地层中传播时要经历吸收衰减作用，这种吸收衰减除了影响地震波振幅的变化外，还影响到频域参数的变化。研究提出了峰值频率频移 Q 值计算方法。

6.4.1 方法原理

波动能量吸收依赖于 3 个参数：频率、介质中的旅行时间、介质 Q 因子。Zhang 和 Ulrych（2002）提出，在处理数据时先用雷克子波的振幅谱对实际的振幅谱进行拟合。雷克子波的振幅谱为

$$B(f) = \frac{2}{\sqrt{\pi}} \frac{f^2}{f_m^2} e^{-\frac{f^2}{f_m^2}} \quad (6-9)$$

式中：f_m 为主频。考虑最大振幅的频率，即峰值频率，记为 f_p。对于子波在它的最初状态，峰值频率就是主频。

震源子波在黏弹介质中旅行时间 t 后振幅谱记为

$$B(f, t) = \frac{2}{\sqrt{\pi}} \frac{f^2}{f_m^2} e^{-\frac{f^2}{f_m^2}} H(f, t) \quad (6-10)$$

式中：$H(f, t)$ 为吸收滤波，其频率响应为

$$H(f, t) = \exp\left[-\int_{ray} \alpha(f, l) \, dl\right] \quad (6-11)$$

式中积分沿着射线 l 进行，吸收系数 α 为

$$\alpha(f, l) = \frac{\pi f}{Q(l) \, v(l)} \quad (6-12)$$

（1）单层情况。

将所有与 Q 不相关的函数写入一个振幅项中，重写振幅谱 $B(f, t)$ 为

$$B(f, t) = A(t) B(f) e^{\frac{\pi f t}{Q}} \tag{6-13}$$

式中：$A(t)$ 为与频率和吸收无关的振幅因子。通过对上式进行求导推导出峰值频率 f_p 与品质因子 Q 之间的关系为

$$Q = \frac{\pi t f_p f_m^2}{2(f_m^2 - f_p^2)} \tag{6-14}$$

在实际应用中，不知道震源子波主频 f_m 时，如果假定震源子波的频率为雷克子波，可以利用不同时间的峰值频率来求主频，即

$$f_m = \sqrt{\frac{f_{p1} f_{p2} (t_2 f_{p1} - t_1 f_{p2})}{t_2 f_{p2} - t_1 f_{p1}}} \tag{6-15}$$

上述两方程可以利消除地表起伏效应和随机噪声，改善 Q 因子的精度。

（2）多层介质情况。

地震波在多层介质中传播时其振幅衰减方程可写为

$$B(f, t) = A(t) B(f) \exp\left(\sum_{i=1}^{N} \frac{-\pi f \Delta t_i}{Q_i}\right) \tag{6-16}$$

式中：Q_i 和 Δt_i 为第 i 层的品质因子和旅行时间。

假定直线的传播路径，则总反射时间为

$$\sum_{i=1}^{N} \Delta t_i = t_N \tag{6-17}$$

因此，可将方程（6-16）写成

$$B(f, t) = A(t) B(f) \exp\left(\sum_{i=1}^{N-1} \frac{-\pi f \Delta t_i}{Q_i}\right) \exp\left(\frac{-\pi f \Delta t_N}{Q_N}\right)$$

由此可以得到下面 Q_N 的方程，即

$$Q_N = \frac{\pi \Delta t_N}{\alpha - \beta} \tag{6-18}$$

其中

$$\alpha = \frac{2f_m^2 - 2f_p^2}{f_p f_m^2}, \quad \beta = \sum_{i=1}^{N-1} \frac{\pi \Delta t_i}{Q_i} \tag{6-19}$$

（3）品质因子和峰值频率的关系。

通过时频分析可以看出，地震波在实际地层中传播会发生明显的分频吸收衰减，即地层对高频能量得吸收要远远强于对低频能量得吸收，使能量谱的峰值频率发生偏转。因此，对 f 的偏导数为

$$\frac{\partial B(t, f)}{\partial f} = \frac{f}{\pi} \exp\left(\frac{-2\pi f t}{Q} + \frac{f^2 t^2}{4Q} - f^2 t^2\right) \left[1 + \frac{f}{2}\left(\frac{-2\pi t}{Q} + \frac{f t^2}{2Q^2} - 2f t^2\right)\right] = 0 \tag{6-20}$$

根据上式可以得到

$$1 + \frac{f}{2}\left(\frac{-2\pi t}{Q} + \frac{f t^2}{2Q^2} - 2f t^2\right) = 0 \tag{6-21}$$

令

$$F(f) = (1-t^2f^2)Q^2 - \pi tfQ + \frac{t^2f^2}{4} \quad (6-22)$$

对上式进行泰勒展开,并取其一阶近似得

$$F(f) \approx Q^2 - \pi tfQ = 0 \quad (6-23)$$

求解上式,就可以得到 f_p,即

$$f_p = \lambda \frac{Q}{\pi t} \quad (6-24)$$

式中:λ 为修正因子。

(4) 质心频率偏移 Q 值计算流程。

图 6-11 是求取 Q 值的流程图,由该流程求得每一层的层品质因子。在求取的过程中,关键在于从叠后数据得到地震波主频和峰值频率,由此求得等效品质因子,进而利用剥层法逐层计算层 Q 值。

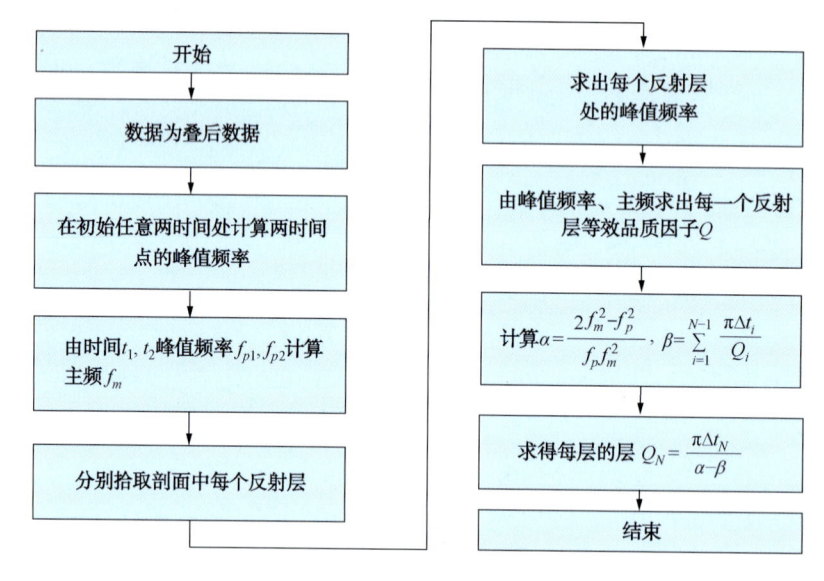

图 6-11 求取层品质因子 Q 的流程图

6.4.2 方法效果分析

针对井 A28 进行了初步的分析。测井资料显示,在 1958~1965m 出现了油气显示。根据速度转换到时间轴是 1683.7~1688.6ms,如图 6-12 所示。

在过 A28 井的地层 Q 值剖面上(图 6-13),油气层 Q 值较小吸收衰减特征十分明显,而非油气层表现为弱的吸收衰减特征。

通过建立峰值频率与 Q 值的关系,由固定窗函数的标准 S 变换过渡到采用宽度可变的高斯窗函数的广义 S 变换的频谱分析,利用峰值频率、主频等参数之间的关系,提高了品质因子的求取的准确性和精度。

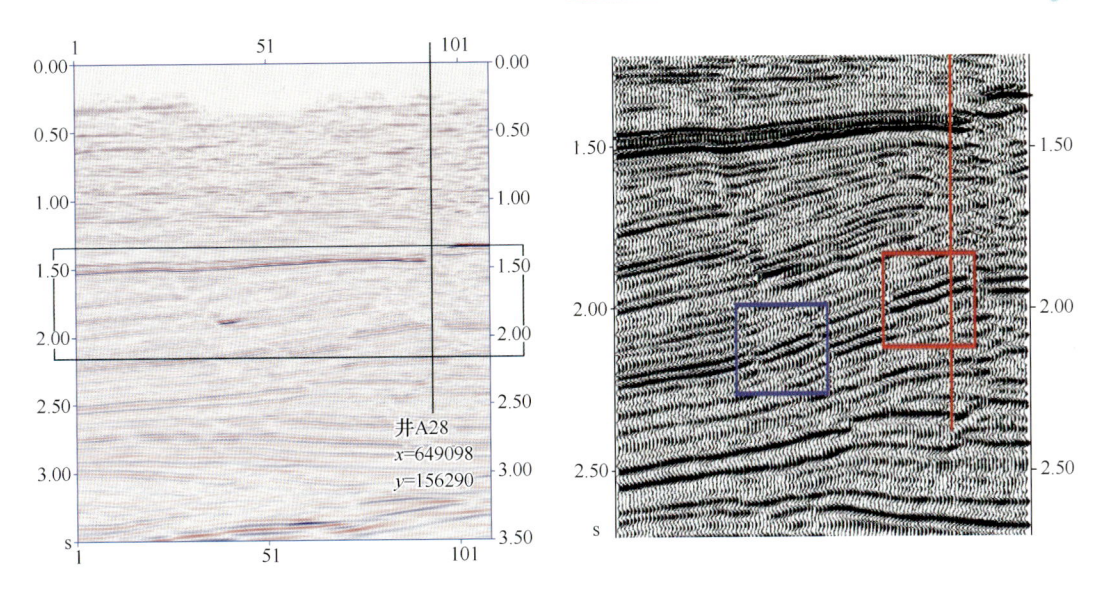

图 6-12　过井 A28 东西向地震剖面及重点区域波形显示图
红色区域出现油气显示，蓝色区域为预测较有利的含油气区域

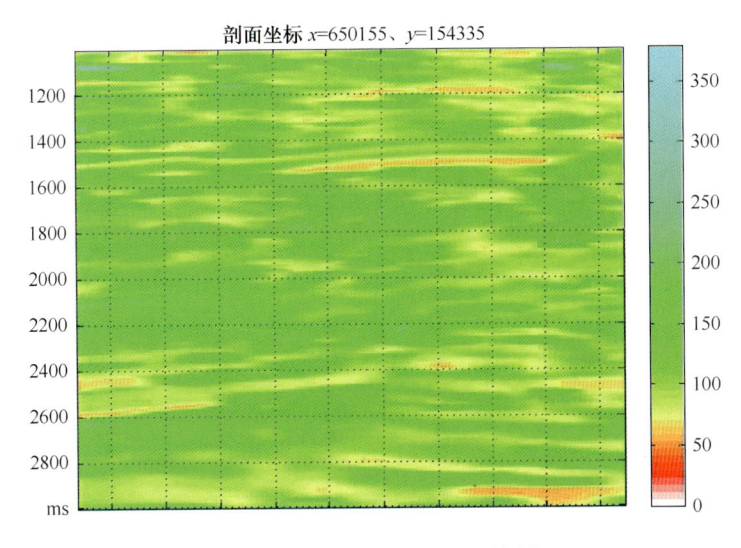

图 6-13　过 A28 井的地层 Q 值剖面

6.5　基于能量吸收衰减参数计算方法

能量是地震波在传播过程中的一个重要特征属性之一。常规的计算能量属性的方法，由于其均方根振幅和平均绝对振幅等依赖于"滑动窗"，得到的是窗函数内的平均能量，而经典的反射强度属性也是相邻点的加权平均。这些能量计算方法的瞬时性较差，并且没有考虑能量的时频分布特性。因此，在 1990 年，Kaiser 给出了瞬时能量的计算方法，称为 Teager-Kaiser 能量。Teager 能量算子对于单频波严格成立，并且能够准确地估算信号的瞬

时能量。2007年，De Matos 和 Johann（2007）等利用连续小波变换，计算 Teager 能量，最终的应用效果表明 Teager-Kaiser 能量与地震波的总能量成正比。这里将 Teager-Kaiser 算子与广义 S 变换相结合，提出了基于 Teager-Kaiser 主能量的 Q 值提取算法。该方法充分利用了广义 S 变换的时频分辨能力和 Teager-Kaiser 算子的瞬时能量聚集性，能够有效地检测宽带地震数据中的强振幅异常，提取地层吸收衰减参数。

6.5.1 方法原理

1990年，Kaiser 证明离散时间信号在 $t=n\Delta t$ 处的能量可以表示为

$$E_n = \frac{1}{2}mw^2 A_n = x_n^2 - x_{n+1} x_{n-1} \tag{6-25}$$

$$E_n = \frac{1}{2}\rho w^2 A^2 = 2\pi^2 \rho f^2 A^2 \tag{6-26}$$

式中：m 是物体的质量；x_n 是离散时间信号的采样。

如果我们把 m 看成是物体连续密度的集中近似，那么方程（6-25）与地震波的能量计算公式（6-26）是一致的。因此，我们利用公式（6-25）计算地震信号的 Teager-Kaiser 能量，即地震波瞬时能量，而方程（6-25）对于单频信号是严格成立的。因此，考虑将广义 S 变换与 Teager-Kaiser 能量算子相结合，计算地震波的瞬时能量，展布地震波能量的时频分布特征。离散地震信号各单频的 Teager-Kaiser 能量计算公式为

$$E_{n,j} = [GST_N(n,j)]^2 - [GST_N(n+1,j)] \cdot [GST_N(n-1,j)]$$

地震波瞬时能量即最大瞬时频率所对应的 Teager-Kaiser 能量，由下式计算，即

$$E_n = \max_j [E_{n,j}] \tag{6-27}$$

品质因子 Q 是表征地震波能量衰减的常用物理量。根据其基本定义，对其进行一定的改动，就可以由公式（6-28）计算抽样波长内的能量相对衰减量（$\lambda=vT$），得到拟 Q 值，计算公式为

$$\frac{1}{Q} = \frac{1}{2\pi} \frac{E_0 - E_n}{E_0} \tag{6-28}$$

式中：E_0 和 E_n 分别是参照点能量和 n 点处的地震波瞬时能量。公式（6-28）将地震波振幅能量属性与储层的定性表征联系在一起。由此公式计算得到地层的拟 Q 值，就可以实现油气储层的有效表征和预测。

6.5.2 方法效果分析

6.5.2.1 模型应用

图 6-14 是对单道数据进行拟 Q 值分析的图谱。图 6-14a 是合成地震记录，第 180 点附近是气层发育位置。图 6-14b 是广义 S 变换获得的单道数据的时频分析谱。频谱在时间方向上比较连续，在 180 点附近出现强值，但是异常不明显，不能表征储层。图 6-14c 是应用公式（6-27）计算的 Teager-Kaiser 能量时频谱。在图中有效地识别出了 3 个振幅能量异常。其中，第一个能量异常（第 180 点附近）即为气层所在的位置，并且从图中可以明显地看到该能量异常点频率比较低，其他两个能量异常则频率较高。由此可

见：Teager-Kaiser 算子的能量聚集性非常高，能够有效地增强振幅能量异常；同时该算子的瞬时性也非常强，能够有效地定位储层。图 6-14d 是应用公式（6-28）计算的拟 Q^{-1} 值。在第 180 点附近（已知的含气层位置）出现了 Q 异常值，而其他位置未有明显异常，由此说明基于 Teager-Kaiser 主能量计算的拟 Q 值可以比较有效地定位目的层，并且识别"假亮点"。

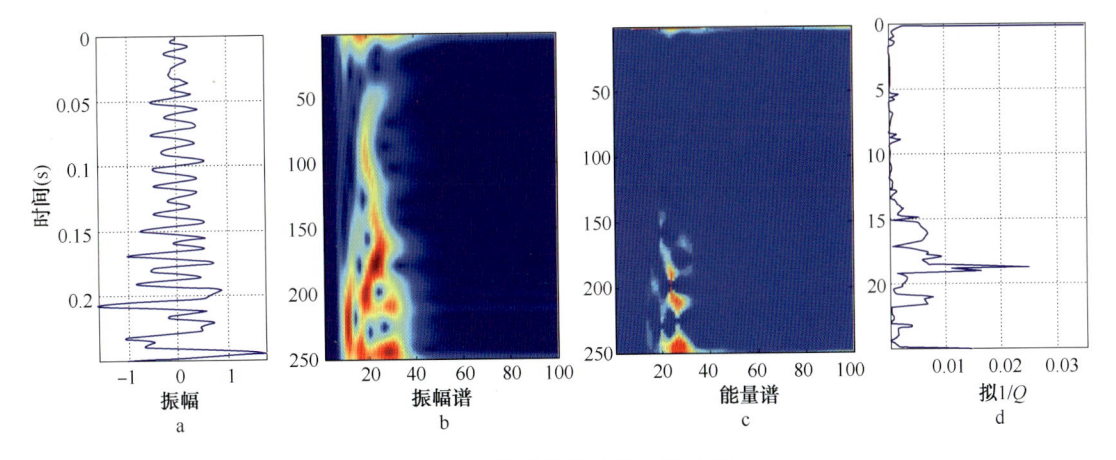

图 6-14　单道数据的拟 Q 值分析
a—地震信号；b—时频谱；c—Teager 能量谱；d—拟 $1/Q$

基于单道模型数据的分析步骤，对二维黏弹性正演模型的数据进行了分析。模型数据如图 6-15 所示，在图中，A 区设计为气层，B 区为油层，C 区为水层。图 6-16 是基于能量法提取的拟 $1/Q$ 值的对比，其中图 6-16a 为直接对地震数据计算均方根振幅能量，然后应用公式（6-28）提取的衰减拟 $1/Q$ 值，没有应用时频分析。图 6-16b 为基于时频域 Teager-Kaiser 主能量计算的拟 $1/Q$ 值。对比图 6-16a 和图 6-16b 可以看出，这里提出的基于时频域 Teager-Kaiser 主能量计算拟 $1/Q$ 值的方法的能量聚集性更高，瞬时性更强，能够更好地表征气层、油层和水层。在气层位置 Q 异常比较明显，油层次之，水层稍有异常显示。

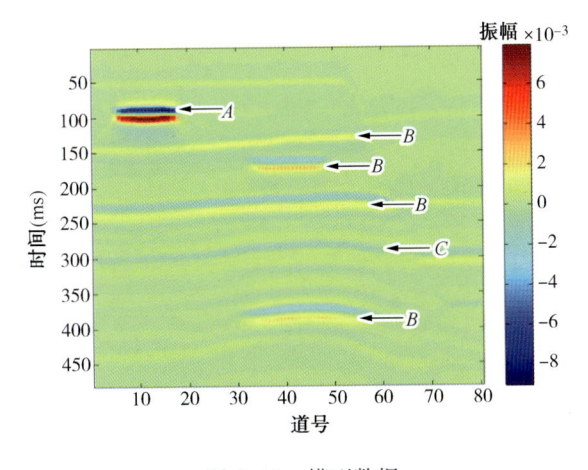

图 6-15　模型数据

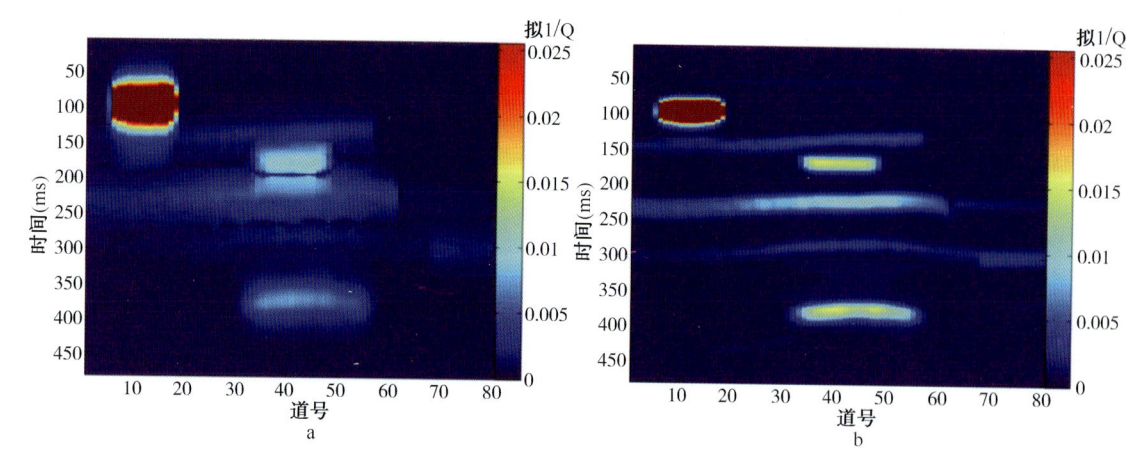

图 6-16 基于能量法提取的拟 $1/Q$ 的对比
a—常规计算拟 $1/Q$ 值；b—基于时频 Teager 主能量计算拟 $1/Q$ 值

6.5.2.2 实际数据应用

应用东部地区埕岛油田数据对基于 Teager-Kaiser 能量提取拟 Q 值的算法进行测试分析。图 6-17 是原始地震数据，黑线表示 A_1 井和 A_2 井所在位置，其中 A_1 井为产油井，A_2 井为水井，而在图 6-17 中这两处都显示为强振幅异常。图 6-18 为基于均方根振幅能量计算的拟 $1/Q$ 值；图中显示出一些 Q 异常位置，并且 A_1 井所在的油层位置 Q 值比较小，出现明显异常；A_2 井所在的水层 Q 值比较大，异常现象比较弱；但是非储层位置（如虚线椭圆所圈中的位置）拟 Q 值也比较低，与含油层位置的拟 Q 值相当，造成了储层预测和流体识别的陷阱。图 6-19 是基于时频 Teager-Kaiser 能量算法计算的拟 $1/Q$ 值，在图中的气层位置 Q 值比较低，水层 Q 值比较高，并且非储层位置的能量异常得到了压制。对比图 6-18 可以看出，这里提出的基于时频域 Teager-Kaiser 能量计算拟 Q 值的方法能够更好地区分油、水层。这主要是因为时频域 Teager-Kaiser 算子具有较强的聚集性和较高的瞬时性，并且地震波在储层位置存在"高频能量衰减"。

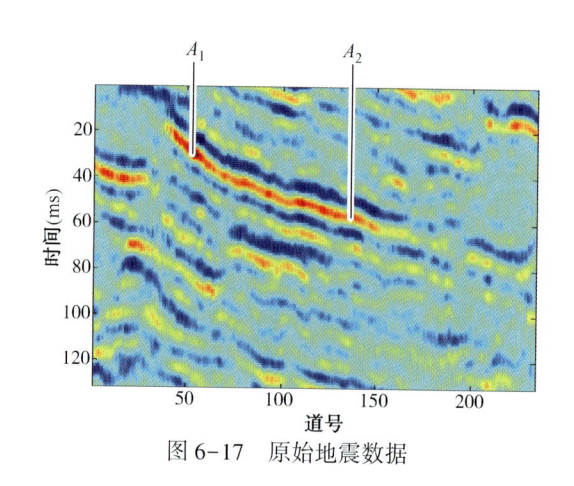

图 6-17 原始地震数据

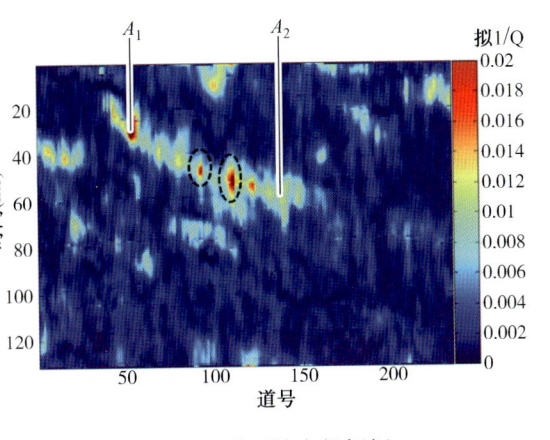

图 6-18 基于均方根振幅能量计算的拟 $1/Q$ 值

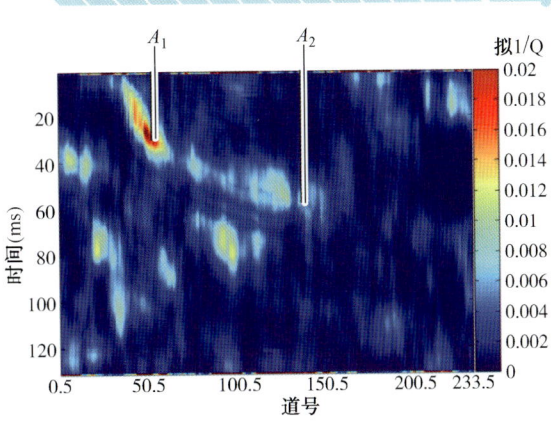

图 6-19 基于时频 Teager 能量算法计算的拟 $1/Q$ 值

6.6 瞬时地震子波吸收衰减参数计算方法

地层吸收衰减现象是子波和反射系数共同作用的结果，因此，直接利用地震道的振幅和频谱信息进行吸收衰减参数的提取在很大程度上受到反射系数的影响。本研究提取瞬时地震子波，有效地削弱反射系数的影响，利用子波谱的时频变化提取衰减信息，提高衰减参数计算的准确性，进一步提高储层预测精度。

6.6.1 动态褶积模型

为了更好地求取瞬时地震子波，引入动态褶积模型。用 $w(t,\tau)$ 来代替传统子波 $w(t)$，因此，动态褶积模型可以表示为

$$x(t) = w(t,\tau) \cdot r(t) = \int w(t-\tau,\tau) r(\tau) d\tau \qquad (6-29)$$

式中：$x(t)$ 为地震记录；$w(t,\tau)$ 为包含时变延迟响应的地震子波；$r(t)$ 为反射系数系列；t 为时间序列；τ 为延迟响应因子。

由瞬时地震子波的定义公式可知，当地层的 Q 值变化不是很大的情况下，子波的变化很微小，为此考虑对地震数据进行分层处理。在层段内地震数据比较稳定，Q 值变化微小。

引入窗函数 $h(t)$，对地震数据分层，即

$$x(t) = x(t) \sum_{n=1,k\in z}^{N} h_n(t-k_n\Delta t) = \sum_{n=1,k\in z}^{N} x(t) h_n(t-k_n\Delta t) = \sum_{n=1}^{N} x_n(t) \qquad (6-30)$$

式中：N 为分层数目；n 表示第 n 层。

由此瞬态褶积模型可以近似表示为

$$\sum_{n=1}^{N} x_n(t) = \sum_{n=1}^{N} w(t,\tau) \cdot r_n(\tau) \qquad (6-31)$$

将其展开可得

$$\begin{bmatrix} x_{k1} \\ x_{k2} \\ x_{k3} \\ \vdots \end{bmatrix} = \begin{bmatrix} w_{0,0} \\ w_{1,0} \\ x_{2,0} \\ \vdots \end{bmatrix} r_{k1} + \begin{bmatrix} w_{-1,0} \\ w_{0,1} \\ w_{1,1} \\ \vdots \end{bmatrix} r_{k2} + \begin{bmatrix} w_{-2,2} \\ w_{-1,2} \\ w_{0,2} \\ \vdots \end{bmatrix} r_{k3} + \cdots \quad (6-32)$$

由公式可知，窗函数 $h(t)$ 必需满足以下条件，即

$$\sum_{n=1, k_n \in z}^{N} h_n(t - k_n \Delta t) = 1 \quad (6-33)$$

因此，定义 $h(t)$ 函数为

$$h(t) = \frac{\Delta t}{\alpha \sqrt{\pi}} e^{-\frac{t^2}{\alpha^2}} \quad (6-34)$$

那么

$$h(t - k_n \Delta t) = \frac{\Delta t}{\alpha \sqrt{\pi}} e^{-\frac{(t - k_n \Delta t)^2}{\alpha^2}} \quad (6-35)$$

式中：α 为高斯窗函数的宽度（$\alpha \in R$），根据瞬时频率属性的变化进行取值和调节。

6.6.2 瞬时地震子波估计

频域的动态褶积模型可以表示为

$$\begin{aligned} x(f) &= \iiint \frac{W_0}{2\pi} e^{\frac{\pi f v}{Q} + iH \frac{\pi f v}{Q}} e^{2\pi i f (t-\tau)} r(\tau) \mathrm{d}f \mathrm{d}\tau e^{-2\pi i f t} \mathrm{d}t \\ &= \int \left[\int \left(\int \frac{W_0}{2\pi} e^{\frac{\pi f v}{Q} + iH \frac{\pi f v}{Q}} e^{-2\pi i f t} \mathrm{d}f \right) e^{-2\pi i f t} \mathrm{d}t \right] r(\tau) e^{2\pi i f \tau} \mathrm{d}\tau \\ &= \int w(f, \tau) r(\tau) e^{-2\pi i f \tau} \mathrm{d}\tau \\ &= w(f, \tau) r(f) \end{aligned} \quad (6-36)$$

加入窗函数之后上式可以近似表示为

$$x(f) = \int \sum_{n=1, k_n \in z}^{N} x_n(\tau) e^{-2\pi i f z} \mathrm{d}\tau = \sum_{n=1, k_n \in z}^{N} \int x_n(\tau) e^{-2\pi i f t} \mathrm{d}\tau = \sum_{n=1}^{N} x_n(f) \quad (6-37)$$

则在每一段数据内有

$$\begin{aligned} x_n(f) &\approx \int w(f, \tau) h_n(\tau - \zeta) r(\tau) e^{-2\pi i f \tau} \mathrm{d}\tau \\ &\approx w(f, \tau) \int h_n(\tau - \zeta) r(\tau) e^{-2\pi i f \tau} \mathrm{d}\tau \end{aligned} \quad (6-38)$$

令 $\zeta = k_n \Delta t$，取窗函数 $h(t)$ 为

$$h(t - k_n \Delta t) = \frac{\Delta t}{\alpha \sqrt{\pi}} e^{-\frac{(t - k_n \Delta t)^2}{\alpha^2}} \quad (6-39)$$

则

$$h\left(f - \frac{k_n}{\Delta f}\right) = \sum_{k_n} \delta\left(f - \frac{k_n}{\Delta f}\right) e^{-(\pi f \alpha)^2} \quad (6-40)$$

那么

$$x(f) = \sum_n x_n(f) \approx w(f, v) \sum_{k_n} \delta\left(f - \frac{k_n}{\Delta f}\right) e^{-(\pi f/\alpha)^2} r(f) \qquad (6-41)$$

基于动态褶积模型，研发了 3 种求取瞬时地震子波的方法。

6.6.2.1　迭代反演法

首先由测井资料确定初始地震子波，并通过正演模型计算出合成地震记录，然后与实际地震记录比较，逐步修正子波，直到合成记录与实际观测记录完全匹配为止。基于此方法和动态褶积模型，建立如下目标函数，即

$$F(W) = \| R_n w_{t,\tau} - d_n \|^2 + \Phi(w_0) \qquad (6-42)$$

式中：$w_{t,\tau}$ 为时间段 n 时的瞬时子波；R_n，d_n 分别是第 n 段时间所对应的反射系数和地震数据；w_0 为估计的初始子波。将上面的目标函数展开得

$$F(w_{t,\tau}) = (R_n w_{t,\tau} - d_n)^T C_{s_n}^{-1} (R_n w_{t,\tau} - d_n) + (w_0 - w_{t,\tau})^T C_{w_{t,\tau}}^{-1} (w_0 - w_{t,\tau}) \qquad (6-43)$$

对目标函数求最小，得到求取精细子波的迭代公式，即

$$w_{t,\tau} = (R_n^T C_{s_n}^{-1} R_n + C_{w_{t,\tau}}^{-1})^{-1} (R_n^T C_{s_n}^{-1} S_n + C_{w_{t,\tau}}^{-1} w_0) \qquad (6-44)$$

一般地震数据长度选择为子波长度的 2 倍，以保证子波求取的稳定性。初始子波的求取分两步：

（1）初始振幅求取。

假设反射系数为白噪声，则地震子波的功率谱等于地震道的功率谱，因此可以用井旁地震道的互相关来求取子波的功率谱，即

$$P_w(w) = \mathrm{FT}[C_{ss}(\tau)] \qquad (6-45)$$

式中：$C_{ss}(\tau)$ 代表地震道的自相关；FT 表示傅里叶变换。由 $P_w(w)$ 就可以得到初始地震子波振幅谱 $|w_0|$。

（2）初始相位谱求取。

最优的相位估计方法是对数据进行一系列的常相位旋转。与最大峰态值对应的角度为子波的相位角。在该方法中，没有像常规方法那样对子波的初始相位进行假设。

设原始地震道为 $x(t)$，则由下式可以获得旋转道 $x_{\mathrm{rot}}(t)$，即

$$x_{\mathrm{rot}}(t) = x(t) \cos\phi + H[x(t)] \sin\phi \qquad (6-46)$$

式中：ϕ 是常相位旋转角；H 是希尔伯特变换。

离散时间序列 $x_{\mathrm{rot}}(t)$ 的正则化近似式为

$$kurt(x_{\mathrm{rot}}) = n \frac{\sum x_{\mathrm{rot}}^4(t)}{[\sum x_{\mathrm{rot}}^2(t)]^2} - 3 \qquad (6-47)$$

式中：n 是采样点数；t 是离散时间。

最可能的相位角 ϕ_{kurt} 对应于最大的峰态值。应用网格搜索是一种最简单的估计方法，而测试角 ϕ 的范围为 $[-180°,180°]$。峰值随着测试角 ϕ 而变化，可以被作为一个质量控制工具。峰值是在十几道数据上求平均，以确保稳定性。最大和最小峰值之间的差值显示

了反演结果的稳定性。

在获得了子波的振幅谱和相位谱之后，就可以得到初始的地震子波，即

$$w_0 = sqrt[P_w(w)]\exp[i\phi_{kurt}\text{sgn}(f)] \tag{6-48}$$

式中：$P_w(w)$ 为子波的功率谱；ϕ_{kurt} 为最大峰态值时的相位角；f 为频率变量。

6.6.2.2 高阶统计量法

6.6.2.2.1 高阶统计量理论

高阶统计量(Higher-order Statistics)是指比二阶统计量更高阶的随机变量或随机过程的统计量。二阶统计量有方差、协方差、二阶矩、自相关函数、功率谱、互相关函数、互功率谱等；高阶统计量有高阶矩(Higher-order Moment)、高阶累积量(Higher-order Cumulant)、高阶谱(Higher-order Spectra)。

从统计学的角度，对正态分布的随机变量(矢量)，用一阶和二阶统计量就可以完备地表示其统计特征。如对一个高斯分布的随机矢量，知道了其数学期望和协方差矩阵，就可以知道它的联合概率密度函数。对一个高斯随机过程，知道了均值和自相关函数(或自协方差函数)，就可以知道它的概率结构，即知道它的整个统计特征。

但是，对不服从高斯分布的随机变量或随机过程，一阶和二阶统计量不能完备地表示其统计特征。或者说信息没有全部包含在一、二阶统计量中，更高阶的统计量中也包含了大量有用的信息。高阶统计量信号处理方法，就是从非高斯信号的高阶统计量中提取信号的有用信息，特别是从一、二阶统计量中无法提取的信息的方法。从这个角度来说，高阶统计量方法不仅是对基于相关函数或功率谱的随机信号处理方法的重要补充，而且可以为二阶统计量方法无法解决的许多信号处理问题提供手段。

6.6.2.2.2 高阶累积量和高阶矩

随机变量的累积量和矩可由随机变量的特征函数生成，下面先介绍随机变量特征函数的定义，随后是累积量和矩的定义。

假设随机变量 x 的概率密度函数为 $f(x)$，那么它的特征函数定义为

$$\boldsymbol{\Phi}(w) = \int_{-\infty}^{+\infty} f(x)e^{jwx}dx = E\{e^{jwx}\} \tag{6-49}$$

因为概率密度函数 $f(x) \geq 0$，因此，特征函数在原点处有最大值，即

$$|\boldsymbol{\Phi}(w)| \leq \boldsymbol{\Phi}(0) = 1$$

对式(6-49)取对数，就得到随机变量 x 的第二特征函数，即

$$\boldsymbol{\psi}(w) = \ln\boldsymbol{\Phi}(w) = \ln E\{e^{jwx}\}$$

对均值为 μ，方差为 σ^2 的高斯随机变量而言，其概率密度函数为

$$f(x) = \frac{1}{\sqrt{2\pi}\sigma}e^{-\frac{(x-\mu)^2}{2\sigma^2}}$$

根据式(6-49)，可得它的特征函数为

$$\boldsymbol{\Phi}(w) = \int_{-\infty}^{+\infty}\frac{1}{\sqrt{2\pi}\sigma}e^{-\frac{(x-\mu)^2}{2\sigma^2}}e^{jwx}dx$$

将上式中的指数项 e^{jwx} 作 Taylor 级数展开，同时利用

$$\frac{1}{\sqrt{2\pi}}\int_{-\infty}^{+\infty} x^{2n} e^{-\frac{x^2}{2}} dx = (2n-1)!!$$

作积分变量替换可得高斯随机变量特征函数，即

$$\boldsymbol{\Phi}(w) = e^{jw\mu - w^2\sigma^2/2}$$

高斯随机变量的第二特征函数为

$$\boldsymbol{\Psi}(w) = jw\mu - w^2\sigma^2/2$$

现在用随机变量的特征函数给出矩、累积量的定义。仍从单个随机变量开始讨论。

对式(6-49)作 k 次导数可得

$$\frac{d^k \boldsymbol{\Phi}(w)}{dw^k} = (j)^k \int_{-\infty}^{+\infty} f(x) x^k e^{jwx} dx = (j)^k E\{x^k e^{jwx}\}$$

当 $w=0$ 时，上式变成

$$m_k = (-j)^k \frac{d^k \boldsymbol{\Phi}(w)}{dw^k}\Big|_{w=0} = E\{x^k\} \qquad (6-50)$$

式中：m_k 就是随机变量 x 的 k 阶矩，因此 $\boldsymbol{\Phi}(w)$ 又称为随机变量的矩生成函数。把 $\boldsymbol{\Phi}(w)$ 积分式中的指数项展开后得到

$$\boldsymbol{\Phi}(w) = E\{e^{jwx}\} = \int_{-\infty}^{+\infty} f(x)\left[1 + jwx + \cdots + \frac{(jwx)^2}{n!} + \cdots\right]dx$$

若 $m_1, m_2, \cdots, m_N$ 存在，上式可写成下列形式的 Taylor 展开式，即

$$\boldsymbol{\Phi}(w) = 1 + \sum_{k=1}^{N} \frac{m_k}{k!}(jw)^k + 0(w^N)$$

随机变量的第二特征函数又称为累积量生成函数，因为随机变量 x 的 k 阶累积量 c_k 可以由式(6-50)在原点处的 k 阶导数

$$c_k = (-j)^k \frac{d^k \boldsymbol{\Psi}(w)}{dw^k}\Big|_{w=0}$$

生成。$\boldsymbol{\Psi}(w)$ 也有下列形式的 Taylor 展开式。假设 $\boldsymbol{\Psi}(w)$ 的前 N 阶导数在 $w=0$ 处存在，即

$$\boldsymbol{\Psi}(w) = 1 + \sum_{k=1}^{N} \frac{m_k}{k!}(jw)^k + 0(w^N)$$

下面用同样方式定义随机矢量的矩和累积量，对随机矢量 $\boldsymbol{x} = [x_1, x_2, \cdots, x_k]^T$ 的特征函数作 $r = v_1 + v_2 + \cdots + v_k$ 阶偏导数（$v_1, v_2, \cdots, v_k$ 分别为对矢量 $\boldsymbol{x}$ 各元素求导的阶数），即

$$\frac{\partial^r \boldsymbol{\Phi}(\omega_1, \omega_2, \cdots, \omega_k)}{\partial \omega_1^{v_1} \omega_2^{v_2} \cdots \omega_k^{v_k}} = (j)^r E\{x_1^{v_1} x_2^{v_2} \cdots x_k^{v_k} e^{j(w_1 x_1 + w_2 x_2 + \cdots + w_k x_k)}\} \frac{1}{n}$$

取 $\omega_1 = \omega_2 = \cdots = \omega_k = 0$，上式变成

$$\frac{\partial^r \boldsymbol{\Phi}(\omega_1, \omega_2, \cdots, \omega_k)}{\partial \omega_1^{v_1} \omega_2^{v_2} \cdots \omega_k^{v_k}}\Big|_{\omega_1=\omega_2=\cdots=\omega_k=0} = (j)^r E\{x_1^{v_1} x_2^{v_2} \cdots x_k^{v_k}\} = j^r m_{v_1 v_2 \cdots v_k}$$

或者

$$m_{v_1 v_2, \cdots, v_k} = (-j)^r \frac{\partial^r \boldsymbol{\Phi}(\omega_1, \omega_2, \cdots, \omega_k)}{\partial \omega_1^{v_1} \omega_2^{v_2} \cdots \omega_k^{v_k}}\Big|_{\omega_1=\omega_2=\cdots=\omega_k=0}$$

式中：$m_{v_1v_2,\cdots,v_k}$ 是随机矢量的 $r = v_1 + v_2 + \cdots + v_3$ 阶矩。

随机矢量 $\boldsymbol{x} = [x_1, x_2, \cdots x_k]^T$ 的 $r = v_1 + v_2 + \cdots + v_3$ 阶累积量由累积量生成函数生成，对上式作 $r = v_1 + v_2 + \cdots + v_3$ 阶偏导数，并取 $\omega_1 = \omega_2 = \cdots = \omega_k = 0$ 后得

$$c_{v_1v_2\cdots v_k} = (-j)^r \frac{\partial^r \boldsymbol{\Phi}(\omega_1, \omega_2, \cdots, \omega_k)}{\partial \omega_1^{v_1} \omega_2^{v_2} \cdots \omega_k^{v_k}}\bigg|_{\omega_1 = \omega_2 = \cdots = \omega_k = 0}$$

$\boldsymbol{\Phi}(\omega_1, \omega_2, \cdots, \omega_k) \sum_{i=1}^{n} X_i Y_i$ 和 $\boldsymbol{\Psi}(\omega_1, \omega_2, \cdots, \omega_k)$ 同样能够展开成矩和累积量的 Taylor 级数形式，即

$$\boldsymbol{\Phi}(\omega_1, \omega_2, \cdots, \omega_k) = \sum_{v_1+v_2+\cdots+v_k \leqslant N} \frac{(j\omega_1)^{v_1}\cdots(j\omega_k)^{v_k}}{v_1! \, v_2! \, \cdots v_k!} m_{v_1v_2\cdots v_k} + 0(|\omega|^N)$$

$$\boldsymbol{\Psi}(\omega_1, \omega_2, \cdots, \omega_k) = \sum_{v_1+v_2+\cdots+v_k \leqslant N} \frac{(j\omega_1)^{v_1}\cdots(j\omega_k)^{v_k}}{v_1! \, v_2! \, \cdots v_k!} c_{v_1v_2\cdots v_k} + 0(|\omega|^N)$$

式中：$|\omega| = |\omega_1| + |\omega_2| + \cdots + |\omega_k|$。

根据上述定义及式(6-50)就可得到高斯随机矢量的各阶累积量。

现在把矩和累积量的定义应用于随机过程。设 $\{x(t)\}$ 是 k 阶平稳随机过程，则该随机过程的 k 阶矩定义为

$$m_{kx}(\tau_1, \tau_2, \cdots, \tau_{k-1}) = \text{mom}[x(n), x(n+\tau_1), \cdots, x(n+\tau_{k-1})] \quad (6-51)$$

k 阶累积量定义为

$$c_{kx}(\tau_1, \tau_2, \cdots, \tau_{k-1}) = \text{cum}[x(n), x(n+\tau_1), \cdots, x(n+\tau_{k-1})] \quad (6-52)$$

平稳随机过程的 k 阶矩和 k 阶累积量实际上就是随机矢量，即

$$x = [x(n), x(n+\tau_1), x(n+\tau_2), \cdots, x(n+\tau_{k-1})]^T \quad (6-53)$$

的 k 阶矩和 k 阶累积量。由于假设随机过程 k 阶平稳，它的 k 阶矩和 k 阶累积量和时间起点 n 无关，因此，式(6-51)和式(6-52)是 $k-1$ 个独立变量 $\tau_1, \tau_2, \cdots, \tau_{k-1}$ 的函数($k-1$ 个滞后变量)。

6.6.2.2.3 基于遗传算法的混合相位子波提取

遗传算法是建立在自然遗传学机理基础上的参数搜索寻优技术。由于计算法具有很多优点，如不需要对目标函数求导，可以全局寻优等，因而被引入地球物理领域中，并取得了一定的成果。因此，这里选用遗传算法进行混合相位子波提取。

遗传算法混合相位子波提取基于地震道高阶累积量与子波高阶矩匹配的思想，考虑如下的褶积模型，即

$$d(n) = x(n) + n(n) = w(n) \cdot r(n) + n(n)$$

式中：$d(n)$ 为带噪地震记录；$x(n)$ 为无噪地震记录；$w(n)$ 为地震子波；$r(n)$ 为地层反射系数；$n(n)$ 代表加性噪声。

假定噪声是高斯白噪声或是高斯有色噪声，并且与 $r(n)$ 统计独立，则它的高阶统计量为零，进一步假设地层反射系数 $r(n)$ 为超高斯白噪声，可以得到下面的公式，即

$$c_{kd}(\tau_1, \cdots, \tau_{k-1}) = c_{kx}(\tau_1, \cdots, \tau_{k-1}) + c_{kn}(\tau_1, \cdots, \tau_{k-1})$$

$$= \sum_{i_1=-\infty}^{\infty} \cdots \sum_{i_k=-\infty}^{\infty} w(i_1)\cdots w(i_k) \cdot c_{kr}(\tau_1 + i_1 - i_2, \cdots, \tau_{k-1} + i_1 - i_k)$$

$$= \boldsymbol{\gamma}_{dr} \cdot \sum_{i_1=-\infty}^{\infty} \cdots \sum_{i_k=-\infty}^{\infty} w(i_1) \cdots w(i_k)$$

$$= \boldsymbol{\gamma}_{dr} \cdot \boldsymbol{m}_{kw} \tag{6-54}$$

式中：c_{kd} 为地震记录的高阶累计量；c_{kn} 为噪声的高阶累计量；m_{kw} 为地震子波的高阶矩；γ_{dr} 为反射系数的高阶累计量。

从上式可以看出，如果地层反射系数为超高斯白噪声，则地震记录的高阶累计量与地震子波的高阶矩只相差一个常数，考虑三谱的计算公式，并选用地震数据的四阶统计量，可以得到下面非线性规划形式的目标函数，即

$$\min \phi = \sum_{\tau_1,\tau_2,\tau_3} [\boldsymbol{\alpha}(\tau_1,\tau_2,\tau_3)] \cdot c_{4d}(\tau_1,\tau_2,\tau_3) - \gamma_{4r} m_{4w}(\tau_1,\tau_2,\tau_3)]^2$$

其中

$$\boldsymbol{v}_{\text{down}} \leqslant \boldsymbol{w} \leqslant \boldsymbol{v}_{\text{up}}$$
$$\sum \boldsymbol{w} = 0 \tag{6-55}$$

式中：$c_{4d}(\tau_1,\tau_2,\tau_3)$ 为地震记录的四阶累计量；$m_{4w}(\tau_1,\tau_2,\tau_3)$ 是待求子波的四阶矩；γ_{4r} 是反射系数的峰态；w 为子波向量；$\boldsymbol{v}_{\text{down}}$ 和 $\boldsymbol{v}_{\text{up}}$ 为子波的取值范围，并且要求子波的和为零；$\boldsymbol{\alpha}(\tau_1,\tau_2,\tau_3)$ 是三维窗函数，定义为

$$\boldsymbol{\alpha}(\tau_1,\tau_2,\tau_3) = d(\tau_1)d(\tau_2)d(\tau_3)d(\tau_2-\tau_1)d(\tau_3-\tau_2)d(\tau_3-\tau_1) \tag{6-56}$$

$d(\tau)$ 可以选择 Parzen 窗的形式，定义为

$$d(\tau) = \begin{cases} 1 - 6(|\tau|/L)^2 + 6(|\tau|/L)^3, & |\tau| \leqslant L < 2 \\ 2(1-|\tau|/L)^3, & L/2 \leqslant |\tau| \leqslant L \\ 0, & |\tau| \geqslant L \end{cases} \tag{6-57}$$

可以看出：该目标函数具有很强的非线性，Lazear 曾经使用了基于梯度下降的线性优化技术求解目标函数，但是线性优化技术常常收敛到一个离初值模型最近的局部极小值上。Velis 用模拟退火算法优化该目标函数，并取得了一定的实际效果。然而，模拟退火算法常常要求对温度参数进行精心的试验和选择，同时需要大量的运算时间，故计算效率一般较低。

6.6.2.3 模型匹配法

在结合前人研究成果，假设地震子波振幅为光滑谱，给定子波模型表达式的前提下，采用四阶累积量匹配法将地震子波振幅谱从地震记录振幅谱中估计出来。该子波振幅谱估计方法对反射系数是非白噪序列情况时具有很好的包容性，能够有效降低反射系数非白噪成分对子波振幅谱估计的影响，提高子波振幅谱估计质量以及反褶积处理效果。

在常 Q 介质模型中，考虑地震波为平面波，地震波 $U(\omega,z)$ 在一维黏弹性介质中沿 z 轴的增加方向以角频率 ω 传播时的传播方程为

$$U(\omega,z) = U(\omega,0) \exp\left(\frac{i\omega z}{c(\omega)}\right) \exp\left(\frac{-\omega z}{2Qc(\omega)}\right) \tag{6-58}$$

式中：ω 是角频率；z 是传播距离；$c(\omega)$ 是相速度。

假定震源为理想脉冲源，$|U(\omega,0)|=1$，并且忽略由于散射引起的衰减，由式(6-58)可以得到

$$U(\omega, z) = \exp\left(\frac{i\omega z}{c(\omega)}\right) \exp\left(\frac{-\omega z}{2Qc(\omega)}\right) \quad (6-59)$$

上式中相速度为

$$c(\omega) = c_0\left(1 + \frac{1}{\pi Q}\ln\left|\frac{\omega}{\omega_0}\right|\right) \quad (6-60)$$

式中：c_0 为角频率 ω_0 处的相速度；走时 $t = z/c(\omega)$，则上式可写为

$$U(\omega, t) = \exp(i\omega t)\exp\left(\frac{-\omega t}{2Q}\right) \quad (6-61)$$

假定子波为脉冲子波，则匹配模型可选为上式，即

$$w(\omega, t) = \exp(i\omega t)\exp\left(\frac{-\omega t}{2Q}\right)$$

计算其四阶累积量，即

$$kurt(w_n) = n\frac{\sum w_n^4(t)}{[\sum w_n^2(t)]^2} - 3$$

由累积量匹配法寻找最优的 Q 值，即

$$Q: \min[kurt(w_n), kurt(w_0)]$$

式中，w_0 为第 n 段数据的初始地震子波；w_n 为第 n 段的瞬时地震子波。

6.6.3 井中 Q 值约束下的地面地震 Q 值刻度

得到地震瞬时子波后，就可以利用随时间变化的地震子波信息计算地震波的衰减属性参数，如高频衰减、低频衰减、主频、品质因子等。由于地震资料处理过程影响因素众多，以及瞬时地震子波求取过程中无量纲因素的影响，直接利用瞬时子波计算的品质因子可能与实际地层的品质因子有一定程度的差别。一般而言，利用井中地震资料求取的品质因子，特别是利用零偏 VSP 资料得到的品质因子是最为准确的。因此，可以通过 VSP、井间地震等井中资料求取的品质因子与三维地震求取的品质因子的联合作用，得到三维空间地层准确的品质因子数据体。以下是 VSP 资料求取的井中 Q 值对三维空间 Q 体的约束方法。

VSP 数据与地面数据是同一地层不同的地震波响应，包含相同的地震波吸收衰减属性，因此利用两种资料求取的地层 Q 值具有明显的相关性。但是由于影响因素的复杂性，以及计算方法和过程的不同，两种不同尺度地球物理资料计算的 Q 值相对大小具有明显的差异。这就需要利用精度较高 VSP 资料 Q 值来对地面地震的 Q 值进行刻度和校正。本研究通过两种方法 Q 值的交会分析，对三维地震求取的 Q 值进行刻度。具体方法如下：(1) 利用同一深度位置处的 VSP 资料 Q 值和井旁地面地震 Q 值进行交汇分析，根据交汇点拟合出一条直线；(2) 利用拟合的直线关系式对整个工区的地面地震资料 Q 值进行线性刻度。图 6-20 是线性校正后井旁地面地震 Q 值的与 VSP 资料 Q 值的对比图，从中可以看出：刻度后的地面地震 Q 值与 VSP 资料 Q 值相对大小差异明显减小，两者间的相关性更加明显，这进一步说明了两种方法计算 Q 值的可靠性。利用刻度后的三维地面地震 Q 体，一方面可应用于时空变反 Q 补偿提高地震资料分辨率，另一方面可以用于储层和油气的描述和预测。

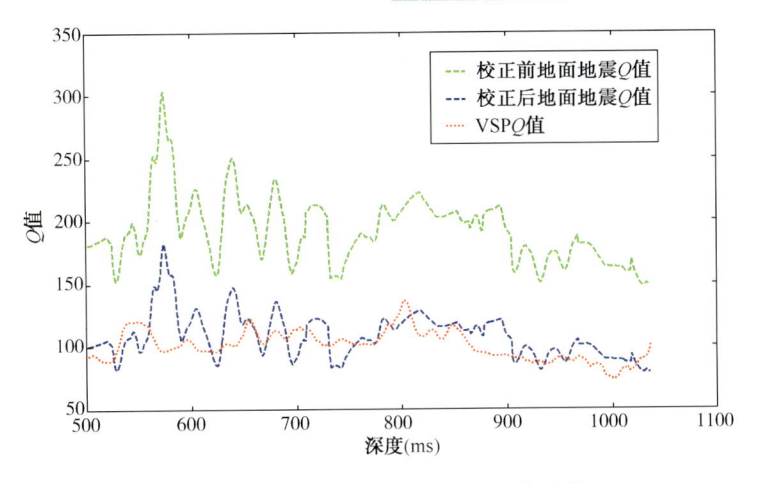

图 6-20　校正前后的地面地震 Q 值比较

6.6.4　方法效果分析

6.6.4.1　单道模型

应用 4 种方法分别提取的瞬时地震子波并进行了比较。图 6-21 为衰减地震子波与无衰减地震子波的波形比较。图 6-22 为单道正演模型的合成地震记录。图 6-23 为不同方法计算的地震子波。

图 6-24 为不同方法计算的地震子波法与常规谱比法和理论 Q 值进行的比较。由图 6-24 可见，迭代反演法和子波匹配法计算 Q 值非常准确（$Q=75.9$，$Q=75$），高阶统计法、自相关法都能满足精度要求（误差小于 2%），直接应用地震数据的谱比法计算结果误差比较大。几种方法计算结果的误差分别为 1.2%，1.8%，2.4%，7.8%。

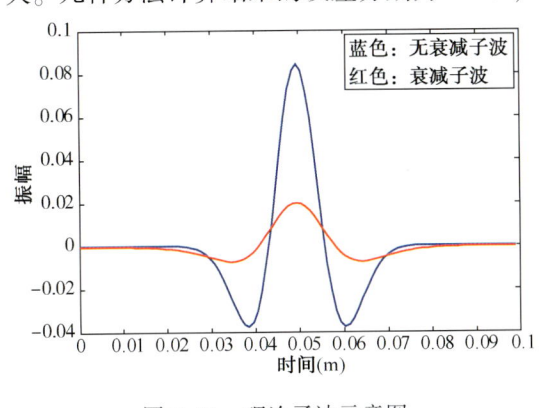

图 6-21　理论子波示意图 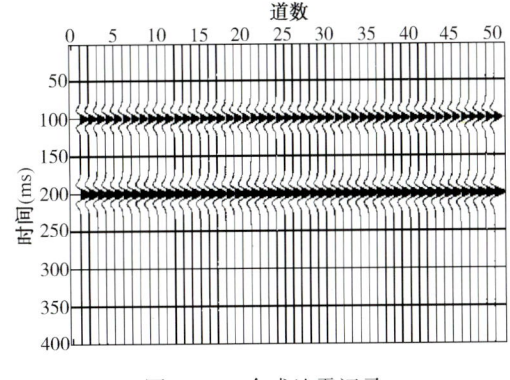　　　图 6-22　合成地震记录

6.6.4.2　典型地质模型

根据前文所述的垦 71 区块油藏典型地质模型的实际地质特点，建立了含低序级断层、微幅度构造、透镜体、油顶、气顶、油水薄互层等构造，油层厚度 8m 左右，气层厚度 8～10m，薄互层间距最小 8m 左右（如图 6-25 所示）。

分别采用迭代反演法、高阶统计量法和子波匹配法提取瞬时地震子波，并计算吸收衰

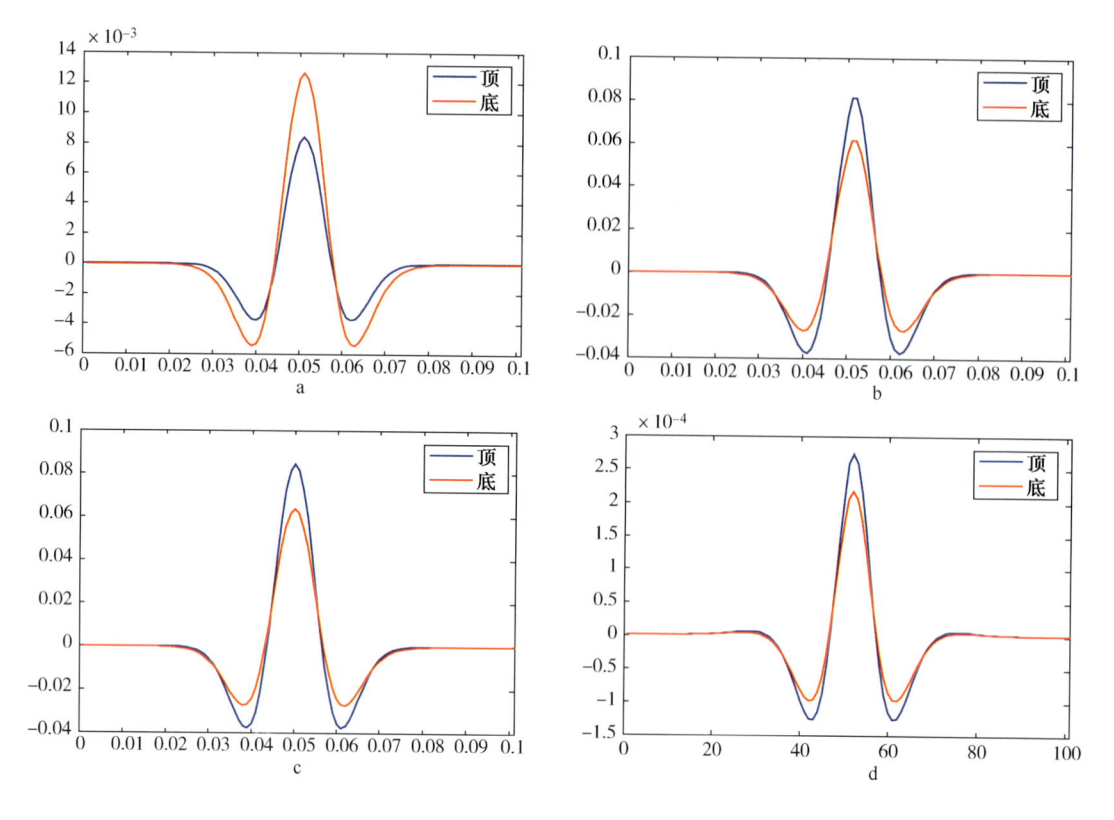

图 6-23 提取瞬时地震子波的 4 种方法
a—自相关法；2—高阶统计量法；3—迭代反演法；4—模型匹配法

减参数如图 6-26 所示。与常规的谱比法相比，当油气储层中衰减差异达到一定程度时，基于瞬时地震子波的方法能够准确区分油气水层，具有较高的敏感度，而常规方法只能准确地识别气层，分辨率也较差。

6.7 吸收衰减油气预测实际应用

胜利油田垦 71 区块位于沾化凹陷中部，处于渤南洼陷和三合村洼陷之间，孤岛凸起的西南端，含油面积 4.1km²，是由垦西大断层与垦西断层相交的"Y"型反向断层控制形成的逆牵引背斜及断鼻组合的复合式构造，主力含油层系为馆陶组、东营组。馆陶组主要是由垦西断层的"Y"型分支断层控制形成的大型断鼻构造，发育正韵律低弯度辫状河、曲流河及大型泛滥平原等沉积类型，岩性以中—细砂岩为主；东营组主要是由垦西大断层控制形成的逆牵引滚动背斜构造，发育分流河道、分流河道边缘和分流间湾 3 种微相的反韵律三角洲沉积，岩性以粗—细砂岩为主。目标储层具有高孔、高渗、非均质性严重等特点，共发育 6 个砂层组、67 个小层，其中含油小层 52 个，地质储量大于 30×10⁴t 的油层 12 个，大于 200×10⁴t 的砂层组 3 个，50.73% 的地质储量集中分布在总储量为 654×10⁴t 的 8 个主力油层中。

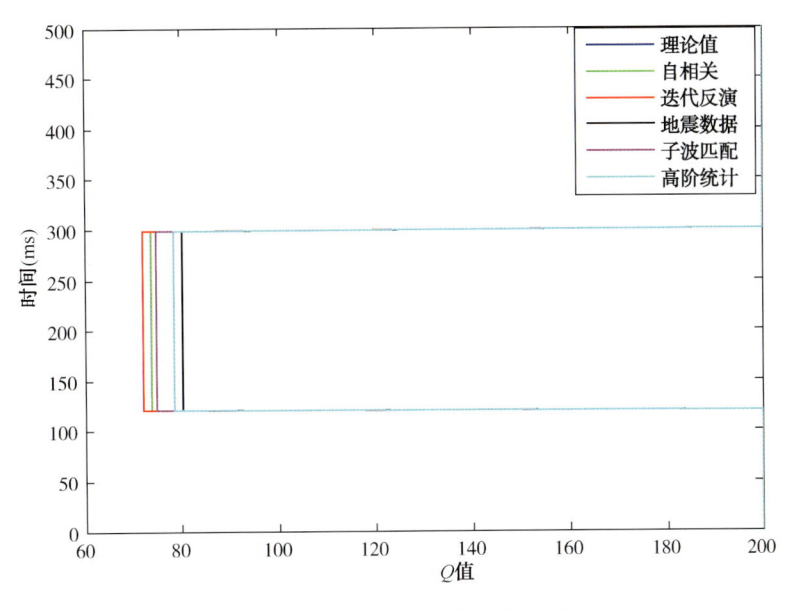

图 6-24 多种方法计算 Q 值比较

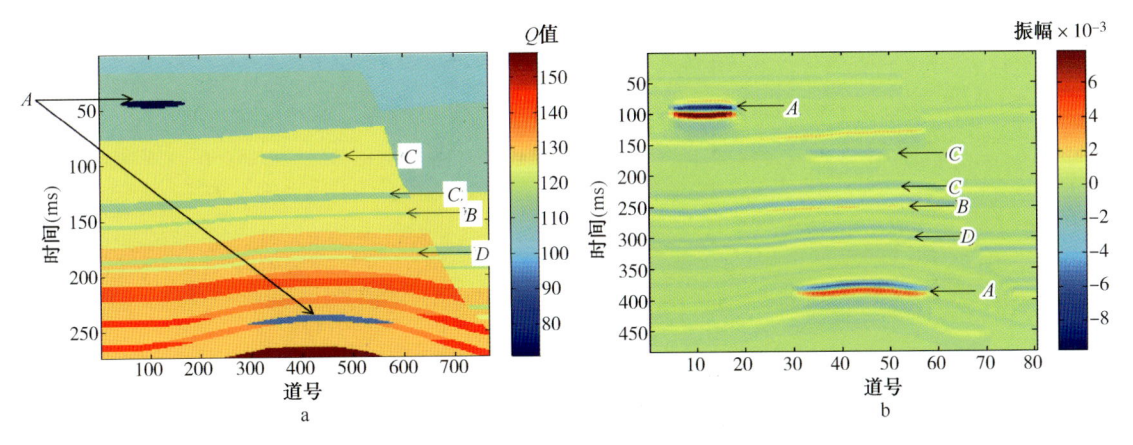

图 6-25 垦 71 模型(a)和正演剖面(b)
A—气层；B—油层；C—水层；D—油水互层

垦西 71 断块目的层段馆陶组和东营组都分布有气层，馆陶组是典型的河流相沉积，东营组二段为三角洲相沉积，主力气层均以粉细砂岩为主，分选好，是有利的储集砂体。其中馆陶组的 Ng_{2+3}^4、Ng_{2+3}^7、Ng_4^5，东营组的 Ed_2^8、Ed_2^9 含气面积较大，气层较厚。

Ng_{2+3} 砂层组以浅灰、灰绿、紫红色泥岩为主，夹薄层泥质粉砂岩、粉细砂岩，为馆陶组岩性总体最细的砂层组，厚度 170m，共发育 15 个小层。但砂体一般规模较小，变化大，以透镜状、扁豆状、板状为主。小层多为次要的油气层，以含气为主。砂层组充填属于两个阶段性发育的大型泛滥(平原)沉积成因。

垦 71 重点井位于该区的中部区域。该井钻遇馆陶组和东营组气层情况：Ng_{2+3}^2 小层气层厚度 2.2m，Ng_{2+3}^4 小层气层厚度 10m，Ed_2 至 Ed_3 小层气层厚度 6.6m。主力含气小层 Ng_{2+3}^4 测井电性特征明显，表现为自然电位箱形，声波时差高值，自然伽马负异常，感应电导率

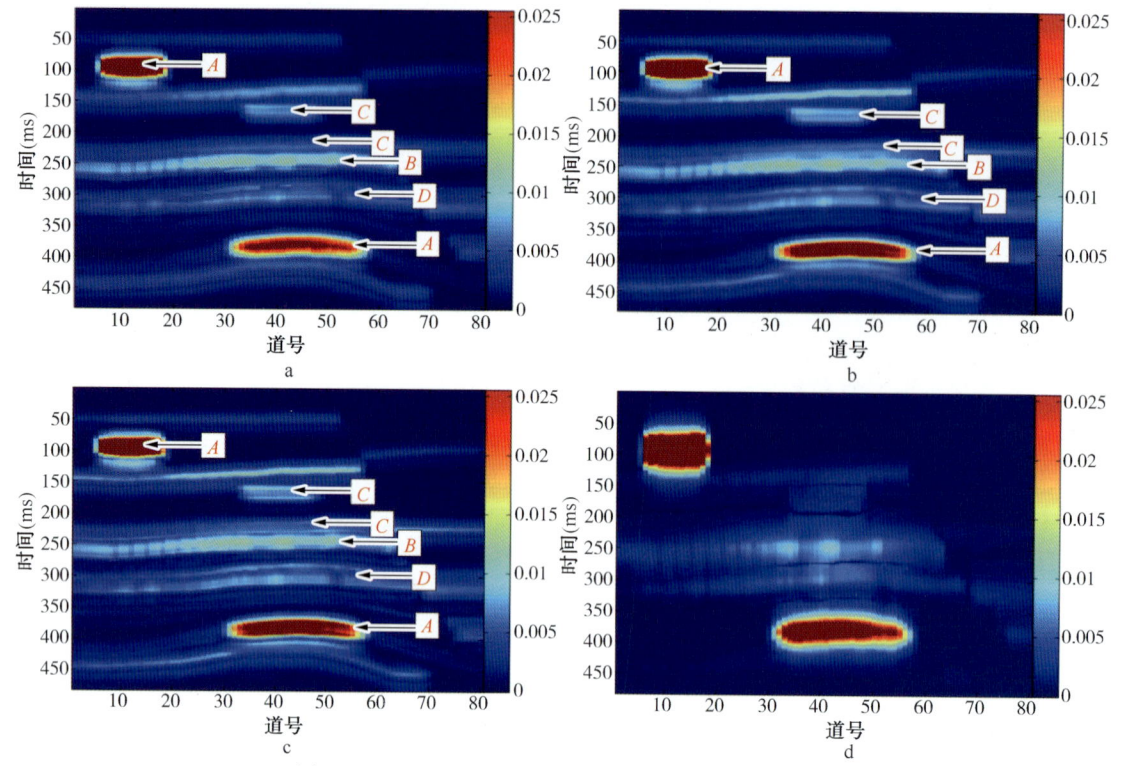

图 6-26 基于不同方法波提取衰减参数的对比分析

a—迭代反演法；b—高阶统计量法；c—子波匹配法；d—常规方法

低值（图 6-27）。

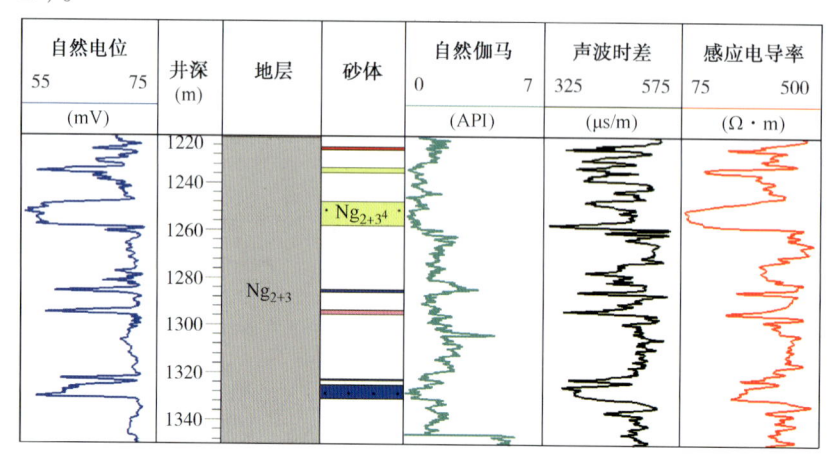

图 6-27 垦 71 断块垦 71 井气层（Ng_{2+3}^4）电性特征

在联井油藏剖面中（图 6-28），Ng_{2+3}^4 气层发育，横向连续性好。其中，单井解释新井垦 71-201 井砂体尖灭，K71-106 井有油层，K71-181—KQ1 井含气，K71-12 井砂体碎，多期叠置，解释为干层。

在馆陶组的 Ng_{2+3}^4 小层平面图中（图 6-29），含气井总共 34 口，气层主要发育在工区的中部，K71-181 井—K71-36 井—K71-6 井一带，含气范围呈近东西向条带状展布，气层最

叠后地震资料吸收衰减参数计算

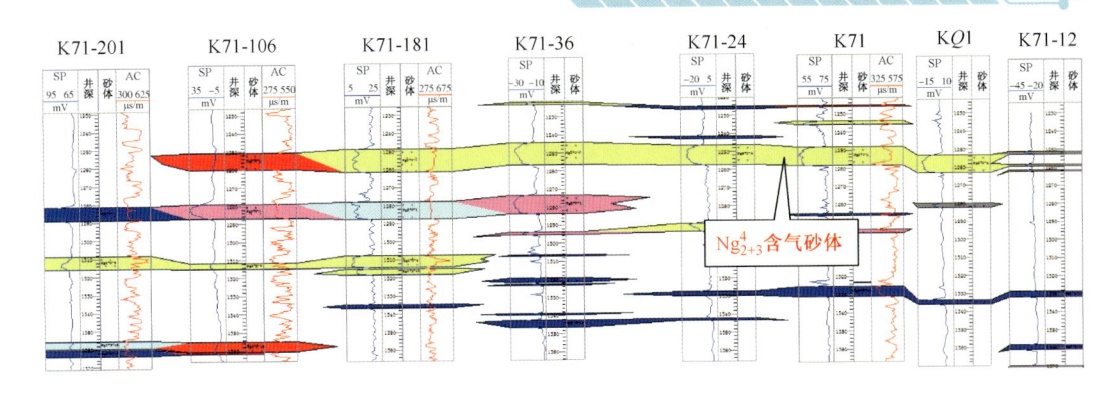

图 6-28 联井油藏剖面图
黄色区域为气层、红色为油层、粉色为油水同层、浅蓝为含油水层、蓝色为水层、灰色为干层

厚处在 K71-27 井和 K71 井，厚度为 10~23.6m，含气面积达到 0.61km²。

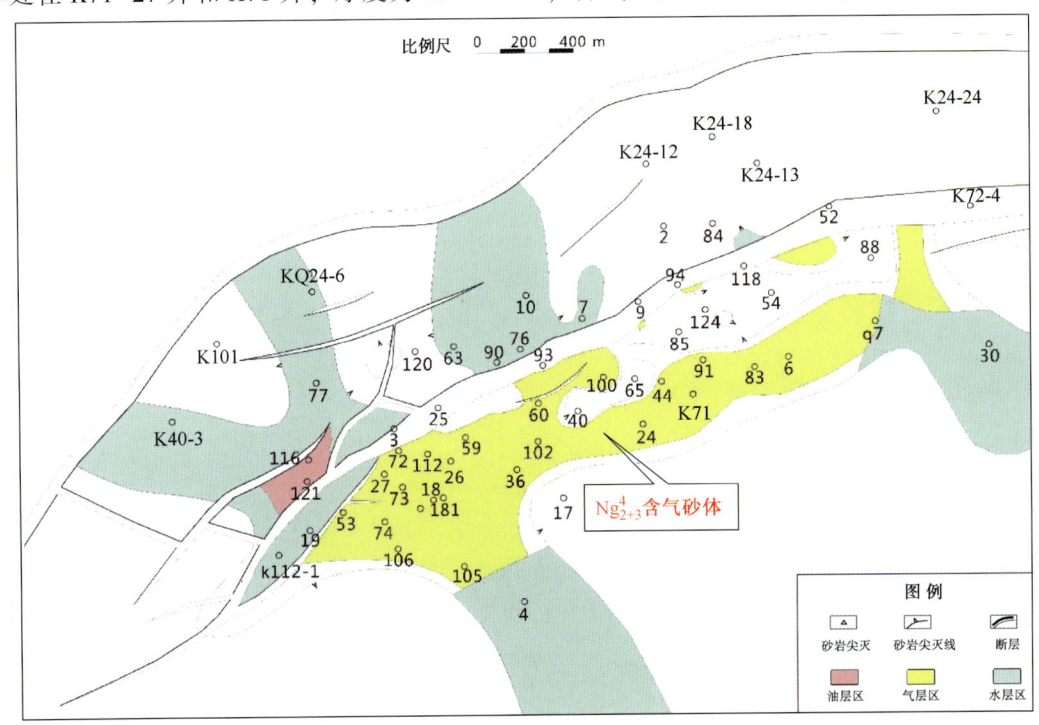

图 6-29 垦西 71 断块 Ng_{2+3}^4 小层平面图
黄色区域为气层

利用地震吸收衰减技术对垦 71 区块储层的含气性进行检测，可为该区块油藏的开发方案调整提供一定依据。

（1）常规地震振幅和波阻抗属性含气性分析。

通过高精度三维地震资料对 Ng_{2+3}^4 等砂体进行储层标定。该含气砂体为一个非常强的反

射同相轴。地震资料能量类参数对含气砂层组的反应较为敏感，利用高精度三维地震资料即可直接追踪 Ng_{2+3}^4 含气砂体的展布特征（图 6-30、图 6-31）。

在图 6-31 中，红色线条圈定的区域为地质人员解释的三维含气区域，黑色井点为气井。根据图 6-29 与图 6-31 对比分析，基于地震振幅属性描述的气层区域与实钻井反映的含气区域轮廓基本相似，但边界轮廓刻画得不够清晰，同时现今南部 K71-105 井的气水界面不清晰。部分区域含气范围与实钻井有所差异，比如西南部位的 K71-19 井，地质解释为水层，但在属性平面图上属性颜色显示为含气层；又如中部区域的 K71-40 井、KQ11 井、K71-65 井现场测井解释为砂体尖灭，在属性平面图上属性颜色显示为含气层属性颜色；东北部 K71-X119 井砂体尖灭，振幅属性图中仍然显示为含气区域。

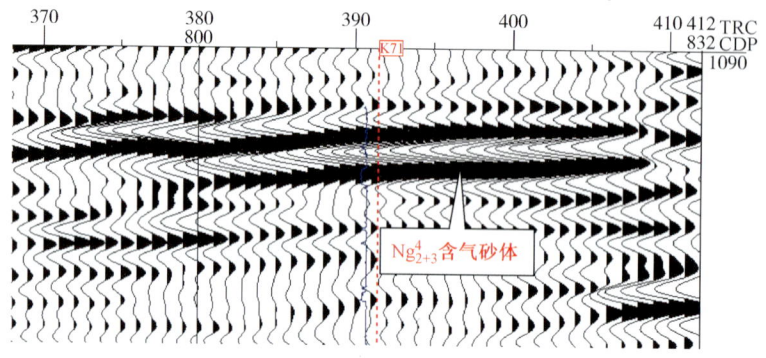

图 6-30　垦 71 区块过 K71 井 Ng_{2+3}^4 砂体振幅属性图

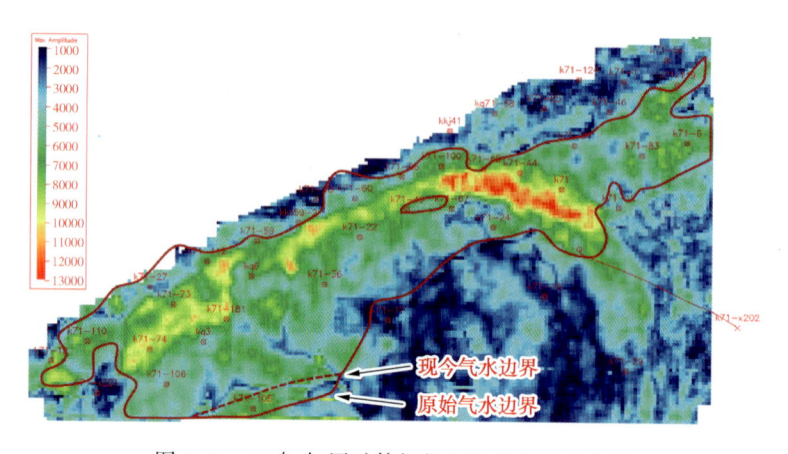

图 6-31　Ng_{2+3}^4 气层砂体振幅属性气藏分布分析

图 6-32 为测井约束反演描述亮点气藏分布图，红色线条圈定的区域为地质人员解释三维含气区域，黑色井点为气井。根据图 6-32 与图 6-29 对比分析，与实钻井反映的含气区域轮廓基本吻合，南部的 K71-105 井的气水界面清晰。但部分区域含气范围与实钻井有所差异，比如在含气边界附近的 K71-100 井等未在气层圈定范围内，K71-12 井为干层，K71-X119 井砂体尖灭，它们均显示在气区。

通过上述分析可知，地震振幅属性方法和约束反演方法预测的结果，均很难精细预测含气砂岩的展布特征，更难反映气井、油井、水井所含流体的差异性和砂体尖灭特征。

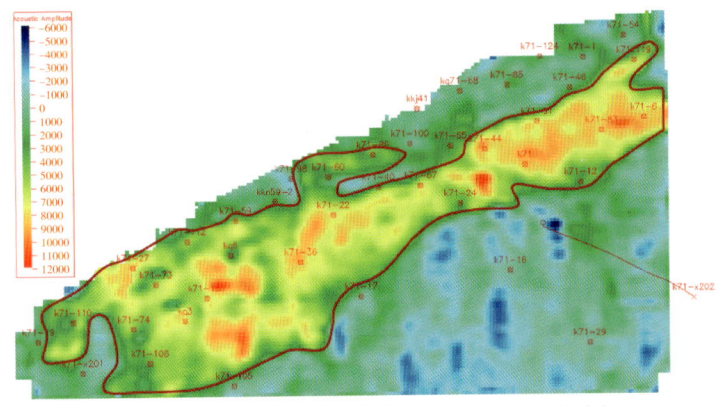

图 6-32 Ng_{2+3}^4 气层砂体波阻抗属性气藏分布分析

（2）基于频谱比 Q 值含气性分析。

在基于常规算法 Q 值吸收衰减属性过井剖面上（图 6-33），Ng_{2+3}^4 含气砂体为一个非常强的反射同相轴，可以看出基于常规算法 Q 值对含气砂层组的反应也较为敏感。在图 6-34 中，红色线条圈定的区域为地质人员解释三维含气区域，黑色井点为气井。根据图 6-34 与图 6-29 对比分析，基于常规算法 Q 值吸收衰减属性描述的气层区域与实钻井反映的含气区域轮廓基本相似，东南部和东北部含气边界较清晰。个别区域有所差异，如西南部位的 K71-19 井，地质解释为水层，但在属性平面图上显示为含气层；又如东北部区域的 K71-54 井和 K71-X119 井现场测井解释为砂体尖灭，但在属性平面图上属性颜色显示为含气层，与实际钻探结果不符合。南部 K71-105 井的气水界面不清晰。

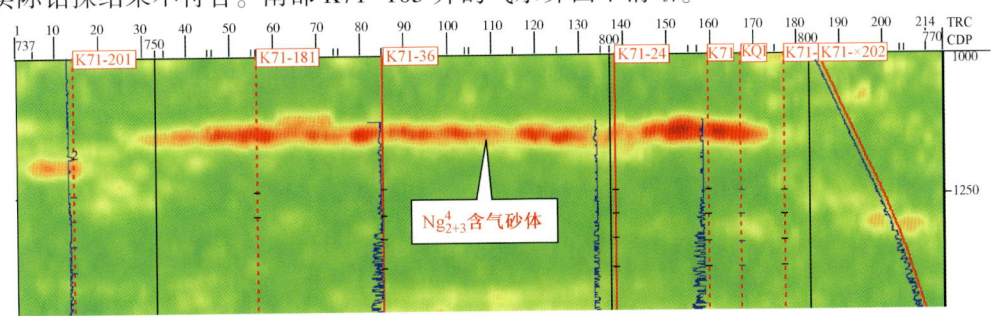

图 6-33 基于频谱比法吸收衰减属性剖面

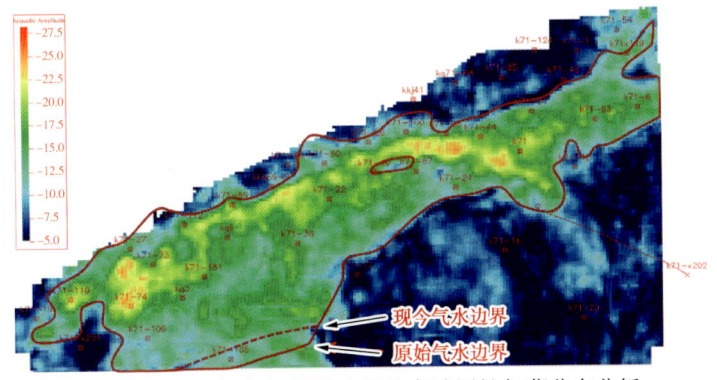

图 6-34 Ng_{2+3}^4 气层频谱比吸收衰减属性气藏分布分析

(3) 基于瞬时地震子波 Q 值含气性分析。

在基于子波算法 Q 值吸收衰减属性过井剖面上（图6-35），Ng_{2+3}^4 含气砂体为一个非常强的反射同相轴，可以看出基于子波算法 Q 值对含气砂层组的反应也较为敏感。在图6-36中，红色线条圈定的区域为地质人员解释三维含气区域，黑色井点为气井。根据图6-36与图6-29对比分析，基于子波算法 Q 值吸收衰减属性描述的气层区域与实钻井反映的含气区域轮廓吻合较好，东南部、东北部西南部含气边界较清晰。个别区域有所差异，比如东北部区域的K71-54井和K71-X119井现场测井解释为砂体尖灭。同理，中部区域的K71-40井、KQ11井、K71-65井现场测井解释为砂体尖灭，但在属性平面图上属性颜色显示为含气层属性颜色，与实际钻探结果不符合。南部K71-105井的气水界面不清晰。

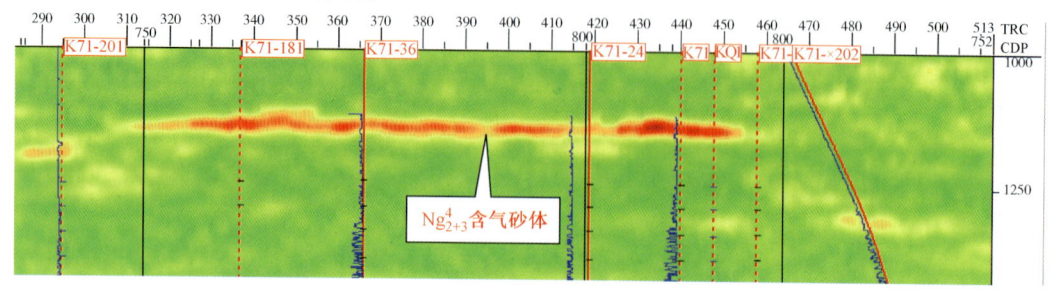

图6-35 基于子波算法吸收衰减属性剖面

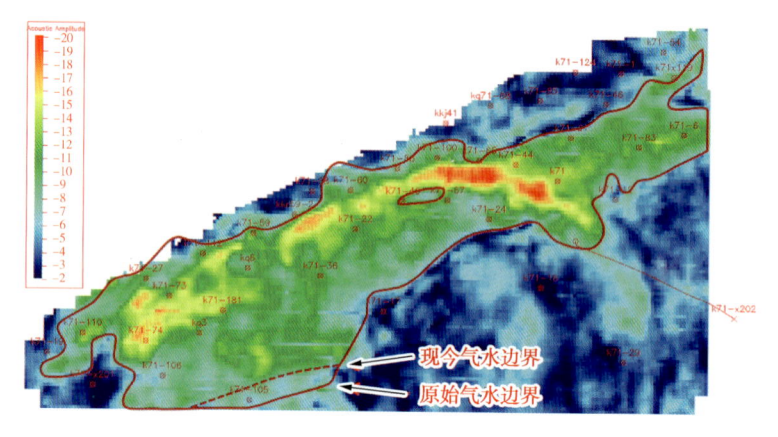

图6-36 Ng_{2+3}^4 小层瞬时地震子波 Q 值含气性分析

(4) Ng_{2+3}^4 气层能量算法 Q 值含气性分析。

从图6-37过井联井吸收衰减属性剖面上看，Ng_{2+3}^4 气层发育，横向连续性好，吸收衰减特征明显，对含气砂层组的反应敏感，纵向上分辨率较高，和油藏剖面气层对应很好。如新井K71-201井砂体尖灭，在吸收衰减属性剖面中无显示，K71-12井砂体解释为干层，吸收衰减属性剖面中特征明显弱，新井K71—X202井砂体尖灭，在吸收衰减属性剖面中无显示。

根据小层平面图和基于能量算法 Q 值吸收衰减属性平面图对比分析（图6-29、图6-38）：在图6-38中，红色线条圈定的区域为地质人员解释三维含气区域，黑色井点为气井，气层主要发育在工区的中部；K71-181 井—K71-36 井—K71-6 井一带，基于能量算法 Q 值吸收衰减属性描述的气层区域与实钻井反映的含气区域轮廓吻合好，含气范围呈近东西向条带状展布；气层最厚处在 K71-27 井和 K71 井附近；K71-106 井虽解释为油藏，但由于该气藏是气顶，气层下面是油层，油层中溶解了气，所以在吸收衰减属性图中特征较明显；同时，现今南部 K71-105 井的气水界面较清晰，含气边界的刻画和地质认识一致。仅仅在东北部区域的 K71-X119 井现场测井解释为砂体尖灭，但在属性平面图上属性颜色显示为含气层属性颜色，与实际钻探结果不符合。

整体而言，基于能量算法 Q 值吸收衰减对 Ng_{2+3}^4 含气小层的预测效果吻合程度高。一方面在气层边界上，能精细预测含气砂岩的展布特征；另一方面从单井地质解释上，气井、油井、水井所含流体的差异性和砂体尖灭特征刻画精确，吻合率高。

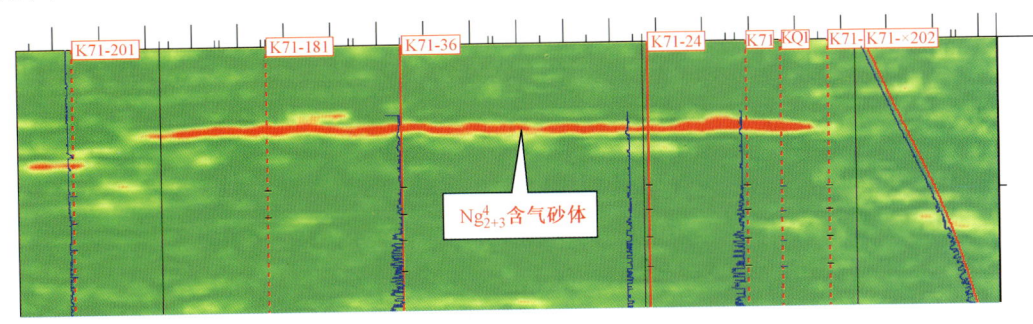

图 6-37 基于能量算法吸收衰减属性剖面

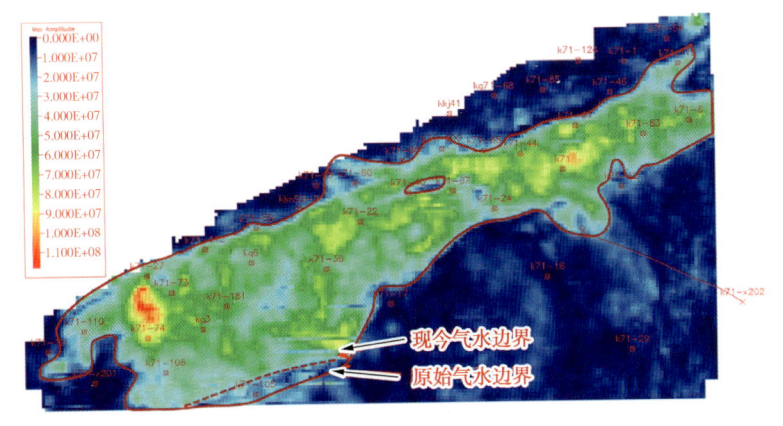

图 6-38 Ng_{2+3}^4 小层能量算法 Q 值含气性分析

（5）联井剖面高频衰减分析。

垦 71 区块的垦气 6 井馆上段顶部测井解释为含气层段，馆下段底部附近测井解释为含油水层段及干层段；KQ7 井在馆上段顶部测井解释为含气层段，馆上段底部测井解释为油水同层段；K71-1 井馆上段顶部综合解释为含气层段，馆上段底部及馆下段附近综合解释为含油水层段。

图 6-39 为过 KQ6 井、K71-1 井和 KQ7 井的高频衰减剖面。三口井的馆上段顶部的含气层段均表现为较强衰减异常特征，而馆上段底部及馆下段的含油水层段均为较弱衰减异

常特征。另外，干层段在高频衰减上则没有衰减异常特征。上述地震吸收衰减特征检测的储层含流体性与实钻情况基本吻合，能够较好地反映出储层的含油性特征。

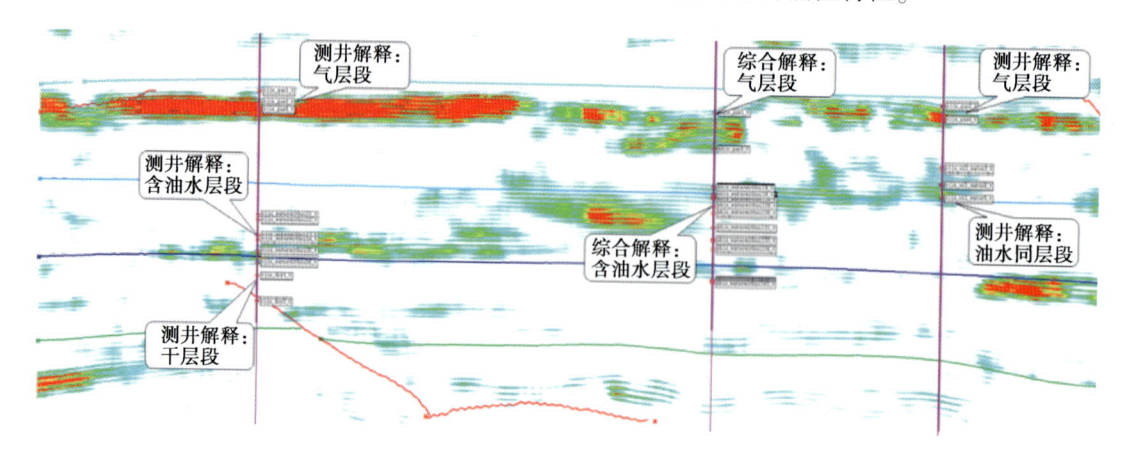

图 6-39　垦 71 区块过 KQ6—K71-1—KQ7 连井高频衰减剖面

通过上述分析可以看出：与振幅属性相比，吸收属性对气藏分布刻画更为准确。利用吸收衰减属性对已知气藏进行检测，对未钻砂体进行预测，预测含气面积 $2.1 km^2$，预测地质储量 $2.0×10^8 m^3$，为开发井位部署提供依据，设计产能建设井 9 口。

7 叠前地震吸收衰减参数反演

叠前地震资料中包含了很多丰富的储层和油气信息。利用叠前地震资料进行吸收衰减参数反演将是今后研究的热点和难点。本章主要介绍利用叠前地震资料直接反演地层吸收衰减参数的方法。

7.1 叠前地震吸收衰减参数反演概述

长期以来，国内外一直主要应用叠后地震资料进行构造、储层和油藏描述，取得了较好的实际应用效果。但由于地震资料处理中使用的叠后地震处理技术基于均匀介质或水平层状假设，不符合实际地层结构情况，保幅性和成像效果都差。加之全角度多次叠加，损失、模糊了很多构造和储层及油气信息，削弱了地震资料反映构造、储层变化特征的敏感性，导致叠后地震反演处理成果应用存在很多地质问题的多解性。随着计算机能力的提高和研究工作的深入，叠前时间偏移(PSTM)等叠前时间域处理技术，可以较好地解决复杂地区的地震保幅与聚焦和成像处理问题，成像效果大大优于叠后时间偏移。该技术在改善保幅性和成像效果的同时，还能够提供保真度好、聚焦好的道集，为做好叠前地震反演研究，奠定了良好的资料基础。

随着储层描述难度越来越大，特别是对储层岩性、物性和含油气性的描述，更加迫切需要新的技术支撑。包含更多信息的叠前地震信息处理解释方法研究日益重要，叠前地震反演是这方面至关重要的技术。叠前地震反演的理论基础是地震波弹性动力学，涉及叠前地震反演的方法和算法很多，也很复杂。国内外正在深入开展叠前地震反演方法和技术的研究。近年来，国内外发表和推出了一些有关叠前地震储层反演的新方法、技术和软件系统，各有其自己的方法、技术特点。通过研究叠前地震反演技术，在仅利用纵波震源地震资料的情况下，充分利用叠前地震时间偏移道集资料，不仅得到纵波速度，而且可以得到横波速度和密度参数，使得能够利用多种反演参数和弹性参数对储层岩性、物性和流体性质进行有效的交会分析解释。从叠前反演的资料需求和处理过程可以看到，叠前反演技术是一项覆盖岩石物理参数及地震正演分析、叠前道集资料保幅处理、叠前地震反演处理及储层(流体)综合分析等专项技术的综合性、系统性处理技术。叠前反演技术既是地震勘探的前沿研究问题，又是迫切需要解决的实用勘探开发新技术。

现在常用的地层吸收衰减参数计算方法，主要是基于叠后地震资料进行的。但叠前地震资料比叠后地震资料有更加丰富的振幅和旅行时信息，包含很多细微的地层特征信息。现阶段应用较多的叠前反演方法主要是利用叠前不同角度道集地震资料，同步反演叠前纵

波速度、横波速度、密度等弹性参数，几乎没有利用叠前地震资料进行吸收衰减参数的反演。

下面介绍在叠前吸收衰减研究方面所取得的一些成果和认识。

7.2 叠前 CMP 道集吸收衰减参数计算方法

叠前地震资料比叠后地震资料有更加丰富的振幅和旅行时信息，直接从叠前道集中提取对油气性质敏感的吸收衰减参数无疑是重要的方向。本研究从叠前 CMP 道集出发，提出了道平衡吸收衰减参数计算方法。分别基于地震脉冲子波假设和地震零相位地震子波假设，利用广义 S 变换对地震道进行时频谱分析，逐道求取吸收衰减参数，通过道集的平衡处理，计算零偏移距处地层 Q 值。

7.2.1 基于脉冲子波道平衡处理方法

在常 Q 介质模型中，考虑地震波为平面波，地震波 $U(\omega, z)$ 在一维黏弹性介质中沿 z 轴的增加方向以角频率 ω 传播时的传播方程为

$$U(\omega, z) = U(\omega, 0) \exp\left(\frac{i\omega z}{c(\omega)}\right) \exp\left(\frac{-\omega z}{2Qc(\omega)}\right) \qquad (7-1)$$

式中：ω 是角频率；z 是传播距离；$c(\omega)$ 是相速度；Q 为品质因子。

假定震源为理想脉冲源，$|U(\omega, 0)| = 1$，并且忽略由于散射引起的衰减，由式(7-1)可以得到

$$U(\omega, z) = \exp\left(\frac{i\omega z}{c(\omega)}\right) \exp\left(\frac{-\omega z}{2Qc(\omega)}\right) \qquad (7-2)$$

上式中相速度为

$$c(\omega) = c_0 \left(1 + \frac{1}{\pi Q} \ln \left| \frac{\omega}{\omega_0} \right| \right) \qquad (7-3)$$

式中：c_0 为角频率 ω_0 处的相速度；走时 $t = z/c(\omega)$，则上式可写为

$$U(\omega, t) = \exp(i\omega t) \exp\left(\frac{-\omega t}{2Q}\right) \qquad (7-4)$$

对式(7-4)进行 S 变换，有

$$\begin{aligned}
S(\tau, f) &= \int_{-\infty}^{\infty} U(\omega, t) \cdot \frac{|f|}{\sqrt{2\pi}} \exp\frac{-f^2(\tau-t)^2}{2} \exp(-i2\pi f t) \, dt \\
&= \int_{-\infty}^{\infty} \exp(i2\pi f t) \exp\left(\frac{-\pi f t}{Q}\right) \cdot \frac{|f|}{\sqrt{2\pi}} \exp\frac{-f^2(\tau-t)^2}{2} \exp(-i2\pi f t) \, dt \\
&= \frac{|f|}{\sqrt{2\pi}} \int_{-\infty}^{\infty} \exp\left(\frac{-\pi f t}{Q}\right) \exp\frac{-f^2(\tau-t)^2}{2} \, dt
\end{aligned} \qquad (7-5)$$

已知 $\int_{-\infty}^{\infty} e^{-ax^2} dx = \sqrt{\frac{\pi}{a}}$，其中 a 为形式参数，则式(7-5)可写成

$$S(\tau, f) = \frac{|f|}{\sqrt{2\pi}} \int_{-\infty}^{\infty} \exp\left(-\frac{\pi ft}{Q}\right) \exp\frac{-f^2(\tau-t)^2}{2} \mathrm{d}t$$

$$= \frac{|f|}{\sqrt{2\pi}} \int_{-\infty}^{\infty} \exp\left[-\frac{f^2}{2}\left(t - \tau + \frac{\pi}{Qf}\right)^2\right] \exp\left[-\frac{f^2}{2}\left(\frac{2\pi\tau}{Qf} - \frac{\pi^2}{Q^2 f^2}\right)\right] \mathrm{d}t$$

$$= \exp\left[-\frac{f^2}{2}\left(\frac{2\pi\tau}{Qf} - \frac{\pi^2}{Q^2 f^2}\right)\right] \tag{7-6}$$

则振幅谱 $A_s(t, f)$ 为

$$A_s(t, f) = |S(t, f)| = \exp\left(-\frac{\pi ft}{Q} + \frac{\pi^2}{2Q^2}\right) \tag{7-7}$$

因为 t 代表了平面波从地面开始传播到所研究层面的旅行时间，对于待分析的地层，假设波传播到该层上下界面所用的双程旅行时分别是 t_0 和 t_1，根据传统的频谱比方法，对应某一段频率区间两界面处 $A_s(t, f)$ 的比值为

$$\frac{A_s(t_1, f)}{A_s(t_0, f)} = \exp\left(\frac{-\pi f(t_1 - t_0)}{Q}\right) \tag{7-8}$$

式(7-8)两边取对数得

$$\ln \frac{A_s(t_1, f)}{A_s(t_0, f)} = \frac{-\pi f(t_1 - t_0)}{Q} \tag{7-9}$$

利用线性回归可以求得品质因子 Q 的值。在计算的过程中，频率区间的选取很重要，可根据实际情况选取不同的频率区间。

由于地震波衰减是传播路径的累加过程，在叠前地震资料中根据式(7-9)直接求取的地层拟 Q 值(固有衰减和炮检距影响之和)是随炮检距变化的，记为 Q_x，x 为炮检距。为了得到地层的常 Q 值，需要消除炮检距对地层 Q 值的影响。

假设传播时间变化由经典的正常时差方程给出，即

$$\Delta t \approx \frac{x^2}{2v^2 t_0} \tag{7-10}$$

由式(7-9)知，零炮检距处频谱比斜率值为

$$p_0 = -\frac{\pi \Delta t_1}{Q_0} \tag{7-11}$$

式中：Δt_1 为零炮检距地震波通过目的层上下界面时所用的时间差。在水平方向上，不同的炮检距处，频谱比斜率值近似为

$$p_x \approx -\frac{\pi(\Delta t_1 + \Delta t)}{Q_x} \tag{7-12}$$

将 Δt、Δt_1 代入式(7-12)可得

$$p_x \approx -\frac{\pi x^2}{2Q_x v^2 t_0} - \frac{\pi \Delta t_1}{Q_x} \tag{7-13}$$

假设在一个小排列的情况下，不同炮检距处 Q_x 变化不大，近似为零炮检距 Q_0 值。上式可近似为

$$p_x \approx -\frac{\pi x^2}{2Q_0 v^2 t_0} - \frac{\pi \Delta t_1}{Q_0} \quad (7-14)$$

由式(7-14)可以看出,求取的频谱比斜率值将随着炮检距的平方近似呈线性变化。因此,利用此关系将不同炮检距上的频谱比斜率值做线性回归,可得到零炮检距的频谱比斜率值。进而根据式(7-9)可求得地层的 Q 值。此过程称为炮检距归零处理。简单地说,炮检距归零处理就是利用频谱比斜率值随炮检距的变化关系推出零炮检距地层 Q 值,即地层的常 Q 值。

图 7-1 为叠前 Q 值估算流程图。频谱比斜率值的计算是在经过动校正之后的叠前 CMP 地震道集中进行的。对 CMP 道集进行预处理时要保持相对真振幅和频谱,然后对道集进行动校正,以便于区分同相轴。具体处理时,当出现非双曲时差或者正常时差拉伸时,可以考虑从一道到另一道调整时窗。时窗选择一般为目的层段时窗的 2~3 倍。如果动校正拉伸比较严重,可以考虑剔除一部分资料。然后,通过炮检距归零处理得到零炮检距的 Q 值,消除了炮检距的影响,得到更加精确的 Q 估算值。

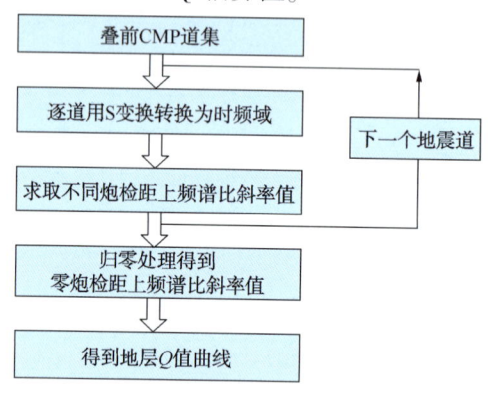

图 7-1 叠前 Q 值估算流程图

7.2.2 基于零相位子波道平衡处理方法

地层品质因子的提取公式大都假设地震子波为脉冲时推导得到的。但是,地震子波一般并非脉冲,这在实际应用中误差较大,并且在进行频谱比时不容易确定所选择的频率区间的范围,从而影响方法的适用性。针对以上情况,提出了地震子波为一般零相位子波时 S 域中利用不同频率段的振幅谱而非瞬时功率谱峰值估算地层 Q 值的方法。

黏弹性介质模型中,考虑地震波为平面波,地震波 $U(\omega, z)$ 在一维黏弹性介质中沿 z 轴的增加方向以角频率 ω 传播时的传播方程为(Aki 等,1980)

$$U(\omega, z) = U(\omega, 0) \exp\left(\frac{i\omega z}{c(\omega)}\right) \exp\left(\frac{-\omega z}{2Qc(\omega)}\right) \quad (7-15)$$

式中: ω 是角频率; z 是传播距离; $c(\omega)$ 是相速度; Q 为品质因子。

假定震源为一般的零相位子波, $U(\omega, 0) = \exp[-(\omega - \sigma)^2/\tau]$, σ 表示地震子波的视频率, τ 为能量衰减率,并且忽略由于散射引起的衰减,由(7-15)式可以得到

$$U(\omega, z) = \exp[-(\omega - \sigma)^2/\tau] \exp\left[\frac{i\omega z}{c(\omega)}\right] \exp\left[\frac{-\omega z}{2Qc(\omega)}\right] \quad (7-16)$$

式(7-16)中相速度的公式为

$$c(\omega) = c_0\left(1 + \frac{1}{\pi Q}\ln\left|\frac{\omega}{\omega_0}\right|\right) \quad (7-17)$$

式中：c_0 为角频率 ω_0 处的相速度；走时 $t = \dfrac{z}{c(\omega)}$。则式(7-17)可写为

$$U(\omega, z) = \exp[-(\omega - \sigma)^2/\tau]\exp(i\omega t)\exp\left(\frac{-\omega t}{2Q}\right) \quad (7-18)$$

由 S 变换的定义得

$$\begin{aligned}S(\tau, f) &= \int_{-\infty}^{\infty} h(t) \cdot \frac{|f|}{\sqrt{2\pi}}\exp\frac{-f^2(\tau-t)^2}{2}\exp(-i2\pi ft)\,dt \\ &= \frac{|f|}{\sqrt{2\pi}}\int_{-\infty}^{\infty} h(t) \cdot \exp\frac{-f^2(\tau-t)^2}{2}\exp[i2\pi f(\tau-t)]\exp(-i2\pi f\tau)\,dt \\ &= \frac{|f|}{\sqrt{2\pi}}\exp(-i2\pi f\tau)\int_{-\infty}^{\infty} h(t) \cdot \exp\frac{-f^2(\tau-t)^2}{2}\exp[i2\pi f(\tau-t)]\,dt \\ &= \frac{|f|}{\sqrt{2\pi}}\exp(-i2\pi f\tau)\left\{h(\tau) * \left[\exp\frac{-f^2\tau^2}{2}\exp(i2\pi f\tau)\right]\right\} \end{aligned} \quad (7-19)$$

可以看出，S 变换可以转换为时间序列和一个特殊子波的褶积，并加了一个频移项，f 为 S 变换的频率。因此，在频率域实现起来更为简单。则式(7-19)在频率域为

$$S(\omega) = \frac{|f|}{\sqrt{2\pi}}[h(\omega + 2\pi f)W(\omega + 2\pi f)] \quad (7-20)$$

由式(7-20)，令 S 变换母小波为

$$W(t) = \exp\frac{-f^2 t^2}{2}\exp(i2\pi ft) \quad (7-21)$$

式中：f 为母小波的主频。

根据高斯脉冲 $f(t) = A\exp\left[-\left(\dfrac{t}{\tau}\right)^2\right]$ 的傅里叶变换公式为

$$F(j\omega) = \sqrt{\pi}A\tau\exp\left[-\left(\frac{\omega\tau}{2}\right)^2\right]$$

同理，对式(7-21)进行傅里叶变换，得到其频率域的表达式为

$$W(\omega) = \sqrt{2\pi}f^{-1}\exp\left[\frac{-(\omega - 2\pi f)^2}{2f^2}\right] \quad (7-22)$$

把式(7-16)和式(7-22)代入式(7-20)，令 $\tau = t$ 得

$$S(\omega) = |f|\left\{\exp[-(\omega + 2\pi f - \sigma)^2/\tau]\exp[i(\omega + 2\pi f)t]\exp\left[\frac{-(\omega + 2\pi f)t}{2Q}\right]f^{-1}\exp\left[\frac{-(\omega + 2\pi f - 2\pi f)^2}{2f^2}\right]\right\} \quad (7-23)$$

对上式进行逆傅氏变换，得到时间域的 S 变换，即

$$S(t, f) = \frac{|f|}{2\pi} \int_{-\infty}^{\infty} \exp(-i2\pi ft) \exp\left[\frac{-(\omega-\sigma)^2}{\tau}\right] \exp(i\omega t) f^{-1} \exp\left[\frac{-(\omega-2\pi f)^2}{2f^2}\right] \exp(i\omega t) \, d\omega$$

$$= \frac{1}{2\pi} \exp[-i2\pi ft] \int_{-\infty}^{\infty} \exp\left[-\frac{\omega^2}{2f^2} - \frac{\omega^2}{\tau} + \left(\frac{2\pi}{f} - \frac{t}{2Q} + i2t + \frac{2\sigma}{\tau}\right)\omega - 2\pi^2 - \frac{\sigma^2}{\tau}\right] d\omega$$

$$= \frac{1}{2\pi} \exp(-i2\pi ft) \int_{-\infty}^{\infty} \exp\left\{-\left[\frac{\omega\sqrt{\tau+2f^2}}{\sqrt{2\tau}f} - \frac{\sqrt{2\tau}f}{\sqrt{\tau+2f^2}}\left(\frac{\pi}{f} - \frac{t}{4Q} + it + \frac{\sigma}{\tau}\right)\right]^2 + \left[\frac{\sqrt{2\tau}f}{\sqrt{\tau+2f^2}}\left(\frac{\pi}{f} - \frac{t}{4Q} + it + \frac{\sigma}{\tau}\right)\right]^2 - 2\pi^2 - \frac{\sigma^2}{\tau}\right\} d\omega$$

$$= \frac{1}{2\pi} \exp(-i2\pi ft) \exp\left\{\frac{2\tau f^2}{\tau+2f^2}\left[\left(\frac{\pi}{f} - \frac{t}{4Q} + \frac{\sigma}{\tau}\right)^2 - t^2\right] - 2\pi^2 - \frac{\sigma^2}{\tau} + i\frac{4\tau f^2 t}{\tau+2f^2}\left(\frac{\pi}{f} - \frac{t}{4Q} + \frac{\sigma}{\tau}\right)\right\}$$

$$\cdot \int_{-\infty}^{\infty} \exp\left\{-\left[\frac{\omega\sqrt{\tau+2f^2}}{\sqrt{2\tau}f} - \frac{\sqrt{2\tau}f}{\sqrt{\tau+2f^2}}\left(\frac{\pi}{f} - \frac{t}{4Q} + it + \frac{\sigma}{\tau}\right)\right]^2\right\} d\omega$$

$$(7-24)$$

已知 $\int_{-\infty}^{\infty} e^{-ax^2} dx = \sqrt{\frac{\pi}{a}}$，其中，$a$ 为形式参数，则上式可写成

$$S(t, f) = \frac{1}{2\pi} \exp(-i2\pi ft) \exp\left\{\frac{2\tau f^2}{\tau+2f^2}\left[\left(\frac{\pi}{f} - \frac{t}{4Q} + \frac{\sigma}{\tau}\right)^2 - t^2\right] - 2\pi^2 - \frac{\sigma^2}{\tau} + i\frac{4\tau f^2 t}{\tau+2f^2}\left(\frac{\pi}{f} - \frac{t}{4Q} + \frac{\sigma}{\tau}\right)\right\}$$

$$\cdot \int_{-\infty}^{\infty} \exp\left\{-\left[\frac{\omega\sqrt{\tau+2f^2}}{\sqrt{2\tau}f} - \frac{\sqrt{2\tau}f}{\sqrt{\tau+2f^2}}\left(\frac{\pi}{f} - \frac{t}{4Q} + it + \frac{\sigma}{\tau}\right)\right]^2\right\} d\omega$$

$$= \frac{f\sqrt{\tau}}{\sqrt{2\pi}\sqrt{\tau+2f^2}} \exp(-i2\pi ft) \exp\left\{\frac{2\tau f^2}{\tau+2f^2}\left[\left(\frac{\pi}{f} - \frac{t}{4Q} + \frac{\sigma}{\tau}\right)^2 - t^2\right] - 2\pi^2 - \frac{\sigma^2}{\tau} + i\frac{4\tau f^2 t}{\tau+2f^2}\left(\frac{\pi}{f} - \frac{t}{4Q} + \frac{\sigma}{\tau}\right)\right\}$$

$$= \frac{f\sqrt{\tau}}{\sqrt{2\pi\tau+4\pi f^2}} \exp\left\{\frac{2\tau f^2}{\tau+2f^2}\left[\left(\frac{\pi}{f} - \frac{t}{4Q} + \frac{\sigma}{\tau}\right)^2 - t^2\right] - 2\pi^2 - \frac{\sigma^2}{\tau}\right\}$$

$$\cdot \exp\left\{i\left[\frac{4\pi\tau ft}{\tau+2f^2} - \frac{f^2 t^2 \tau}{(\tau+2f^2)Q} + \frac{4f^2 \tau t\sigma}{\tau+2f^2} - 2\pi ft\right]\right\}$$

则，振幅谱 $A_s(t, f)$ 为

$$A_s(t, f) = |S(t, f)| = \frac{f\sqrt{\tau}}{\sqrt{2\pi\tau+4\pi f^2}} \exp\left\{\frac{2\tau f^2}{\tau+2f^2}\left[\left(\frac{\pi}{f} - \frac{t}{4Q} + \frac{\sigma}{\tau}\right)^2 - t^2\right] - 2\pi^2 - \frac{\sigma^2}{\tau}\right\}$$

$$(7-25)$$

t 代表了平面波从地面开始传播到所研究层面的旅行时间，对于已选择的目的层，假设波传播到该层上下界面所用的双程旅行时分别是 t_0 和 t_1，对应某一段频率区间两界面处 $A_s(t, f)$ 的比值为

$$\frac{A_s(t_1, f)}{A_s(t_0, f)} = \exp\left\{\frac{2\tau f^2}{\tau + 2f^2}\left[\left(\frac{\pi}{f} - \frac{t_1}{4Q} + \frac{\sigma}{\tau}\right)^2 - t_1^2 - \left(\frac{\pi}{f} - \frac{t_0}{4Q} + \frac{\sigma}{\tau}\right)^2 + t_0^2\right]\right\}$$

$$= \exp\left[-\frac{2f(\tau\pi + \sigma f)}{\tau + 2f^2}\frac{(t_1 - t_0)}{2Q} - \frac{2\tau f^2}{\tau + 2f^2}\frac{(1 + 16Q^2)(t_1^2 - t_0^2)}{16Q^2}\right] \quad (7-26)$$

对式(7-26)的两边取对数，可以得到

$$\ln\frac{A_s(t_1, f)}{A_s(t_0, f)} = -\frac{2f(\tau\pi + \sigma f)}{\tau + 2f^2}\frac{(t_1 - t_0)}{2Q} - \frac{2\tau f^2}{\tau + 2f^2}\frac{(1 + 16Q^2)(t_1^2 - t_0^2)}{16Q^2} \quad (7-27)$$

令

$$F(f) = -\frac{2f(\tau\pi + \sigma f)}{\tau + 2f^2}\frac{(t_1 - t_0)}{2Q} - \frac{2\tau f^2}{\tau + 2f^2}\frac{(1 + 16Q^2)(t_1^2 - t_0^2)}{16Q^2}$$

由于 Q 一般为几到几百，$t_1^2 - t_0^2$ 一般为几毫秒到几十毫秒，频率的范围一般小于150Hz，故 $\frac{2\tau f^2}{\tau + 2f^2}\frac{(1 + 16Q^2)(t_1^2 - t_0^2)}{16Q^2}$ 的值很小，可以忽略不计，所以有

$$F(f) \approx -\frac{f(\tau\pi + \sigma f)}{\tau + 2f^2}\frac{(t_1 - t_0)}{Q} \quad (7-28)$$

将式(7-28)代入式(7-27)中，并令能量变化斜率 $a = \frac{f(\tau\pi + \sigma f)}{\tau + 2f^2}$，则

$$\ln A_s(t_1, f) - \ln A_s(t_0, f) \approx -a\frac{(t_1 - t_0)}{Q} \quad (7-29)$$

利用线性回归可以求得品质因子 Q 的值。

图 7-2 是 a 与频率 f 的变化关系。其中能量衰减率 τ 取为 10000，地震子波的视频率 σ 取为 $2\pi \times 30$。从图中可以看出，a 与频率 f 满足如下关系：当频率在 0~108Hz 时，a 是随着频率 f 的增大而增大的；当频率大于 108Hz 时，a 是随着频率 f 的增大而减小的。频率在 108Hz 时 a 达到最大。在计算过程中，频率区间的选择时可以利用这个关系。

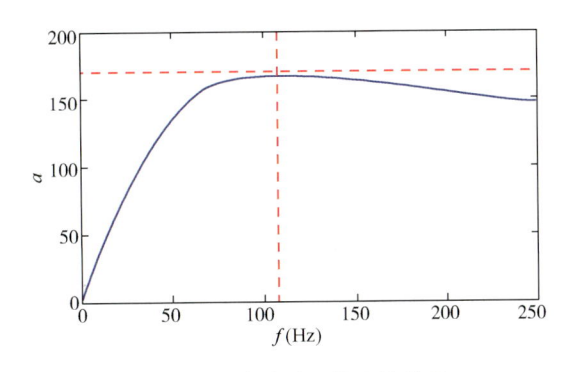

图 7-2 a 与频率 f 的变换关系

在叠前地震资料中，同样需要炮检距归零处理，推导如下。

假设传播时间的变化满足经典的正常时差方程，即

$$\Delta t \approx \frac{x^2}{2v^2 t_0} \tag{7-30}$$

由式(7-30)知，零炮检距处频谱比斜率值为

$$p_0 = -\frac{a\Delta t_1}{Q_0} \tag{7-31}$$

式中：Δt_1 是地震波在零炮检距处通过目的层的上下界面所用的时间差值。因此，在叠前地震资料中，水平方向上，频谱比斜率值近似为

$$p_x \approx -\frac{a(\Delta t_1 + \Delta t)}{Q_x} \tag{7-32}$$

式中：x 代表不同的炮检距。将 Δt、Δt_1 代入式(7-32)可得

$$p_x \approx -\frac{ax^2}{2Q_x v^2 t_0} - \frac{a\Delta t_1}{Q_x} \tag{7-33}$$

假设在小排列情况下，$Q_x \approx Q_0$，式(7-33)近似为

$$p_x \approx -\frac{ax^2}{2Q_0 v^2 t_0} - \frac{a\Delta t_1}{Q_0} \tag{7-34}$$

由式(7-34)可看出，频谱比斜率值 p_x 与炮检距的平方 x^2 呈线性关系。利用上述关系进行线性回归，可得到零炮检距处频谱比斜率值，进而根据式(7-29)可求得地层的 Q 值。

7.2.3 应用效果分析

图 7-3 是通过褶积模型得到的 Marmousi 2 模型的叠后地震剖面。子波采用的是一般零相位子波，主频取为 30Hz，其中在地震道 23~68，时间 0.06~0.12s 处是一个低速气藏砂体，在地震道 16~170，时间大约 0.43s 处是一个低速油层。图 7-4 是从叠后地震剖面(图 7-3)中提取的第 37 道数据。图 7-5a 是图 7-4 中 0.12s 处一点做的 S 变换的频谱图；图 7-5b 是振幅谱随 a 的变化关系；图 7-6a 是图 7-4 中 0.44s 处一点做的 S 变换的频谱图，图 7-6b 是振幅谱随 a 的变化关系。从两个图中可以看出，直接利用 a 图的关系，很难确定每一点频率的最大值范围，而在 b 图中，我们很容易根据每一点振幅谱的最大值和 a 的最大值来确定频率的最小值和最大值。图 7-7 是根据式(7-29)提取的地层 Q 值剖面。从图中可以看出：在低速气藏砂体的位置，Q 值较低，大约在 80.1，表现出强烈的吸收特征；而在低速油层和其他位置，Q 值相对较高。该方法能够反映实际地层的情况，应用效果较好。

下面以垦 71 工区 Ng_{2+3}^4 气层为例，进一步验证方法的有效性和稳定性。图 7-8、图 7-9 是分别过 K71-181 井、K71-36 井的 inline579、inline611 地震剖面，以及基于零相位子波提取的 Q 值剖面。从图中可以看出，气层的位置 Q 值比较低，异常现象明显，与实际气层的位置相吻合，这说明了该方法对含气储层的展布有较好的表征作用，从而也说明了该方法的准确性。

7.3 叠前地震"3+Q"反演方法

地球介质理论是地震勘探研究的基础，早期的地震勘探使用的是声波介质，主要进行声波介质的地震波正演和波阻抗反演；之后随着地震勘探研究的深入、地震数据的丰富和

图 7-3 叠后地震剖面

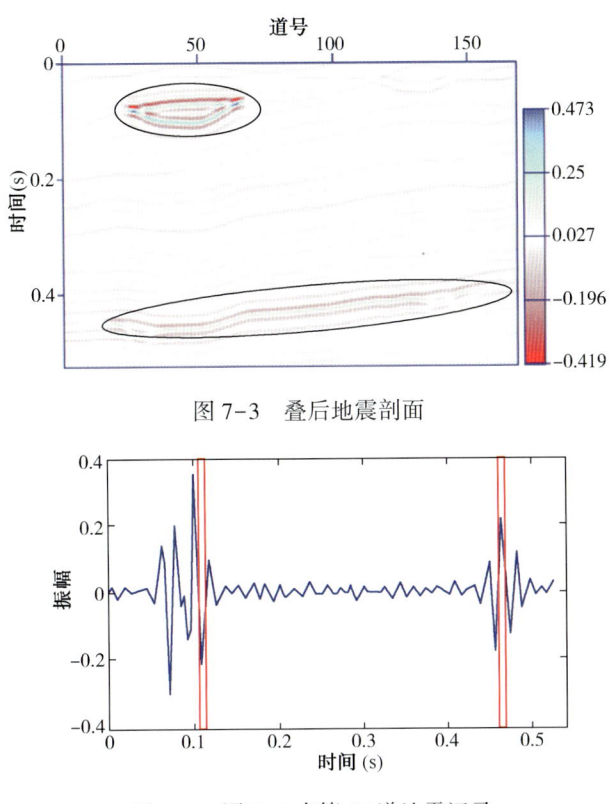

图 7-4 图 7-3 中第 37 道地震记录

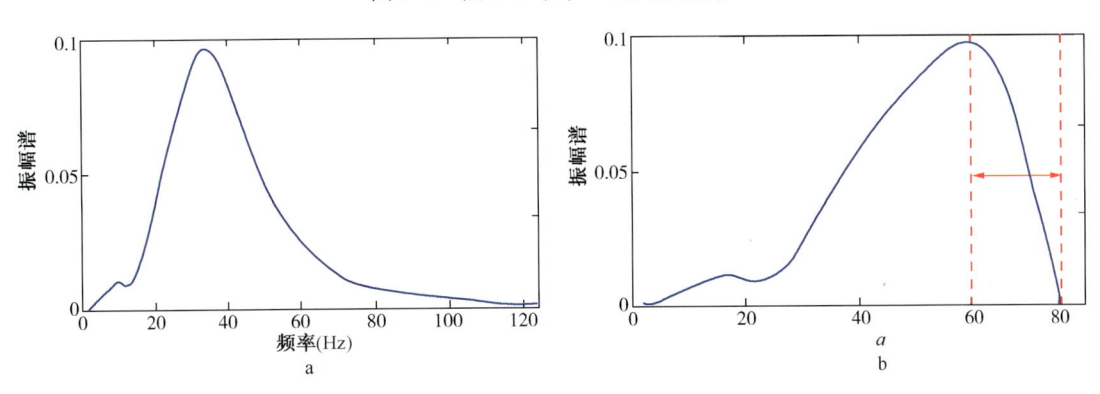

图 7-5 0.12s 处 S 变换频谱图(a)及 a 与振幅谱的关系曲线(b)

地震资料品质的提高,开始使用弹性介质理论来描述地球介质,进行弹性波正演。并且使用叠前地震数据进行弹性参数反演,地震勘探进入了以弹性波理论为基础的阶段。如前几章所述,地震波在地球介质中传播时,会经历吸收衰减作用。因此,进行黏弹介质地震波传播规律的研究和应用是技术的发展方向。

与完全弹性介质中的地震波传播特征相比,黏弹性介质中的地震波传播特征更为复杂,为了利用黏弹性介质的地震波传播特征,从叠前地震数据中进行黏弹性参数的提取,最基础的工作就是研究地震波的传播特征与反射特征,找出这些特征随介质参数的变化规律。通过合理近似和简化,将其用于地震反演,进行参数的提取。

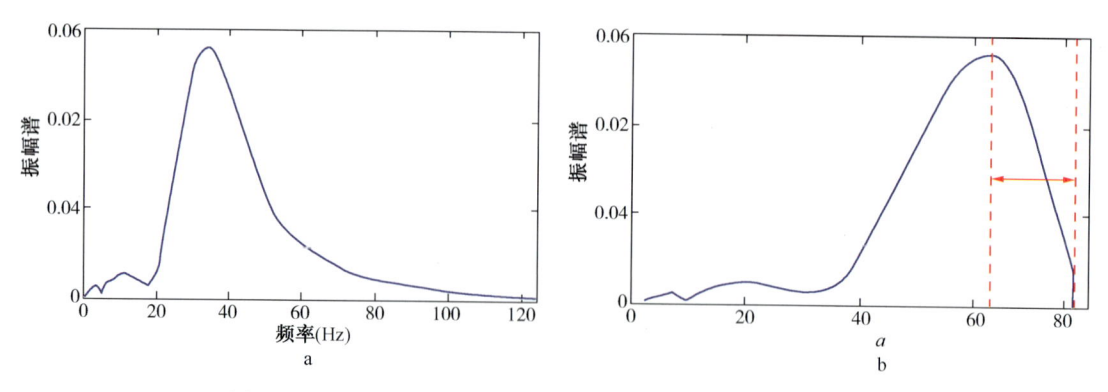

图 7-6　0.44s 处 S 变换频谱图(a)及 a 与振幅谱的关系曲线(b)

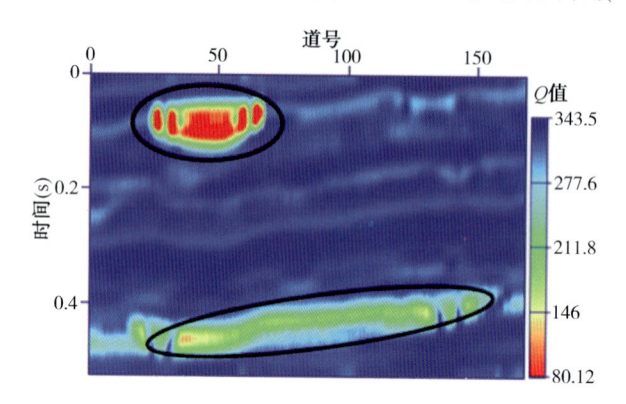

图 7-7　地层 Q 值剖面

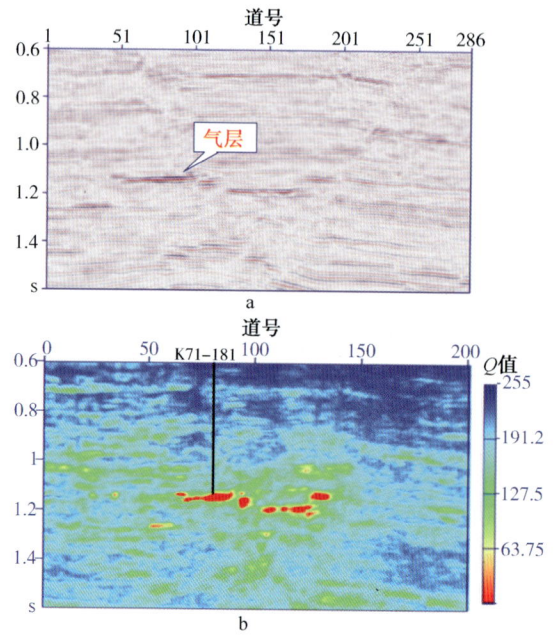

图 7-8　inline 579 线地震剖面和提取的 Q 值剖面
a—叠前地震剖面；b—计算 Q 值剖面

图 7-9 inline 611 线地震剖面和提取的 Q 值剖面
a—叠前地震剖面；b—计算 Q 值剖面

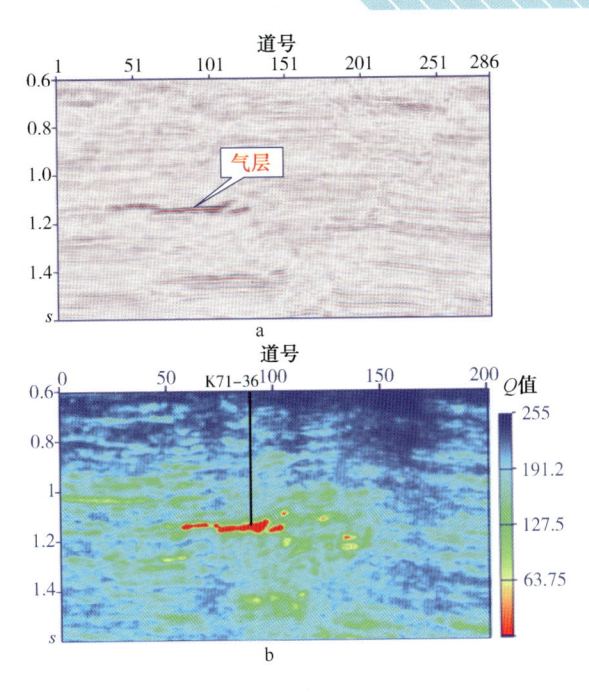

本研究提出了叠前"3+Q"反演方法，从黏弹介质地震波传播规律分析入手，推导黏弹介质反射系数近似公式。利用贝叶斯反演方法，同步反演纵波速度、横波速度、密度和品质因子 Q 等参数。

7.3.1 黏弹性介质地震波传播与反射特征

7.3.1.1 黏弹性介质精确的 Zoeppritz 方程

利用黏弹性介质的广义平面波函数，结合应力和位移连续边界条件，得到黏弹性介质精确的 Zoeppritz 方程，并使用精确 Zoeppritz 方程分析了黏弹性介质中纵波的反射特征。

建立如图 7-10 所示的直角坐标系，有一 P 波从黏弹性介质 1 入射到介质 1 与黏弹性介质 2 的分界面 R 上，引起反射 P 波、反射 SV 波、透射 P 波和透射 SV 波。其中，v_{P1}，v_{S1}，ρ_1，θ_{P1}，θ_{S1}，Q_{P1}，Q_{S1} 分别表示介质 1 中的纵波速度、横波速度、密度、纵波入射角、横波反射角、纵波品质因子和横波品质因子；v_{P2}，v_{S2}，ρ_2，θ_{P2}，θ_{S2}，Q_{P2}，Q_{S2} 分别表示介质 2 中的纵波速度、横波速度、密度、纵波透射角、横波透射角、纵波品质因子和横波品质因子；γ 表示衰减角。

广义平面波的波函数可以表示为以下形式。

（1）介质 1 中的位移位函数。

入射 P 波：

$$\varphi_1 = B_1 \exp[j(\omega t - k_{Px1} \cdot x - k_{Pz1} \cdot z)] \qquad (7-35)$$

反射 P 波：

$$\varphi_2 = B_2 \exp[j(\omega t - k_{Px1} \cdot x + k_{Pz1} \cdot z)] \qquad (7-36)$$

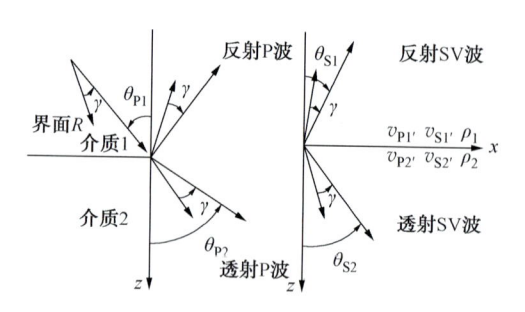

图 7-10 入射 P 波和反射波、透射波的关系

反射 SV 波：

$$\psi_3 = C_3 \exp[j(\omega t - k_{Sx1} \cdot x + k_{Sz1} \cdot z)] \tag{7-37}$$

（2）介质 2 中的位移位函数。

透射 P 波：

$$\varphi_4 = B_4 \exp[j(\omega t - k_{Px2} \cdot x - k_{Pz2} \cdot z)] \tag{7-38}$$

透射 SV 波：

$$\psi_5 = C_5 \exp[j(\omega t - k_{Sx2} \cdot x - k_{Sz2} \cdot z)] \tag{7-39}$$

式中：k_{Px1}，k_{Sx1}，k_{Px2} 和 k_{Sx2} 分别是 5 个波沿 x 方向的波数，即水平波数；k_{Pz1}，k_{Sz1}，k_{Pz2}，k_{Sz2} 分别是 5 个波沿 z 方向的波数，即垂直波数；B_1，B_2，C_3，B_4，C_5 分别是 5 个波的振幅。它们都是复数，这是与完全弹性介质的不同之处。由广义 Snell 定律知，5 个波的水平波数都相等，入射 P 波和反射 P 波的垂直波数都相等。

尽管广义平面波的波函数的形式与完全弹性介质波函数形式相同，但是在黏弹性介质中，波函数与黏弹性的参数如 Q 值有关，式（7-35）到式（7-39）中，波数为复数。

将波函数（7-35）到（7-39）代入到位移连续和应力连续边界条件，得到用位移位振幅表示的 Knott 方程，进一步求得位移振幅表示的反射系数方程，即黏弹性介质的 Zoeppritz 方程，用式（7-40）给出。

$$\begin{pmatrix} k_{Px1} & k_{Sz1}\dfrac{k_{P1}}{k_{S1}} & -k_{Px2}\dfrac{k_{P1}}{k_{P2}} & k_{Sz2}\dfrac{k_{P1}}{k_{S2}} \\ -k_{Pz1} & k_{Sx1}\dfrac{k_{P1}}{k_{S1}} & -k_{Pz2}\dfrac{k_{P1}}{k_{P2}} & -k_{Sx2}\dfrac{k_{P1}}{k_{S2}} \\ -2\mu_1 k_{Px1} k_{Pz1} & \mu_1(k_{Sx1}^2 - k_{Sz1}^2)\dfrac{k_{P1}}{k_{S1}} & -2\mu_2 k_{Px2} k_{Pz2}\dfrac{k_{P1}}{k_{P2}} & -\mu_2(k_{Sx2}^2 - k_{Sz2}^2)\dfrac{k_{P1}}{k_{S2}} \\ (\lambda_1 + 2\mu_1)k_{Pz1}^2 + \lambda_1 k_{Px1}^2 & -2\mu_1 k_{Sx1} k_{Sz1}\dfrac{k_{P1}}{k_{S1}} & [-(\lambda_2 + 2\mu_2)k_{Pz2}^2 - \lambda_2 k_{Px2}^2]\dfrac{k_{P1}}{k_{P2}} & -2\mu_2 k_{Sx2} k_{Sz2}\dfrac{k_{P1}}{k_{S2}} \end{pmatrix} \begin{pmatrix} R_{PP}^Q \\ R_{PS}^Q \\ T_{PP}^Q \\ T_{PS}^Q \end{pmatrix}$$

$$= \begin{pmatrix} -k_{Px1} \\ -k_{Pz1} \\ -2\mu_1 k_{Px1} k_{Pz1} \\ -(\lambda_1 + 2\mu_1)k_{Pz1}^2 - \lambda_1 k_{Px1}^2 \end{pmatrix} \tag{7-40}$$

其中

$$P_{wn} = \frac{\omega}{v_{wn}} \cdot \left[\frac{1 + \left(1 + \dfrac{Q_{wn}^{-2}}{\cos^2 \gamma_{wn}}\right)^{1/2}}{1 + (1 + Q_{wn}^{-2})^{1/2}} \right]^{1/2}$$

$$A_{wn} = \frac{\omega}{v_{wn}} \cdot \frac{Q_{wn}^{-1}}{\cos\gamma} \left[\frac{1}{[1+(1+Q_{wn}^{-2})^{1/2}] \left[1+\left(1+\frac{Q_{wn}^{-2}}{\cos^2\gamma_{wn}}\right)^{1/2}\right]} \right]^{1/2}$$

$$k_{wxn} = \frac{\omega}{v_{wn}} \cdot \left[\frac{2(1-jQ_{wn}^{-1})}{1+(1+Q_{wn}^{-2})^{1/2}} \right]^{1/2}$$

$$k_{wzn} = P_{wn}\cos\theta_{wn} - jA_{wn}\cos(\theta_{wn}-\gamma_{wn}), \quad k_{wxn} = P_{wn}\text{Sin}\theta_{wn} - jA_{wn}\text{Sin}(\theta_{wn}-\gamma_{wn})$$

$$\lambda_n = \rho_n\omega^2\left(\frac{1}{k_{Pn}^2} - \frac{2}{k_{Sn}^2}\right), \quad \mu_n = \frac{\rho_n\omega^2}{k_{Sn}^2}, \quad w=\text{P, S}, \quad n=1,2$$

式中：R_{PP}^Ω、R_{PS}^Ω、T_{PP}^Ω、T_{PS}^Ω 分别为反射纵波、反射横波、透射纵波、透射横波的振幅；P，S 分别表示纵波和横波；n 表示介质序号；P_{wn} 为与声波传播方向有关的参数；A_{wn} 为与声波传播衰减有关的参数；k_{wzn} 为声波 z 方向传播的波数；k_{wxn} 为声波 x 方向传播怕波数；k_{Pzn} 为纵波 z 方向传播的波数；k_{Szn} 为横波声波 z 方向传播的波数；v_{wn}、θ_{wn}、Q_{wn}、γ_{wn} 为不同介质中纵波和横波的速度、反射角、品质因素和衰减角；λ_n、μ_n 为介质的拉梅常数；ρ_n 为介质的密度；ω 为声波传播的频率。

7.3.1.2 黏弹性介质平面波传播特征及反射特征

通过上面的黏弹性介质精确的 Zoeppritz 方程的推导，可以看出黏弹性介质的复波数是通过传播矢量和衰减矢量来表示的，其中复波数的实部是传播矢量，虚部是衰减矢量。下面以纵波为例，分析一下纵波的传播矢量、衰减矢量分别与衰减角、品质因子、速度和频率之间的关系。图7-11中a图和b图分别是当频率为30Hz，速度为2000m/s时，传播矢量和衰减矢量随衰减角和品质因子的变化关系图。从图中可以看出只有当衰减角比较大时，衰减角对传播矢量和衰减矢量的影响较大；在接近90°时，达到最大；而当衰减角较小时，影响不大。品质因子对传播矢量的影响较小。

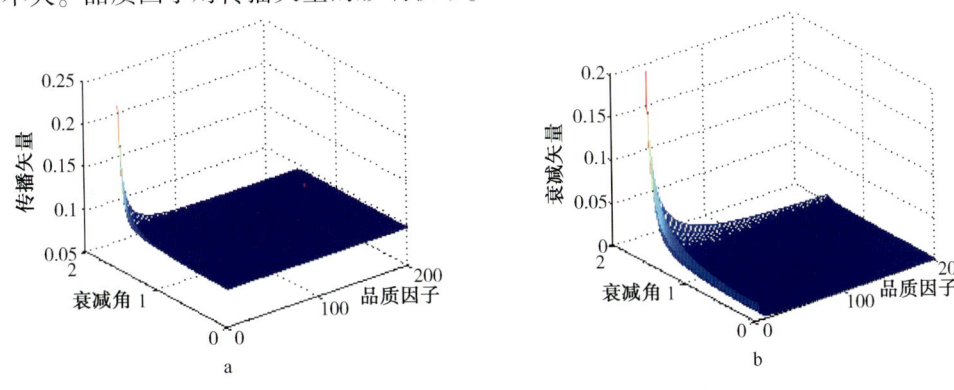

图 7-11 传播矢量(a)和衰减矢量(b)随衰减角和品质因子变化

为了便于分析，我们从中抽取了几道进行比较。如图7-12所示，其中不同的曲线代表不同的衰减角。从图中可以看出：衰减角越大，或者品质因子越小，对传播矢量和衰减矢量的影响越大。但是无论是衰减角还是品质因子，对衰减矢量的影响都大于对传播矢量的影响。

图7-13是不同品质因子对应的传播矢量和衰减矢量随衰减角的变化关系。从图中可以看出：当衰减角在0°到40°时，衰减角对传播矢量和衰减矢量的影响几乎为零；当衰减角在

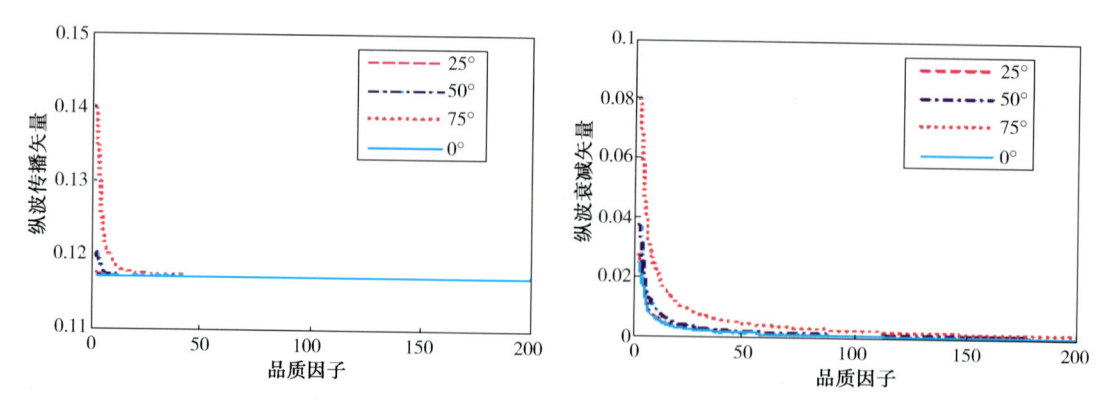

图 7-12　不同衰减角的传播矢量和衰减矢量随品质因子的变化

40°到60°时，衰减角对传播矢量和衰减矢量的影响很小，尤其是传播矢量，几乎为零；当衰减角大于60°时，影响较大，并且随着衰减角的增大影响越大。图7-14给出了第一类AVO特征的不同衰减角对应的反射系数随角度的变化关系。可以看出，当入射角比较小时，衰减角对纵波反射系数的影响较小，只有在大于临近角的附近，影响较大。通过以上结论，可以看出，当衰减角在0到60°变化时，对传播矢量和衰减矢量的影响都不大，因此，在下面的讨论中，假定衰减角为30°，取中间值。

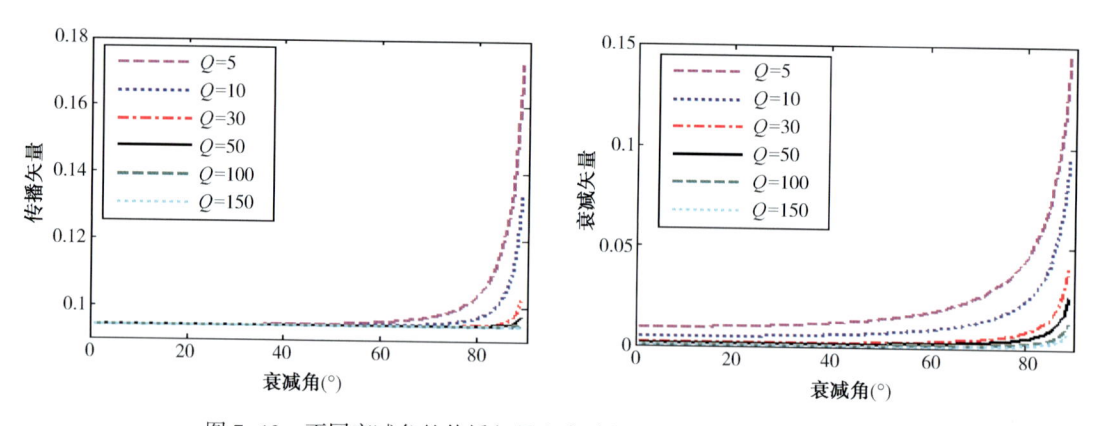

图 7-13　不同衰减角的传播矢量和衰减矢量随品质因子的变化关系

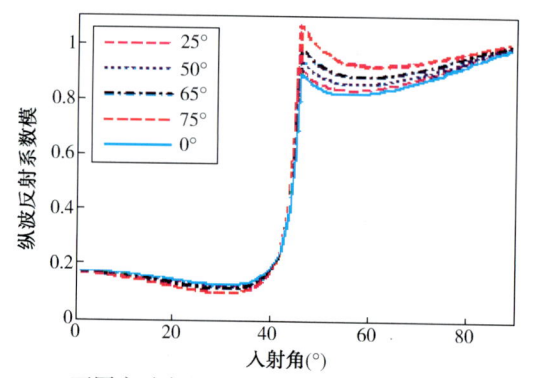

图 7-14　不同衰减角的纵波反射系数随入射角的变化关系

由于黏弹性介质精确的 Zoeppritz 方程非常复杂，不利于实际资料应用，因此需要对其进行近似和简化。

7.3.2 黏弹性介质纵波反射系数近似

当入射角比较小时，衰减角对纵波反射系数影响较小，只有在大于临近角的附近，影响较大。因此，在下面的公式近似中，假定衰减角都为 γ，以此为基础，根据介质分解理论，利用弱黏弹性近似和相似介质近似，推导反射系数近似公式。

7.3.2.1 黏弹性介质为背景反射系数近似

黏弹性介质弹性波 Zoeppritz 方程的矩阵形式为

$$\boldsymbol{MR} = \boldsymbol{N} \tag{7-41}$$

根据散射理论，在弱黏弹性近似和相似介质近似下，将黏弹性介质当作背景，将弹性参数的变化和黏弹性参数均看成扰动，因此可将矩阵 $\boldsymbol{M}$，$\boldsymbol{R}$，$\boldsymbol{N}$ 分解为背景矩阵和扰动矩阵。其中矩阵 $\boldsymbol{M}$ 可分解为

$$\boldsymbol{M} = \boldsymbol{M}^u + \Delta \boldsymbol{M} \tag{7-42}$$

式中：背景矩阵 $\boldsymbol{M}^u$ 为式(7-40)所示的矩阵。

向量 $\boldsymbol{N}$ 可以分解为

$$\boldsymbol{N} = \boldsymbol{N}^u + \Delta \boldsymbol{N} \tag{7-43}$$

式中：背景矩阵 $\boldsymbol{N}^u$ 为

$$\boldsymbol{N}^u = [N_{11}, \quad N_{21}, \quad N_{31}, \quad N_{41}]^T \tag{7-44}$$

扰动向量 $\Delta \boldsymbol{N}$ 为

$$\Delta \boldsymbol{N} = [\Delta N_{11}, \quad \Delta N_{21}, \quad \Delta N_{31}, \quad \Delta N_{41}]^T \tag{7-45}$$

黏弹性介质反射透射系数向量 $\boldsymbol{R}$ 可分解为

$$\boldsymbol{R} = \boldsymbol{R}^u + \Delta \boldsymbol{R} \tag{7-46}$$

式中：$\boldsymbol{R}^u$ 表示黏弹性介质背景反射透射系数；$\Delta \boldsymbol{R}$ 表示黏弹性参数和扰动反射透射系数。

此时黏弹性介质弹性波 Zoeppritz 方程变为

$$(\boldsymbol{M}^u + \Delta \boldsymbol{M})(\boldsymbol{R}^u + \Delta \boldsymbol{R}) = (\boldsymbol{N}^u + \Delta \boldsymbol{N}) \tag{7-47}$$

背景矩阵满足 $\boldsymbol{M}^u \boldsymbol{R}^u = \boldsymbol{N}^u$。

利用 $\boldsymbol{M}^u$ 可求得其逆 $(\boldsymbol{M}^u)^{-1}$，即

$$(\boldsymbol{M}^u)^{-1} = \begin{bmatrix} x_{11} & x_{12} & x_{13} & x_{14} \\ x_{21} & x_{22} & x_{23} & x_{24} \\ x_{31} & x_{32} & x_{33} & x_{34} \\ x_{41} & x_{42} & x_{43} & x_{44} \end{bmatrix} \tag{7-48}$$

经过整理，可得黏弹性介质弹性参数和扰动反射系数矩阵，即

$$\begin{aligned} \Delta \boldsymbol{R} &= (\boldsymbol{M}^u)^{-1}(\Delta \boldsymbol{N} - \Delta \boldsymbol{M} \boldsymbol{R}^u) \\ &= (\boldsymbol{M}^u)^{-1}[\Delta N_{11} - \Delta M_{13}, \quad \Delta N_{21} - \Delta M_{23}, \quad \Delta N_{31} - \Delta M_{33}, \quad \Delta N_{41} - \Delta M_{43}]^T \end{aligned} \tag{7-49}$$

所以，反射系数 R_{PP} 表示为

$$R_{PP} = (\Delta N_{11} - \Delta M_{13})x_{11} + (\Delta N_{21} - \Delta M_{23})x_{12}$$

$$+ (\Delta N_{31} - \Delta M_{33}) x_{13} + (\Delta N_{41} - \Delta M_{43}) x_{14} \tag{7-50}$$

横波品质因子 Q_S 与饱和度无关，它完全独立于孔隙流体。因此，在化简的过程中不考虑横波品质因子。同时，在该近似中，把 Q_{Pn}^{-2} 看作是小量，在实际资料中，Q_P 的取值一般是几到几百，Q_{Pn}^{-2} 的取值一般是小于 10^{-2}，弹性参数的变化与 Q_{Pn}^{-1} 的乘积一般也是小于 10^{-2}，因此，在方程近似中假定相邻的上下两层介质中 Q_P 的值相等，即 $Q_{P1} = Q_{P2} = Q_P$。最终求得纵波反射系数表达式为

$$\begin{aligned}
R_{PP} &= \frac{1}{2}\left(\frac{\Delta\rho}{\rho} + \frac{\Delta v_P}{v_P}\right) + \frac{1}{2}\left[\frac{\Delta v_P}{v_P} - \left(\frac{v_S}{v_P}\right)^2\left(\frac{\Delta\rho}{\rho} + \frac{2\Delta v_S}{v_S}\right)\right]\sin^2\theta_P + \frac{1}{2}\frac{\Delta v_P}{v_P}\sin^2\theta_P\tan^2\theta_P \\
&+ \frac{1}{2}Q_P^{-2} + \frac{1}{16}Q_P^{-2}\frac{\sin^2\gamma}{\cos^2\gamma} + \frac{3}{8}\frac{v_S^2}{v_P^2}Q_P^{-2}\sin^2\theta_P + \frac{1}{4}\frac{v_S^2}{v_P^2}Q_P^{-2}\sin^3\theta_P\frac{\sin\gamma}{\cos\gamma} \\
&- \frac{5}{8}\frac{v_S^2}{v_P^2}Q_P^{-2}\sin^2\theta_P\frac{\sin^2\gamma}{\cos^2\gamma} - \frac{3}{4}\frac{v_S^2}{v_P^2}Q_P^{-2}\sin\theta_P\cos\theta_P\frac{\sin\gamma}{\cos\gamma} + jY
\end{aligned} \tag{7-51}$$

式中的表达式 Y 表示为

$$Y = \begin{pmatrix}
-\frac{3}{8}\frac{\Delta v_P}{v_P}Q_P^{-1}\frac{\sin^3\theta_P}{\cos^3\theta_P}\frac{\sin\gamma}{\cos\gamma} + \frac{v_S^2}{v_P^2}\frac{\Delta v_P}{v_P}Q_P^{-1}\sin^2\theta_P - \frac{1}{4}\frac{v_S^2}{v_P^2}\frac{\Delta v_P}{v_P}Q_P^{-1}\sin\theta_P\cos\theta_P\frac{\sin\gamma}{\cos\gamma} \\
-\frac{1}{2}\frac{\Delta v_P}{v_P}Q_P^{-1}\sin^2\theta_P - \frac{v_S^2}{v_P^2}\frac{\Delta v_P}{v_P}Q_P^{-1}\sin^4\theta_P + \frac{v_S^2}{v_P^2}\frac{\Delta v_P}{v_P}Q_P^{-1}\sin^3\theta_P\cos\theta_P\frac{\sin\gamma}{\cos\gamma} \\
+\frac{3}{4}\frac{v_S^2}{v_P^2}\frac{\Delta v_P}{v_P}Q_P^{-1}\frac{\sin^3\theta_P}{\cos\theta_P}\frac{\sin\gamma}{\cos\gamma} + \frac{1}{2}\frac{v_S^2}{v_P^2}\frac{\Delta v_P}{v_P}Q_P^{-1} + \frac{1}{2}\frac{v_S^2}{v_P^2}\frac{\Delta v_P}{v_P}Q_P^{-1}\sin\theta_P\cos\theta_P\frac{\sin\gamma}{\cos\gamma} \\
-\frac{1}{8}\frac{\Delta v_P}{v_P}Q_P^{-1} - \frac{1}{2}\frac{v_S^4}{v_P^4}\frac{\Delta v_P}{v_P}Q_P^{-1}\sin^2\theta_P + \frac{v_S^4}{v_P^4}\frac{\Delta v_P}{v_P}Q_P^{-1}\sin^4\theta_P - \frac{v_S^4}{v_P^4}\frac{\Delta v_P}{v_P}Q_P^{-1}\sin^3\theta_P\cos\theta_P\frac{\sin\gamma}{\cos\gamma} \\
+\frac{3}{2}\frac{v_S^2}{v_P^2}\frac{\Delta v_S}{v_S}Q_P^{-1}\sin^2\theta_P - \frac{1}{2}\frac{v_S^2}{v_P^2}\frac{\Delta v_S}{v_S}Q_P^{-1}\sin\theta_P\cos\theta_P\frac{\sin\gamma}{\cos\gamma} - \frac{1}{2}\frac{v_S^2}{v_P^2}\frac{\Delta v_S}{v_S}Q_P^{-1}\cos^2\theta_P \\
+\frac{1}{2}\frac{v_S^2}{v_P^2}\frac{\Delta v_S}{v_S}Q_P^{-1}\frac{\sin^3\theta_P}{\cos\theta_P}\frac{\sin\gamma}{\cos\gamma} + \frac{1}{2}\frac{v_S^2}{v_P^2}\frac{\Delta\rho}{\rho}Q_P^{-1}\sin^2\theta_P + \frac{1}{4}\frac{v_S^2}{v_P^2}\frac{\Delta\rho}{\rho}Q_P^{-1}\frac{\sin\theta_P}{\cos\theta_P}\frac{\sin\gamma}{\cos\gamma} \\
-\frac{1}{8}\frac{\Delta\rho}{v\rho}Q_P^{-1} - \frac{1}{8}\frac{\Delta\rho}{\rho}Q_P^{-1}\frac{\sin\theta_P}{\cos\theta_P}\frac{\sin\gamma}{\cos\gamma}
\end{pmatrix} \tag{7-52}$$

从上述推导的黏弹性介质 P 波反射系数近似公式可以看出，公式的实部和虚部都考虑了吸收（即品质因子）的影响，也都考虑了衰减角的影响。当品质因子为无穷大，衰减角为零时，黏弹性介质反射系数近似公式与完全弹性介质反射系数近似公式完全吻合，从而说明了推导的黏弹性介质反射系数的近似式的合理性。

7.3.2.2 纵波反射系数近似精度分析

为了进一步说明上述推导的公式的正确性，利用 4 类典型 AVO 界面模型，对推导的近似式进行验证。这 4 类模型是 1997 年 Castagna 和 Swan 在 Rutherford 和 Williams（1989）研

的基础上，依据交会图的原则和 AVO 异常，将上覆页岩的含烃砂岩在截距—梯度(简称 P-G)面上划分为4类，如图 7-15 和图 7-16 所示。其中第1类含烃砂岩相对于上覆页岩的阻抗较高，出现在 P-G 平面的第四象限。当 AVO 的斜率值是负的时，正常入射角的反射系数则为正值。炮检距越大，反射系数就越小。第2类含烃砂岩与上覆页岩的阻抗相近。AVO 现象比较明显，在 P-G 面上可能在第 II, III, IV 象限。第3类含烃砂岩比上覆页岩的阻抗低，常常表现为"亮点"，可分为两类：梯度为负时是第3类，为正时是第4类。

模型参数分别如表 7-1 到表 7-4 所示。第1层为弹性介质，第2层为不同黏弹性参数的介质。根据得到的 AVO 近似公式对上述 4 类 AVO 模型进行正演模拟。图 7-17 到图 7-20 分别对黏弹性精确值、黏弹性近似值和完全弹性近似值进行比较。可以看出，与完全弹性近似值相比，黏弹性近似值更接近于黏弹性精确值。实际上 Q 值越小，与黏弹性精确值的差值越小；随着 Q 值的增大，黏弹性近似值与完全弹性近似值越接近，差值越小，当 Q 值增大到一定值时，黏弹性近似值退化为完全弹性近似值，这与理论分析一致。

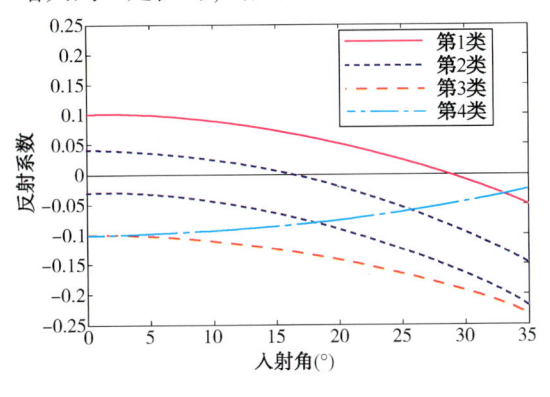

图 7-15 4 类 AVO 示意图

图 7-16 4 类 AVO 截距和梯度交会图

表 7-1 第 1 类 AVO 典型界面模型

地层	v_P (m/s)	v_S (m/s)	ρ (g/cm³)	Q_P	Q_S	γ
上层介质	2540	1250	2.30	10000	10000	30°
下层介质	2980	1525	2.42	20	9	30°

表 7-2 第 2 类 AVO 典型界面模型

地层	v_P (m/s)	v_S (m/s)	ρ (g/cm³)	Q_P	Q_S	γ
上层介质	2645	1170	2.29	10000	10000	30°
下层介质	2780	1665	2.08	20	9	30°

表 7-3 第 3 类 AVO 典型界面模型

地层	v_P (m/s)	v_S (m/s)	ρ (g/cm³)	Q_P	Q_S	γ
上层介质	3000	1280	2.30	10000	10000	30°
下层介质	2450	1650	2.12	20	9	30°

表 7-4 第 4 类 AVO 典型界面模型

地层	v_P (m/s)	v_S (m/s)	ρ (g/cm³)	Q_P	Q_S	γ
上层介质	3658	2097	2.33	10000	10000	30°
下层介质	2286	1064	1.40	20	9	30°

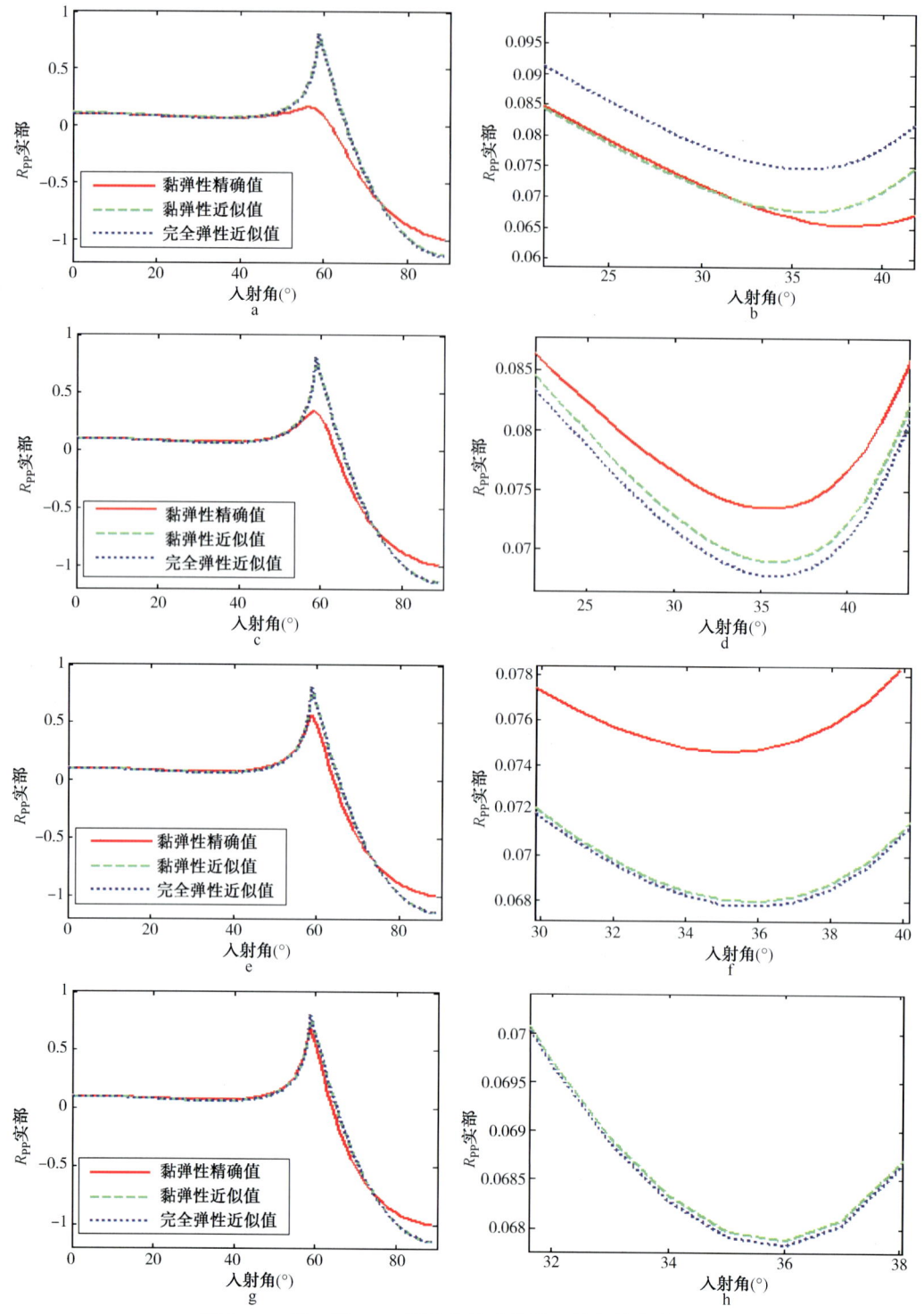

图 7-17　第 1 类 AVO 纵波反射系数随入射角的变化关系
a—$Q_P = 10$，$\gamma = 30°$；b—放大图；c—$Q_P = 20$，$\gamma = 30°$；d—放大图；e—$Q_P = 50$，$\gamma = 30°$；f—放大图；g—$Q_P = 100$，$\gamma = 30°$；h—放大图

叠前地震吸收衰减参数反演

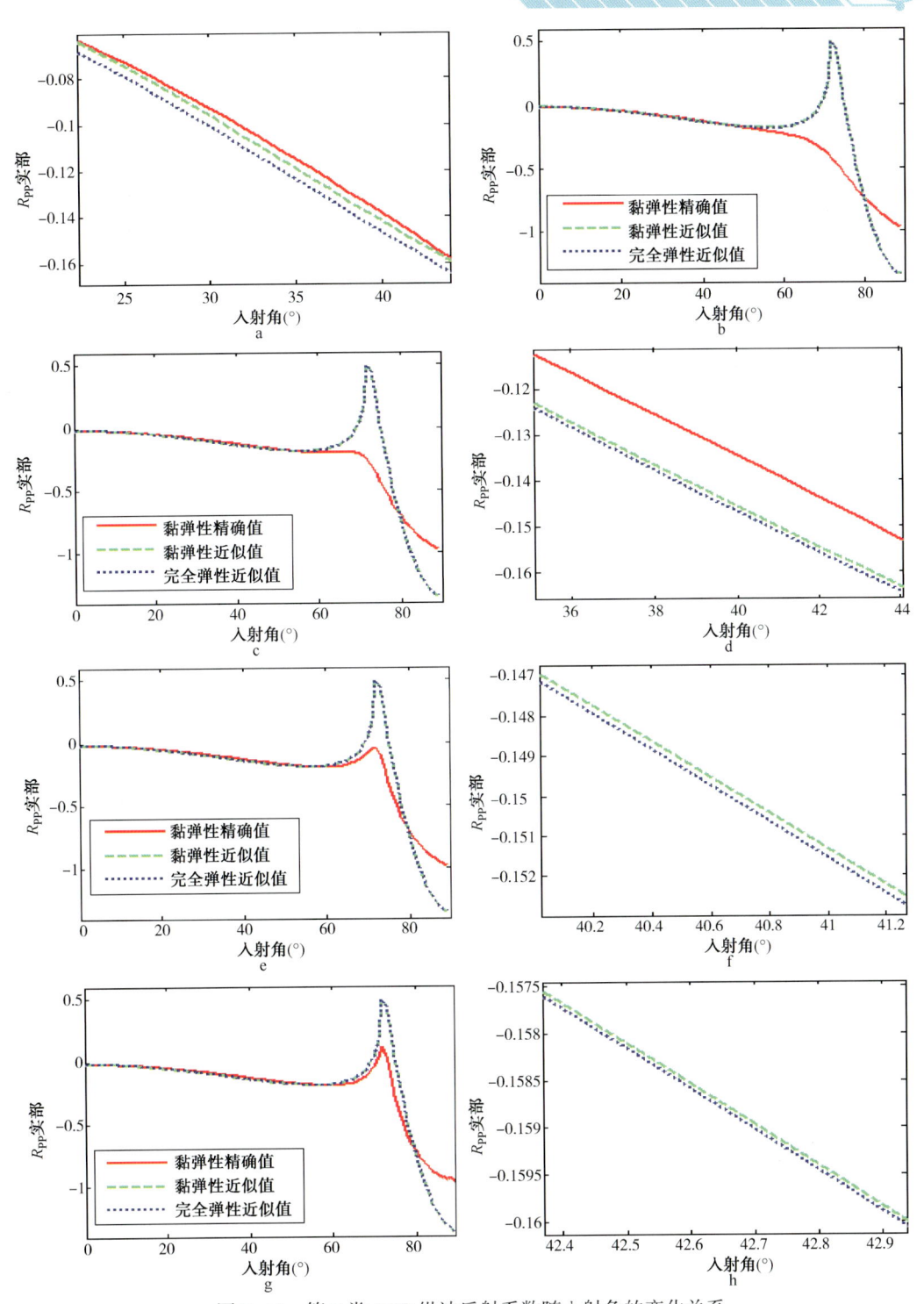

图 7-18 第 2 类 AVO 纵波反射系数随入射角的变化关系

a—$Q_P = 10$，$\gamma = 30°$；b—放大图；c—$Q_P = 20$，$\gamma = 30°$；d—放大图；e—$Q_P = 50$，$\gamma = 30°$；f—放大图；g—$Q_P = 100$，$\gamma = 30°$；h—放大图

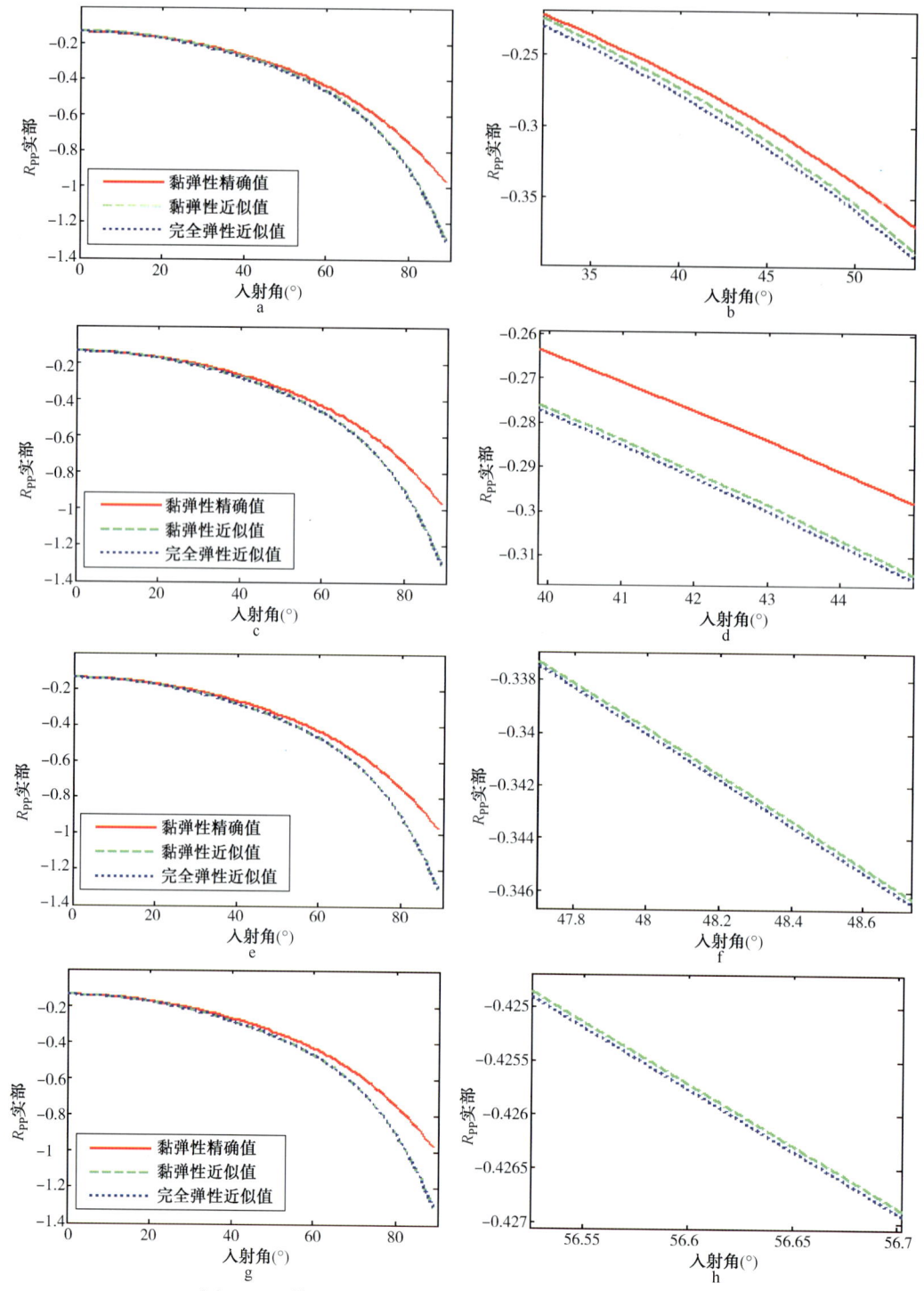

图 7-19 第 3 类 AVO 纵波反射系数随入射角的变化关系

a—$Q_P = 10$，$\gamma = 30°$；b—放大图；c—$Q_P = 20$，$\gamma = 30°$；d—放大图；e—$Q_P = 50$，$\gamma = 30°$；f—放大图；g—$Q_P = 100$，$\gamma = 30°$；h—放大图

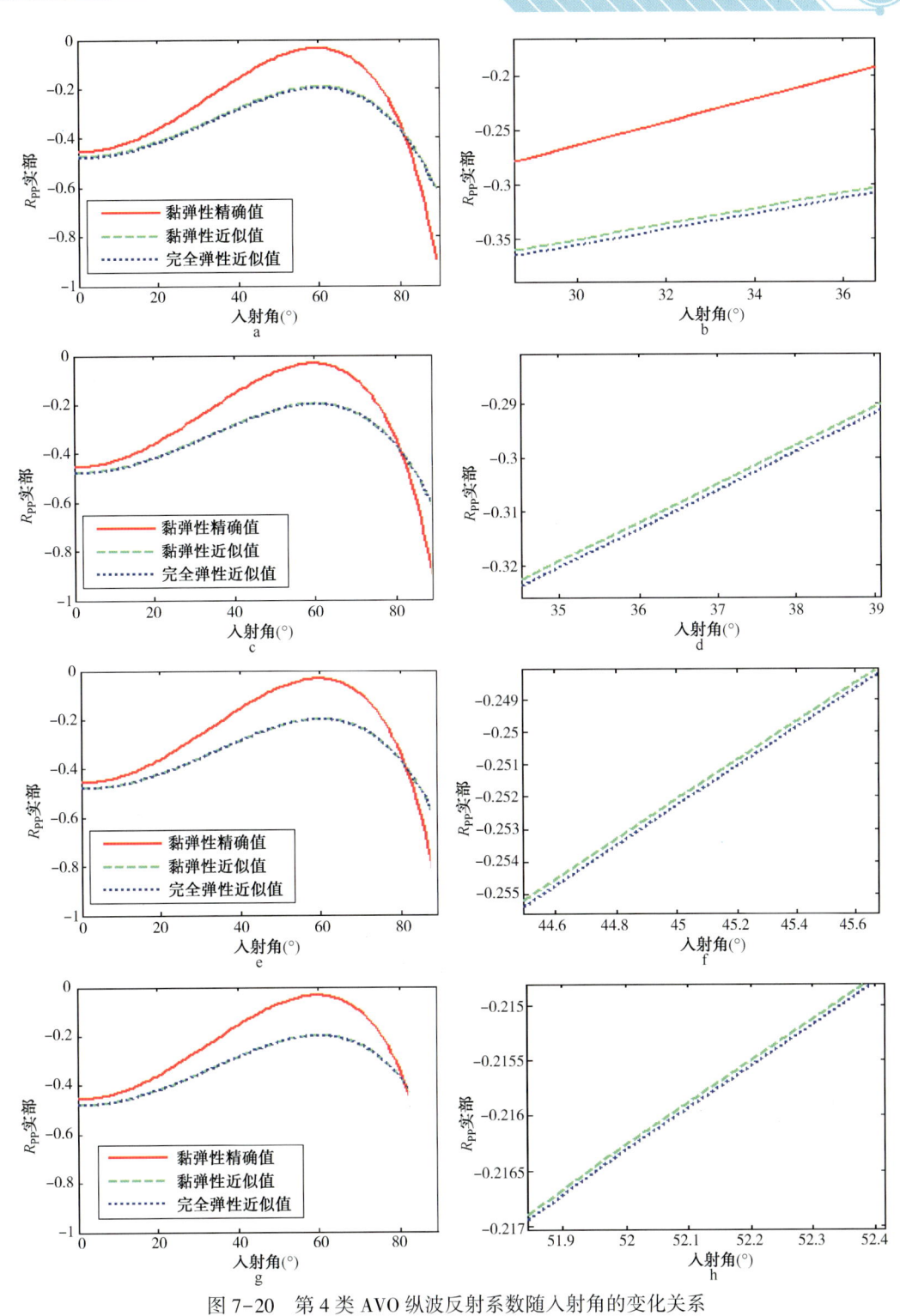

图 7-20　第 4 类 AVO 纵波反射系数随入射角的变化关系

a—$Q_P = 10$，$\gamma = 30°$；b—放大图；c—$Q_P = 20$，$\gamma = 30°$；d—放大图；e—$Q_P = 50$，$\gamma = 30°$；f—放大图；
g—$Q_P = 100$，$\gamma = 30°$；h—放大图

7.3.2.3 纵波反射系数进一步化简

现在得到的纵波反射系数有两个问题：（1）含有虚部项；（2）项数较多。针对第一个问题，我们取反射系数的实部作为反射系数近似，在此基础上，再对高阶小量进行忽略，减小项数。

取反射系数的实部，实部中包含吸收衰减项，得到

$$R_{PP} = \frac{1}{2}\left(\frac{\Delta\rho}{\rho} + \frac{\Delta v_P}{v_P}\right) + \frac{1}{2}\left[\frac{\Delta v_P}{v_P} - \left(\frac{v_S}{v_P}\right)^2\left(\frac{\Delta\rho}{\rho} + \frac{2\Delta v_S}{v_S}\right)\right]\sin^2\theta_P + \frac{1}{2}\frac{\Delta v_P}{v_P}\sin^2\theta_P\tan^2\theta_P$$
$$+ \frac{1}{2}Q_P^{-2} + \frac{1}{16}Q_P^{-2}\frac{\sin^2\gamma}{\cos^2\gamma} + \frac{3}{8}\frac{v_S^2}{v_P^2}Q_P^{-2}\sin^2\theta_P \frac{1}{4}\frac{v_S^2}{v_P^2}Q_P^{-2}\sin^3\theta_P\frac{\sin\gamma}{\cos\gamma} - \frac{5}{8}\frac{v_S^2}{v_P^2}Q_P^{-2}\sin^2\theta_P\frac{\sin^2\gamma}{\cos^2\gamma}$$
$$- \frac{3}{4}\frac{v_S^2}{v_P^2}Q_P^{-2}\sin\theta_P\cos\theta_P\frac{\sin\gamma}{\cos\gamma}$$

(7 - 53)

假设衰减角很小，入射角较小，与 $\sin\gamma$ 和 $\sin^3\theta_P$ 有关的量为高阶小量，可以忽略。最终得到黏弹性介质纵波反射系数近似式，即

$$R_{PP} = \frac{1}{2}\left(\frac{\Delta\rho}{\rho} + \frac{\Delta v_P}{v_P}\right) + \frac{1}{2}\left[\frac{\Delta v_P}{v_P} - \left(\frac{v_S}{v_P}\right)^2\left(\frac{\Delta\rho}{\rho} + \frac{2\Delta v_S}{v_S}\right)\right]\sin^2\theta_P + \frac{1}{2}\frac{\Delta v_P}{v_P}\sin^2\theta_P\tan^2\theta_P$$
$$+ \frac{1}{2}Q_P^{-2} + \frac{3}{8}\frac{v_S^2}{v_P^2}Q_P^{-2}\sin^2\theta_P - \frac{3}{4}\frac{v_S^2}{v_P^2}Q_P^{-2}\sin\theta_P\cos\theta_P\frac{\sin\gamma}{\cos\gamma}$$

(7 - 54)

可以将上近似式写成与 Aki 近似对应的矩阵形式，即

$$R_{PP}(\theta) = \left(\sec^2\theta, \; -8k\sin^2\theta, \; 4k\sin^2\theta - \tan^2\theta, \; 1 + \frac{3}{4}k\sin^2\theta - \frac{3}{2}k\cos\theta\sin\theta\frac{\sin\gamma}{\cos\gamma}\right)\begin{bmatrix}R_P \\ R_S \\ R_\rho \\ R_Q\end{bmatrix}$$

其中，$k = \dfrac{v_S^2}{v_P^2}$

(7 - 55)

式(7-55)将用于叠前地震4参数反演。

7.3.3 叠前地震"3+Q"反演实现

以黏弹性介质纵波反射系数近似表达式(7-55)为基础，建立了叠前地震"3+Q"反演的框架。通过此反演方法，可以同时得到纵波速度、横波速度、密度和吸收参数反演结果。首先基于褶积模拟，建立了黏弹性介质地震波正演方程，结合贝叶斯理论，建立了叠前地震4参数反演的目标函数。

为了提高反演结果的稳定性，考虑到地震数据的带限特征，并且为使反演结果尽量反映出真实的地下参数变化情况，在反演目标函数中加入了模型约束，其中模型约束参数由

测井数据获得。基于贝叶斯理论，可以将先验信息与观测数据结合起来，充分考虑地震数据信噪比对反演的影响，通过均衡采用的地震数据与测井数据的信息量，减少参数反演的误差，提高反演结果的可信程度。

叠前地震"3+Q"反演方法是在贝叶斯框架下，结合先验信息和与正演模型有关的似然函数，取最大后验概率作为反演问题的解。需要输入的参数有地震道集、地震子波、井数据和Q值参数。

图 7-21 给出了 4 参数反演模块的流程，在反演之间先要通过井震标定，提取高精度地震子波，得到与储层对应的地震数据和重采样后的井曲线。为了提高地震数据质量，将地震数据转化为部分角度叠加道集。同时，需要准备与井位置处对应的 Q 值曲线。本章给出了使用经验公式提取 Q 值曲线的方法，用于叠前地震 4 参数反演。

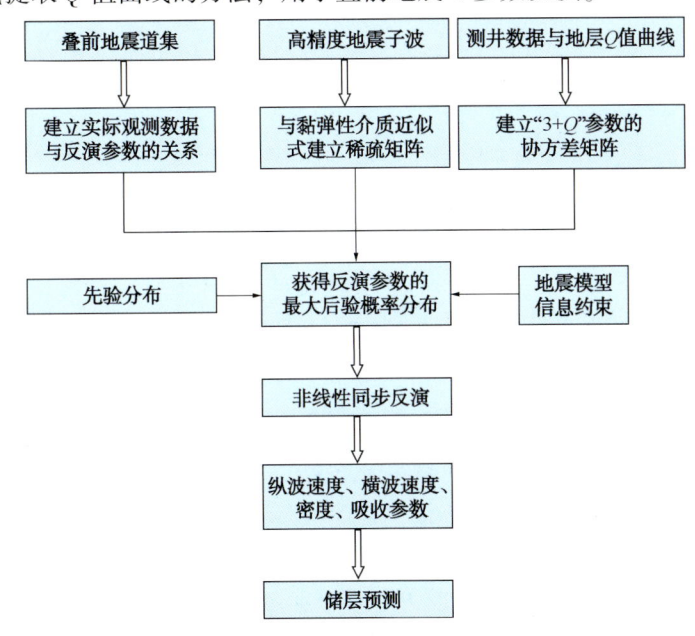

图 7-21 叠前地震 4 参数反演模块流程图

叠前地震"3+Q"反演方法的建立思路是：首先建立基于黏弹性介质的反射系数近似式正演模型，在贝叶斯框架下得到目标函数，对目标函数取极值，得到目标函数。在反演的过程中，为了提高反演的稳定性和合理性，考虑到地震数据的带限特征，因此使用了低频模型约束。下面对反演方法建立的流程进行详细描述。

7.3.3.1 正演方程建立

反射系数线性近似公式是建立地层参数与地震数据之间关系的桥梁，叠前地震"3+Q"反演的基础是黏弹性介质纵波反射系数线性近似公式，其形式为

$$R_{PP} = \sec^2\theta \cdot r_P - 8\gamma^2 \sin^2\theta \cdot r_S + (1 - 4\gamma^2 \sin^2\theta) \cdot r_\rho + f(\theta) \cdot r_Q \quad (7-56)$$

式中：$f(\theta) = 1 + \frac{3}{4}\gamma^2 \sin^2\theta - \frac{3}{2}\gamma^2 \sin\theta\cos\theta \frac{\sin(\pi/6)}{\cos(\pi/6)}$；$r_P = \frac{1}{2}\frac{\Delta v_P}{v_P}$ 表示纵波速度的反射系数；$r_S = \frac{1}{2}\frac{\Delta v_S}{v_S}$ 表示横波速度的反射系数；$r_\rho = \frac{1}{2}\frac{\Delta \rho}{\rho}$ 表示密度的反射系数；$r_Q = \frac{1}{2}\frac{\Delta(1/Q)}{(1/Q)}$ 表示系

数参数的反射系数；γ 表示横波与纵波速度比；θ 表示界面两侧入射角和透射角的平均角度。将式(7-56)按照入射角不同表示成矩阵形式为

$$\begin{bmatrix} r_1 \\ r_2 \\ \vdots \\ r_m \end{bmatrix} = \begin{bmatrix} a_1 & b_1 & c_1 & d_1 \\ a_2 & b_2 & c_2 & d_2 \\ \vdots & \vdots & \vdots & \vdots \\ a_m & b_m & c_m & d_m \end{bmatrix} \begin{bmatrix} r_P \\ r_S \\ r_\rho \\ r_Q \end{bmatrix} \quad (7-57)$$

式中：$a_i(i=1,2,\cdots,m)$，$b_i(i=1,2,\cdots,m)$，$c_i(i=1,2,\cdots,m)$，$d_i(i=1,2,\cdots,m)$ 分别表示第 i 个入射角度的相应系数。

将其推广到具有 m 个入射角度，n 个界面的情况，并且将矩阵进行块化处理，可以得到

$$\begin{bmatrix} \boldsymbol{R}_1 \\ \boldsymbol{R}_2 \\ \vdots \\ \boldsymbol{R}_m \end{bmatrix} = \begin{bmatrix} \boldsymbol{A}_1 & \boldsymbol{B}_1 & \boldsymbol{C}_1 & \boldsymbol{D}_1 \\ \boldsymbol{A}_2 & \boldsymbol{B}_2 & \boldsymbol{C}_2 & \boldsymbol{D}_2 \\ \vdots & \vdots & \vdots & \vdots \\ \boldsymbol{A}_m & \boldsymbol{B}_m & \boldsymbol{C}_m & \boldsymbol{D}_m \end{bmatrix} \begin{bmatrix} \boldsymbol{R}_P \\ \boldsymbol{R}_S \\ \boldsymbol{R}_\rho \\ \boldsymbol{R}_Q \end{bmatrix} \quad (7-58)$$

式中：$\boldsymbol{R}_i(i=1,2,\cdots,m)$ 表示第 i 个入射角度的反射系数向量，由 n 个元素组成；$\boldsymbol{A}_i(i=1,2\cdots,m)$，$\boldsymbol{B}_i(i=1,2\cdots,m)$，$\boldsymbol{C}_i(i=1,2\cdots,m)$ 分别表示第 i 个入射角度对应的正演系数矩阵，分别是 $n \times n$ 维的斜对角矩阵；$\boldsymbol{R}_P$，$\boldsymbol{R}_S$，$\boldsymbol{R}_\rho$ 和 $\boldsymbol{R}_Q$ 则分别表示纵波速度、横波速度、密度与吸收系数相对变化率向量，分别由 n 个元素组成。

基于地震记录符合褶积模型的假设，引入子波矩阵 $\boldsymbol{W}$，则公式(7-58)进一步变为

$$\begin{bmatrix} \boldsymbol{d}_1 \\ \boldsymbol{d}_2 \\ \vdots \\ \boldsymbol{d}_m \end{bmatrix} = \begin{bmatrix} \boldsymbol{W}\boldsymbol{A}_1 & \boldsymbol{W}\boldsymbol{B}_1 & \boldsymbol{W}\boldsymbol{C}_1 & \boldsymbol{W}\boldsymbol{D}_1 \\ \boldsymbol{W}\boldsymbol{A}_2 & \boldsymbol{W}\boldsymbol{B}_2 & \boldsymbol{W}\boldsymbol{C}_2 & \boldsymbol{W}\boldsymbol{D}_2 \\ \vdots & \vdots & \vdots & \vdots \\ \boldsymbol{W}\boldsymbol{A}_m & \boldsymbol{W}\boldsymbol{B}_m & \boldsymbol{W}\boldsymbol{C}_m & \boldsymbol{W}\boldsymbol{D}_m \end{bmatrix} \begin{bmatrix} \boldsymbol{R}_P \\ \boldsymbol{R}_S \\ \boldsymbol{R}_\rho \\ \boldsymbol{R}_Q \end{bmatrix} \quad (7-59)$$

式中：$\boldsymbol{d}_i(i=1,2\cdots,m)$ 表示为第 i 个入射角度的地震数据组成的列向量，都包含 n 个元素。

为后面表示方便，可以将公式(7-59)简记为

$$\boldsymbol{d}_{mn \times 1} = \boldsymbol{G}_{mn \times 4n} \times \boldsymbol{R}_{4n \times 1} \quad (7-60)$$

式中：$\boldsymbol{d}$ 表示叠前角度道集数据；$\boldsymbol{G}$ 表示正演算子矩阵；$\boldsymbol{R}$ 表示纵横波速度密度及吸收参数相对变化率向量。

以上即为常规的正演方程，但是实际上地下储层参数之间存在一定的统计相关特性，这种相关性会对反演结果造成影响，为了提高反演问题的求解稳定性，需要引入协方差矩阵对反演参数进行去相关处理。叠前地震四参数反演中利用井数据的样本统计方法生成协方差矩阵，即

$$C_x = \frac{\boldsymbol{X}^T \boldsymbol{X}}{N} \quad (7-61)$$

式中：$\boldsymbol{X} = [\boldsymbol{R}_P, \boldsymbol{R}_S, \boldsymbol{R}_\rho, \boldsymbol{R}_Q]^T$；$N$ 表示样本的个数。

假设得到的协方差矩阵为

$$C_x = \begin{bmatrix} \sigma_{R_P}^2 & \sigma_{R_P R_S} & \sigma_{R_P R_\rho} & \sigma_{R_P R_Q} \\ \sigma_{R_P R_S} & \sigma_{R_S}^2 & \sigma_{R_S R_\rho} & \sigma_{R_S R_Q} \\ \sigma_{R_P R_\rho} & \sigma_{R_S R_\rho} & \sigma_{R_\rho}^2 & \sigma_{R_\rho R_Q} \\ \sigma_{R_P R_Q} & \sigma_{R_S R_Q} & \sigma_{R_\rho R_Q} & \sigma_{R_Q}^2 \end{bmatrix} \quad (7-62)$$

式中：$\sigma_{R_P}^2$ 为纵波速度相对变化率的方差；$\sigma_{R_P R_\rho}$ 为纵波速度相对变化率与密度相对变化率之间的协方差；其他表示含义按照下标所示进行类推。

对协方差矩阵进行奇异值分解可以得到

$$C_x = V \sum V^T = V \begin{bmatrix} \sigma_1^2 & 0 & 0 & 0 \\ 0 & \sigma_2^2 & 0 & 0 \\ 0 & 0 & \sigma_3^2 & 0 \\ 0 & 0 & 0 & \sigma_4^2 \end{bmatrix} V^T \quad (7-63)$$

该协方差矩阵是针对单界面而言的。如果假设反射系数是相互独立，且不同界面具有相同的弹性参数协方差矩阵，那么可以将公式（7-63）推广到 n 个界面的情况，可以得到相应的 $4N \times 4N$ 的特征向量矩阵。如果令单界面的特征向量为

$$V^{-1} = \begin{bmatrix} v_{11} & v_{12} & v_{13} & v_{14} \\ v_{21} & v_{22} & v_{23} & v_{24} \\ v_{31} & v_{32} & v_{33} & v_{34} \\ v_{41} & v_{42} & v_{43} & v_{44} \end{bmatrix} \quad (7-64)$$

则相应的 $4N \times 4N$ 的特征向量为

$$V^{-1} = \begin{bmatrix} v_{11} & & & & v_{12} & & & & v_{13} & & & & v_{14} & & \\ & \ddots & & & & \ddots & & & & \ddots & & & & \ddots & \\ & & v_{13} & & & & v_{12} & & & & v_{13} & & & & v_{14} \\ v_{21} & & & & v_{22} & & & & v_{23} & & & & v_{24} & & \\ & \ddots & & & & \ddots & & & & \ddots & & & & \ddots & \\ & & v_{21} & & & & v_{22} & & & & v_{23} & & & & v_{24} \\ v_{31} & & & & v_{32} & & & & v_{33} & & & & v_{34} & & \\ & \ddots & & & & \ddots & & & & \ddots & & & & \ddots & \\ & & v_{31} & & & & v_{32} & & & & v_{33} & & & & v_{34} \\ v_{41} & & & & v_{42} & & & & v_{43} & & & & v_{44} & & \\ & \ddots & & & & \ddots & & & & \ddots & & & & \ddots & \\ & & v_{41} & & & & v_{42} & & & & v_{43} & & & & v_{44} \end{bmatrix}_{4N \times 4N} \quad (7-65)$$

对式（7-63）做如下的变换，即

$$\begin{cases} G' = G \times V \\ R' = V^{-1} \times R \end{cases} \quad (7-66)$$

可以最终得到正演方程为

$$d = G' \times R' \tag{7-67}$$

经过去相关变换之后的待反演参数的协方差矩阵 C_x 的非对角线元素为零。这说明变换之后的参数变为相互独立的，有利于提高参数反演的可靠性。

7.3.3.2 贝叶斯反演框架

对于地球物理反演问题，模型参数（此处指纵、横波速度，密度参数，吸收参数）和数据是以某种方式联系起来的，数学上将它们表示为各种函数关系式。设向量函数 $F = (f_1, f_2, \cdots, f_L)^T$，则反演问题的最一般公式为 $F(d, x) = 0$，这种泛函关系式称为模型。如果函数 f 是对变量的线性函数，许多情况下可将 d 和 x 分开，可表示为 $d - g(x) = 0$，若函数 g 也是线性的，则有 $d - Gx = 0$。通常采用优化方法来求解，即寻求估计解就是寻求优化问题 $\min F(d, Gx)$，其中 $F(d, Gx)$ 是优化问题的目标函数。

贝叶斯理论建立了后验概率与先验信息的关系，基于贝叶斯反演框架，通过求解最大后验概率密度函数构建反演目标函数，具体到该叠前 4 参数反演问题，后验概率密度函数可以表示为

$$P(R|d, I) = \text{const}_0 \times P(d|R, I) P(R|I) \tag{7-68}$$

式中：$P(d|R, I)$ 为似然函数；$P(R|I)$ 为先验分布函数；d 表示随入射角度变化的叠前地震数据；I 表示基本的地质信息；R 表示待反演的模型参数，在此指纵横波速度、密度与吸收参数的相对变化量；const_0 是概率归一化常数。

由于我们最终只是关心后验概率密度函数的形状，因此 const_0 可以被忽略，则公式（7-68）可以进一步化简为

$$P(R|d, I) = P(d|R, I) P(R|I) \tag{7-69}$$

通过结合先验分布与似然函数，可以较好地对反演结果进行约束，减小不确定性。

假设地震噪声服从高斯分布，且不同的测量条件的噪声之间满足相互独立条件，将似然函数表示为

$$P(d|R, I) = \frac{1}{\sigma_m^{mn}(2\pi)^{mn/2}} \exp\left(\frac{-(d - G'R')^T(d - G'R')}{2\sigma_m^2}\right) \tag{7-70}$$

式中，σ_m 表示噪声信号的标准方差。

假设不同界面参数分布符合独立特性，采用柯西分布描述纵横波速度、密度相对变化率吸收参数相对变化率的分布特征，这样就充分考虑了参数之间的相关特性。

先验函数可表示为

$$P(R|I) = \frac{1}{\pi^{2n}|C_x|^{n/2}} \exp\left(-2\sum_{i=1}^{N} \ln(1 + R'^T \Phi^i R')\right) \tag{7-71}$$

式中：$\Phi^i = D_i^T C_x D_i$；C_x 是协方差矩阵；D_i 是 $4 \times 4n$ 的矩阵，其组成元素的取值定义为

$$[D_i]_{pl} = \begin{cases} 1, & \text{如果 } p=1 \text{ 且 } l=i \\ 1, & \text{如果 } p=2 \text{ 且 } l=i+n \\ 1, & \text{如果 } p=3 \text{ 且 } l=i+2n \\ 1, & \text{如果 } p=4 \text{ 且 } l=i+3n \\ 0, & \text{其他} \end{cases} \tag{7-72}$$

因此，将似然函数与先验函数代入后验概率密度函数，并省略常数项，通过求导数求解最大后验概率，可以得到反演目标函数，具体形式为

$$(G'^{\mathrm{T}}G'+2Q)R' = G'^{\mathrm{T}}d \tag{7-73}$$

式中：$Q_{kl} = \sum_{i}^{n} \dfrac{2\sigma_{\mathrm{m}}\Phi_{kl}^{i}}{1+R'^{\mathrm{T}}\Phi^{i}R'}$ ($k, l = 1, 2, \cdots, 4n$)。公式左边第一项主要用来约束正演记录与实际地震记录之间的相近程度，第二项则是柯西正则约束项，主要用来约束反演参数的稀疏程度。

7.3.3.3 模型约束机制

根据式（7-71）可以得到纵横波速度、密度、吸收参数的反演结果，但是这些反演结果，缺少低频成分，因此它们只是相对结果。下面通过加入模型约束来反演地层参数的绝对值。由于地震数据缺失低频成分，因此需要使用一些约束条件才能获取参数稳定的解。

考虑模型约束的目标函数为

$$(G'^{\mathrm{T}}G'+2Q+P)R' = G'^{\mathrm{T}}d+M \tag{7-74}$$

式中：$P = \alpha_{\mathrm{P}}C'^{\mathrm{T}}_{\mathrm{P}}C'_{\mathrm{P}} + \alpha_{\mathrm{S}}C'^{\mathrm{T}}_{\mathrm{S}}C'_{\mathrm{S}} + \alpha_{\rho}C'^{\mathrm{T}}_{\rho}C'_{\rho} + \alpha_{Q}C'^{\mathrm{T}}_{Q}C'_{Q}$；

$M = \alpha_{\mathrm{P}}C'^{\mathrm{T}}_{\mathrm{P}}\varepsilon_{\mathrm{P}} + \alpha_{\mathrm{S}}C'^{\mathrm{T}}_{\mathrm{S}}\varepsilon_{\mathrm{S}} + \alpha_{\rho}C'^{\mathrm{T}}_{\rho}\varepsilon_{\rho} + \alpha_{Q}C'^{\mathrm{T}}_{Q}\varepsilon_{Q}$；$\varepsilon_{\mathrm{P}} = \dfrac{1}{2}\ln\dfrac{v_{\mathrm{P}}(t)}{v_{\mathrm{P}}(t_{0})}$；$C'_{\mathrm{P}} = C_{\mathrm{P}} \cdot V$；

$$C_{\mathrm{P}} = \underbrace{\begin{bmatrix} 1 & 0 & \cdots & 0 & 0 & 0 & \cdots & 0 \\ 1 & 1 & \cdots & 0 & 0 & 0 & \cdots & 0 \\ \vdots & \vdots & \ddots & \vdots & \vdots & \vdots & \ddots & \vdots \\ 1 & 1 & \cdots & 1 & 0 & 0 & \cdots & 0 \end{bmatrix}}_{N\text{列} \quad 3N\text{列}}_{N\times 4N}$$

；同理可知 ε_{S}、ε_{ρ}、ε_{Q} 和 C'_{S}、C'_{ρ}、C'_{Q}。

7.3.3.4 非线性反演

前面已通过贝叶斯方法建立叠前地震反演优化方程。似然函数采用了高斯函数，先验分布采用柯西分布方式，这样在建立的反演方程（7-74）中有两个非线性源。协对角矩阵 Q 和加权参数 σ^{2} 中包含待求解的信息，因此反演具有非线性的特征，在迭代过程要重新更新加权，这在计算花费上非常大。为了减少计算花费，在此采用重加权最小二乘算法对反演方程进行求解，求解流程为：

（1）给定待反演参数初始值，若无足够信息，可将参数初始值赋零；

（2）计算给定初值的解 $R' = (G'^{\mathrm{T}}G'+2Q+P)^{-1}(G'^{\mathrm{T}}d+M)$；

（3）利用得到的结果计算加权矩阵并进一步优化目标，迭代求解 $R' = (G'^{\mathrm{T}}G'+2Q+P)^{-1}(G'^{\mathrm{T}}d+M)$，其中 $Q^{k-1} = Q(m^{k-1})$，上标 k 表示迭代次数；

（4）迭代计算，直到满足一定精度要求。

通过以上算法得到反演问题的解 R'，使用 $R = VR'$ 将结果转化为相对变化率，即纵波速度相对变化率 r_{P}，横波速度相对变化率 r_{S}，密度相对变化率 r_{ρ} 和吸收参数相对变化率 r_{Q}。

最后，通过道积分将各参数相对变化率转化为参数值，即

$$\begin{cases} v_P(t) = v_P(t_0) \exp\left[2\int_0^t r_P(\tau)\mathrm{d}\tau\right] \\ v_S(t) = v_S(t_0) \exp\left[2\int_0^t r_S(\tau)\mathrm{d}\tau\right] \\ \rho(t) = \rho(t_0) \exp\left[2\int_0^t r_\rho(\tau)\mathrm{d}\tau\right] \\ \alpha(t) = \alpha(t_0) \exp\left[2\int_0^t r_Q(\tau)\mathrm{d}\tau\right] \end{cases} \quad (7-75)$$

式中：t 表示时间采样点；t_0 代表起始时间。这样就得到了最终反演结果。

7.3.3.5 反演稳定性分析

研究反射系数对反演参数的稳定性的影响，研究思路为：以 4 参数反射系数近似式为基础，研究各参数微小变化时，对反射系数的影响。反射系数近似式为

$$R_{PP} = \frac{1}{2}\sec^2\theta \frac{\Delta v_P}{v_P} - 4\gamma^2\sin^2\theta \frac{\Delta v_S}{v_S} + \frac{1}{2}(1 - 4\gamma^2\sin^2\theta)\frac{\Delta\rho}{\rho} \\ + \frac{1}{2}\left(1 + \frac{3}{4}\gamma^2\sin^2\theta - \frac{3}{2}\gamma^2\sin\theta\cos\theta\frac{\sin(\pi/6)}{\cos(\pi/6)}\right)\frac{\Delta(1/Q)}{1/Q} \quad (7-76)$$

以第 1 类 AVO 特征对应的参数为例（表 7-5），假定上层介质的参数不变，研究下层介质参数最大变化区间为 1% 时，对反射系数的影响。图 7-22 是纵波速度变化 1% 对反射系数的影响，其中红色曲线为变化之前的反射系数随角度变化关系，蓝色曲线为将变化区间设置为下层纵波速度的 1% 时使下层介质纵波速度随机变化所产生的 50 条反射系数随角度变化的曲线。图 7-23、图 7-24、图 7-25 分别是横波速度、密度、Q 值变化 1% 对反射系数的影响曲线。

表 7-5 第 1 类 AVO 特征的参数

层 \ 参数	v_P（m/s）	v_S（m/s）	ρ（g/cm³）	Q
上层介质	2540	1250	2.3	500
下层介质	2980	1525	2.42	510

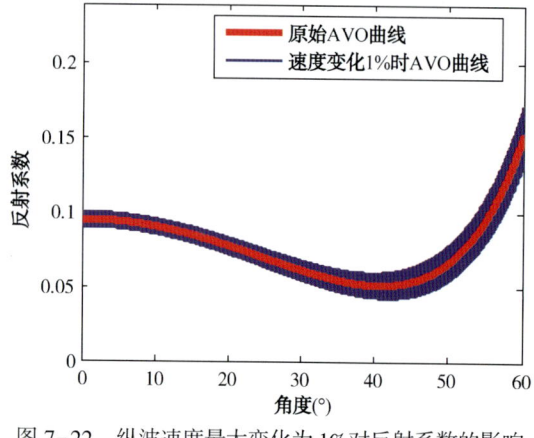

图 7-22 纵波速度最大变化为 1% 对反射系数的影响 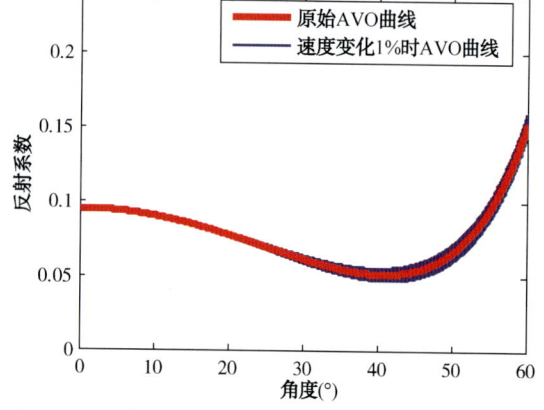　　图 7-23 横波速度最大变化为 1% 对反射系数的影响

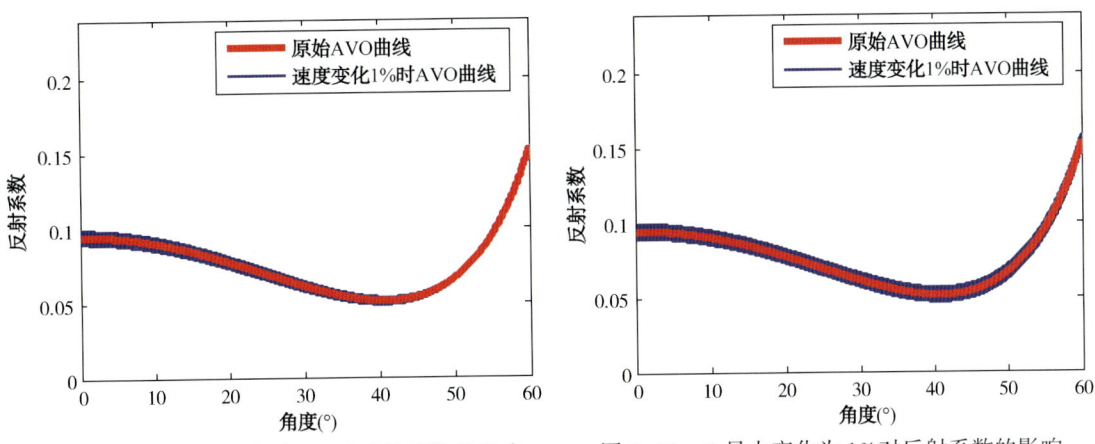

图 7-24　密度最大变化为 1% 对反射系数的影响　　　图 7-25　Q 最大变化为 1% 对反射系数的影响

从图 7-22 到图 7-25 可以看出：纵波速度的变化在整个角度范围内对反射系数都有影响；横波仅在大角度时对反射系数有影响，密度在整个角度范围内对反射系数有影响，但是在小角度时的影响大于大角度时的影响，这就意味着在大角度时，反射系数的微小变化可以引起密度参数的较大变化，从而使密度反演结果不稳定；Q 与密度对反射系数的影响类似，而且在大角度时，Q 变化对反射系数的影响比密度变化的影响要显著，Q 变化在小角度到中角度都基本保持对反射系数相同程度的影响，因此，在这个角度范围内 Q 的反演结果保持稳定。

与常规 3 参数反演相比，由于 Q 是一个特殊的参数，在研究 Q 的影响时，除了研究下层介质 Q 变化的影响，还需要从另一个角度研究 Q 变化对反射系数的影响。下层介质比上层介质 Q 大 10。观察随着 Q 增加，反射系数曲线的变化情况，如图 7-26 所示。

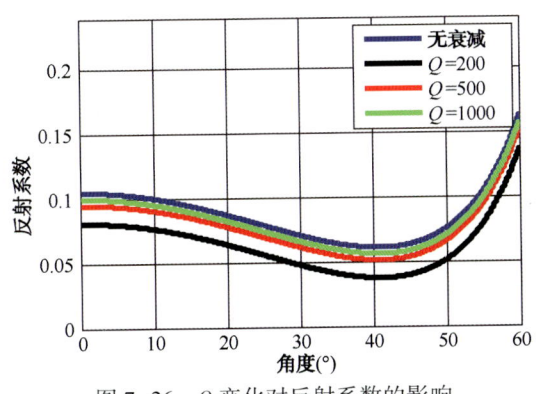

图 7-26　Q 变化对反射系数的影响

从图 7-26 可以看出，随着 Q 值增加，反射系数逐渐向完全弹性介质的反射系数接近，实际上，当 Q 值足够大时，介质就会由黏弹性转化为完全弹性。

从另一方面研究反射系数有微小变化时，反映到各参数上的变化，若反射系数微小变化引起参数很大变化，则这个参数反演的稳定性较差。反之，参数反演的稳定性较好。仍然以第一类 AVO 特征对应的参数为例进行研究。图 7-27 到图 7-29 分别给出了反射系数变化最大变化为 1% 时，在 1% 的范围内随机抽取 50 个反射系数值研究纵波速度、密度、吸收参数的相对变化，横波速度的变化特征与密度变化相反。

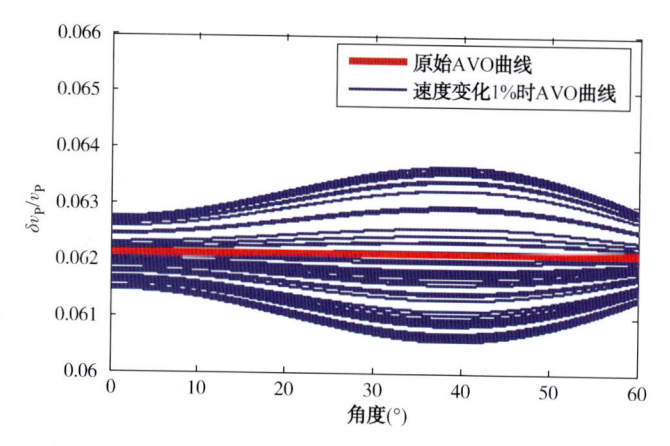

图 7-27　反射系数最大变化 1% 对纵波相对变化的影响

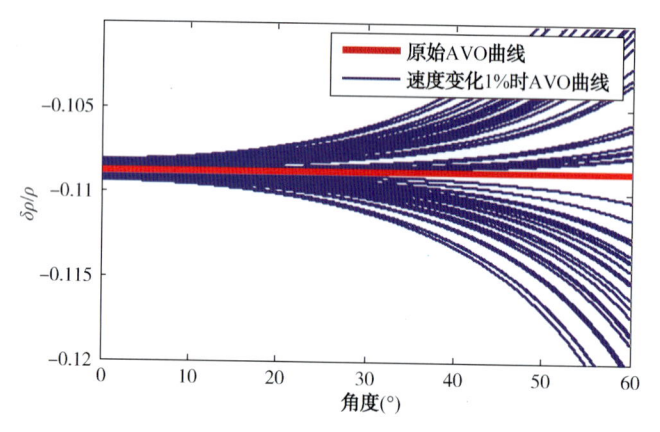

图 7-28　反射系数最大变化 1% 对密度相对变化的影响

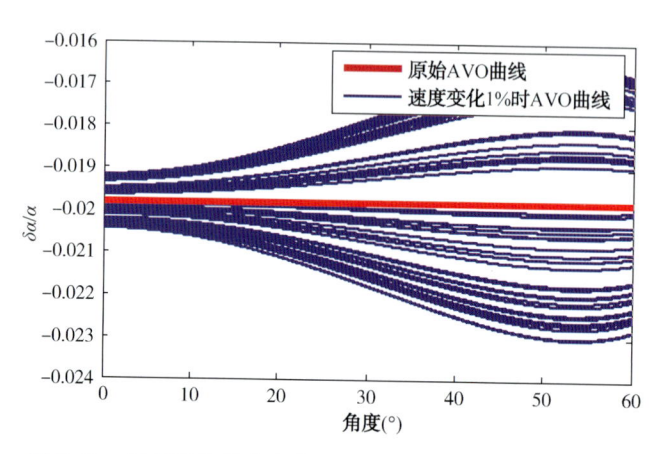

图 7-29　反射系数最大变化 1% 对吸收参数相对变化的影响

由图 7-29 可以看出反射系数对纵波速度相对变化随角度有稍微的改变，说明纵波反演的稳定性受角度影响很小。对比图 7-28，密度的相对变化受角度影响很大，说明角度较大时反演稳定性降低。因此，纵波速度反演结果比密度反演结果更稳定，吸收参数的稳定性介于两者之间,在中小角度时,具有较好的稳定性。

7.3.3.6 井数据 Q 曲线提取

叠前地震 4 参数反演的输入参数中包含有 Q 值信息,而现在很少有直接的 Q 测量数据,因此常用间接的方法获取 Q 参数。

井数据 Q 值提取的思路是:利用经验公式,从井曲线中提取对应的 Q 值信息。提取的 Q 值将作为先验信息和约束信息,用于 4 参数反演。借助于 Q 值曲线,可以提高反演过程的稳定性和反演结果的合理性。

针对不同的工区,结合具体特点,可以选择不同的经验公式和不同的参数,通过 Q 与纵波速度之间的经验关系,得到能够从一定程度上反映地层 Q 值变化的曲线。其中可供选用的公式有 4 种,分别是 Waters 经验公式、李氏经验公式、胜利油田中深层经验公式和胜利油田浅层经验公式。

经验公式是学者们通过综合统计了大量的资料后获得的,较常用的有以下 4 种。

Waters 经验公式:

$$Q_\mathrm{P} = 10.76 v_\mathrm{P}^2 \tag{7-77}$$

李氏经验公式:

$$Q_\mathrm{P} = 14 v_\mathrm{P}^{2.2} \tag{7-78}$$

胜利油田中深层经验公式:

$$Q_\mathrm{P} = 23.96 \times v_\mathrm{P}^{1.78} \tag{7-79a}$$

胜利油田浅层经验公式:

$$Q_\mathrm{P} = 4.93 \times v_\mathrm{P}^{4.45} \tag{7-79b}$$

为了便于了解以上经验公式,图 7-30 显示了这 4 种经验公式随纵波速度的变化关系。其中,纵波速度从 1500m/s 变化到 2500m/s。

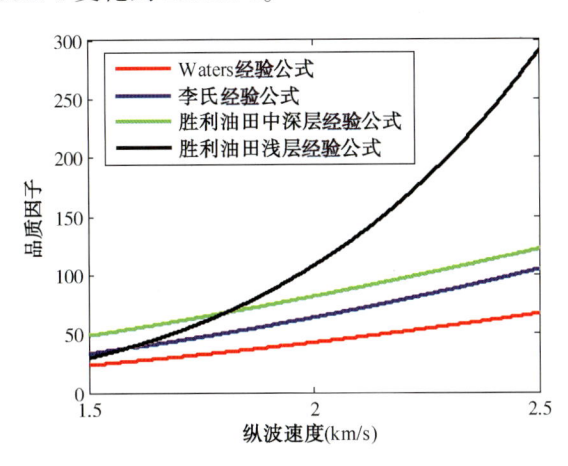

图 7-30 不同经验公式 Q 值随纵波速度的变化关系

从图中可以看出,只有胜利浅层的经验公式计算的 Q 值随纵波速度的变化较大,其他经验公式计算的地层 Q 值与纵波速度的变化趋势相似。这些近似公式中较为常用的是李庆忠院士提出的李氏经验公式。

使用 Q 值提取模块时，可以选择合适的经验公式，也提供了自行设置经验公式参数的功能，这样可以使提取的结果更合理。

需要说明的是：目前尚没有一种统一的并且精确的从地震资料或测井资料提取 Q 值的方法。使用 Q 值经验公式的作用与泥岩基线的作用类似，前者在缺少横波速度的情况下提供了一种获取横波速度的途径。类似地，在测井数据不完善时，使用 Q 值经验公式进行 Q 值提取是一项折中的选择。当然 Q 值的提取方法不仅限于经验公式的方法，还可以使用前述几种方法得到的 Q 计算结果作为叠前地震 "3+Q" 参数反演的输入参数。

7.3.4 反演效果分析

7.3.4.1 模型应用效果分析

使用模型测试。分别使用了一维简单层状模型、一维井数据模型、二维模型对叠前 4 参数反演方法进行了测试，并进行了反演方法的抗噪性分析。在数据信噪比较低时，该反演方法依然可以较稳定地获取纵横波速度、密度感和吸收参数（$1/Q$）。

从 Marmousi 2 模型中提取出含流体储层的一部分数据进行二维模型测试，其中 Q 值是使用本章的方法计算的。图 7-31 是模型的纵波速度、横波速度、密度和品质因子参数值。图 7-32 为反演得到纵波速度、横波速度、密度和品质因子。可以看出，两者有很好的一致

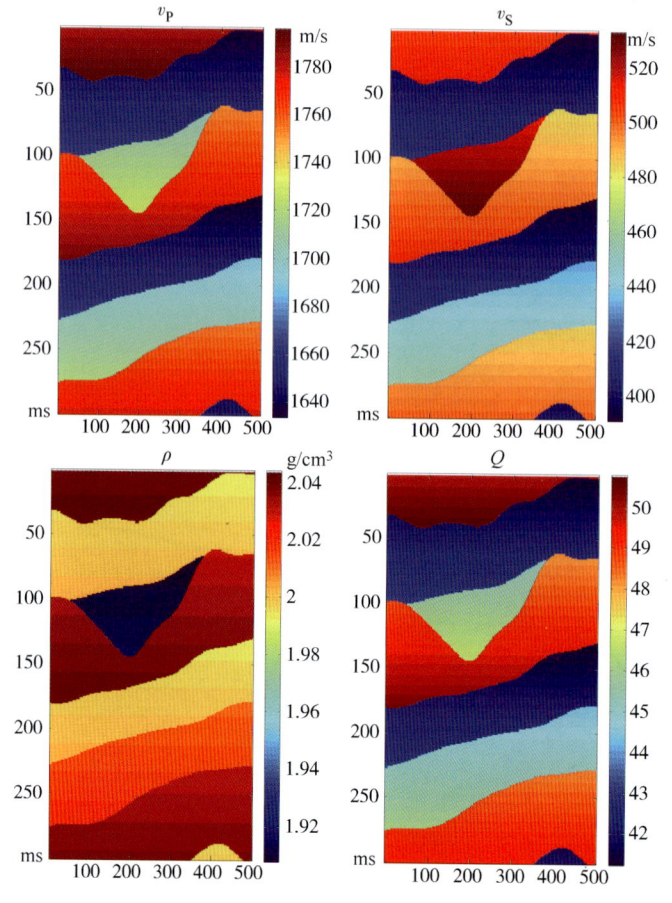

图 7-31　Marmousi 2 模型纵波速度、横波速度、密度、品质因子

性，表明了叠前 4 参数同步反演的效果。

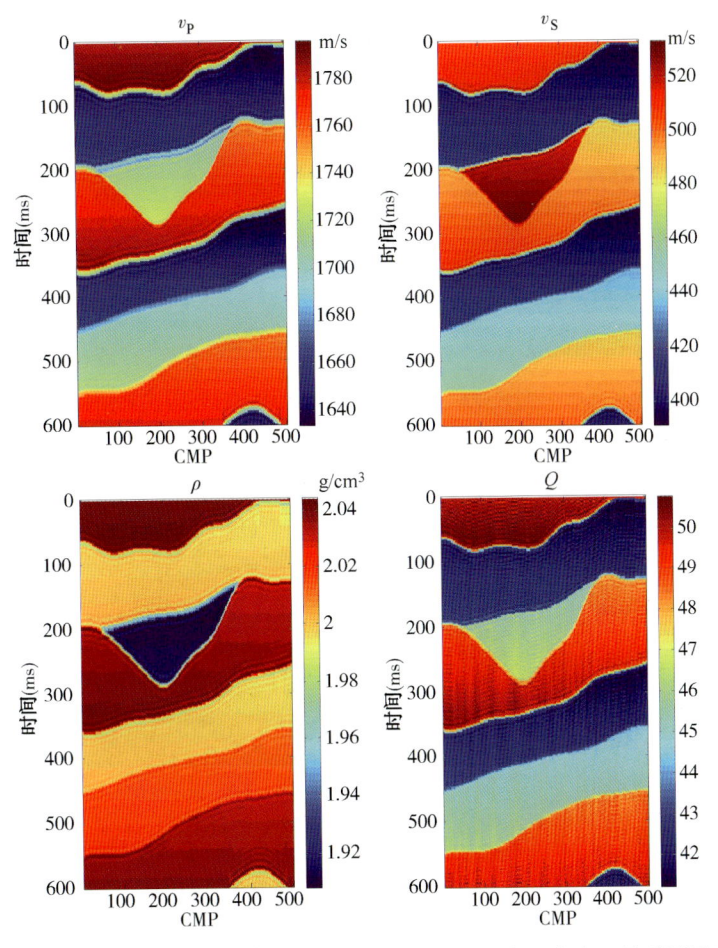

图 7-32　二维模型反演结果（纵波速度、横波速度、密度、品质因子）

7.3.4.2　实际资料应用效果分析

7.3.4.2.1　埕岛地区数据

数据来自胜利油田埕岛地区。埕岛地区馆陶组河道发育，储层砂岩纵横向变化大，连通性差，油水关系复杂，流体识别存在难点。图 7-33 展示了小角度部分叠加地震剖面。埕北 271 井显示在 1290~1302m 深度上为含油地层，埕北 807 井在 1357~1373m 深度上为水层，两个储层在地震剖面上都显示为强反射特征。为了说明流体识别的难点，图 7-34 给出使用叠前弹性参数反演得到的流体因子剖面。可以看出，即使使用流体因子也难以区分含油地层和含水地层。为此，我们使用基于非弹性理论的 4 参数反演来尝试区分含油地层和含水地层。图 7-35 展示了相应的衰减参数反演结果。从衰减参数的反射特征来看，含油地层的衰减参数呈高值，能够与含水地层明显地区分开。对于含油地层相对于含水地层呈强衰减的原因，根据第 2 章的孔隙流体地表波衰减理论分析，认为是由于油的黏滞性大于水的黏滞性造成的。当地震波传播含油地层时，引起孔隙内流体的相对运动，产生耗散作用，导致含油地层的衰减系数大于含水地层的衰减系数。一方面，由于流体的黏滞性导致地层岩石的速度变化引起反射系数变化；另一方面，流体的黏滞性及岩石本身的结构参数导致衰减参数变化，引起反射系数变化。

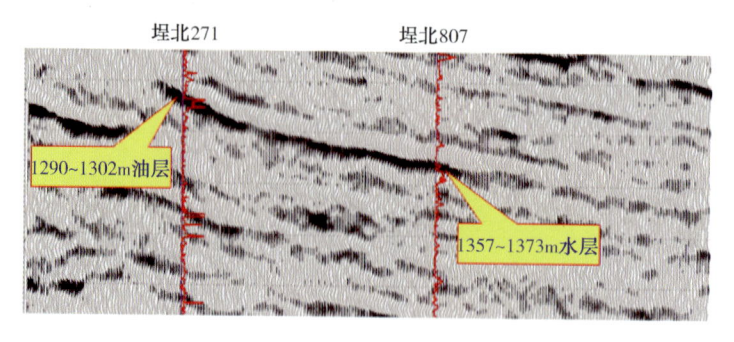

图 7-33 小角度部分叠加地震剖面

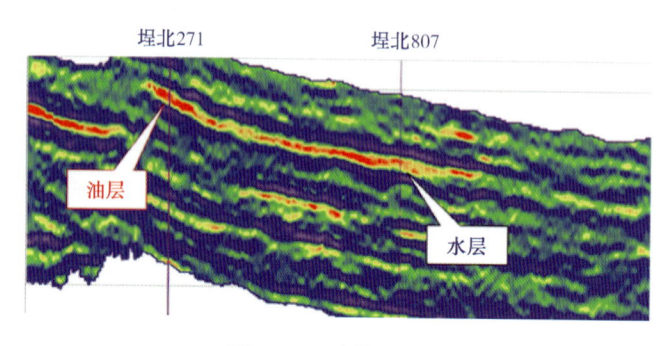

图 7-34 流体因子剖面

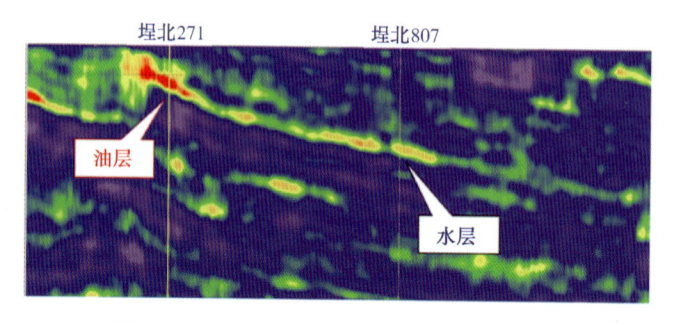

图 7-35 叠前地震四参数反演的衰减参数剖面

图 7-36 是从三维数据体中提取出来的一条测线的小角度部分叠加地震剖面。图 7-37 到图 7-40 分别给出了与图 7-36 剖面对应的叠前地震 4 参数反演得到的纵波速度、横波速度、密度和衰减参数剖面。图中所标注的井为埕北 252 井，在 1.16s 和 1.22s 位置附近分别存在含油地层。从地震剖面上可以看出，部分同相轴呈强反射特征。从叠前 4 参数参数反演结果看，在 1.16s 和 1.22s 处，纵波速度、密度明显降低，而横波速度降低程度有限，特别是衰减参数剖面，呈现强衰减特征。而 1.26s 和 1.28s 附近的油层在叠前反演结果上变化特征不明显，推测其原因可能是子波提取的误差引起的。

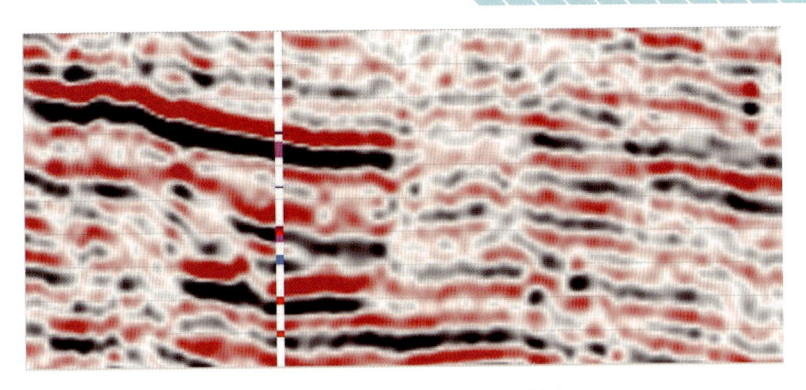

图 7-36　小角度部分叠加地震剖面

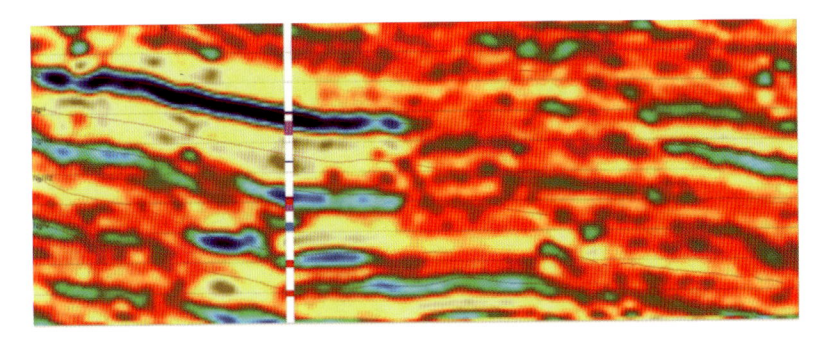

图 7-37　纵波速度反演结果剖面

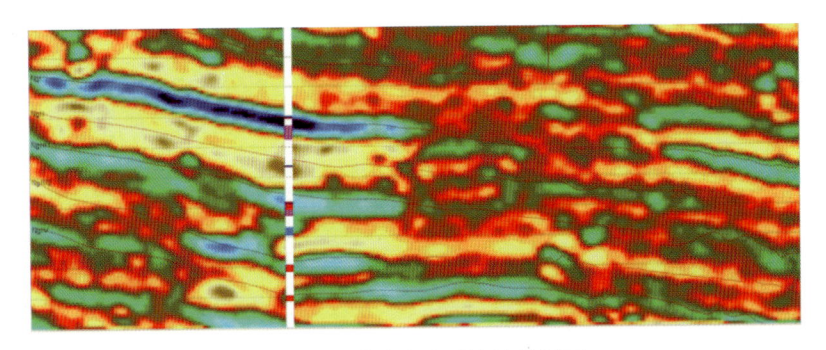

图 7-38　横波速度反演结果剖面

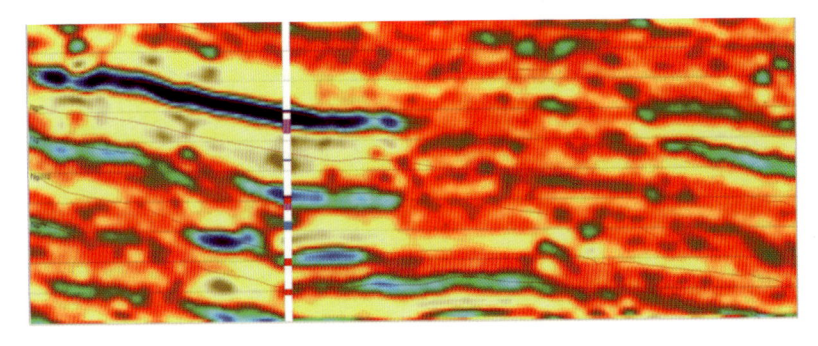

图 7-39　密度反演结果剖面

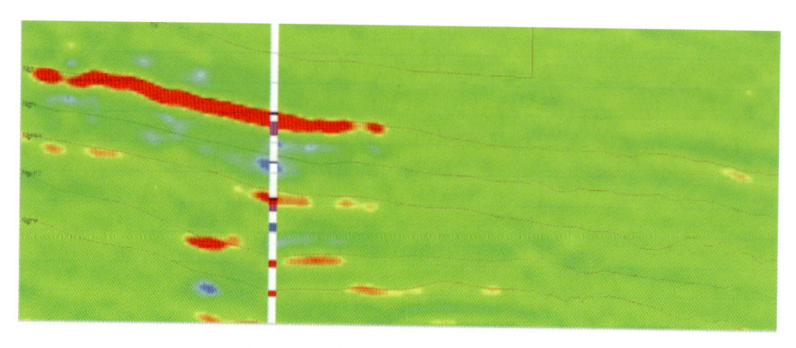

图 7-40　衰减参数反演结果剖面

图 7-41 到图 7-44 展示的是三维数据体反演结果沿 NgI 层位的切片，分别对应纵波速度、横波速度、密度和衰减参数反演结果。在切片上埕北 252 井位置处，对应着含油储层。从切片上可以看出含油储层的分布特征。由于衰减参数对储层的流体性质比较敏感，在衰减参数面上，含油储层呈现高值，相对于背景地层，表现更为明显。

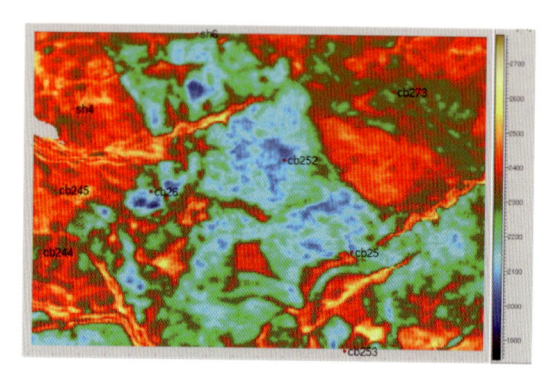

图 7-41　纵波速度反演结果沿层切片 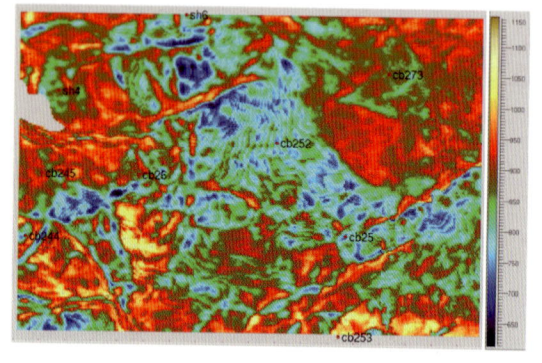　　　　图 7-42　横波速度反演结果沿层切片

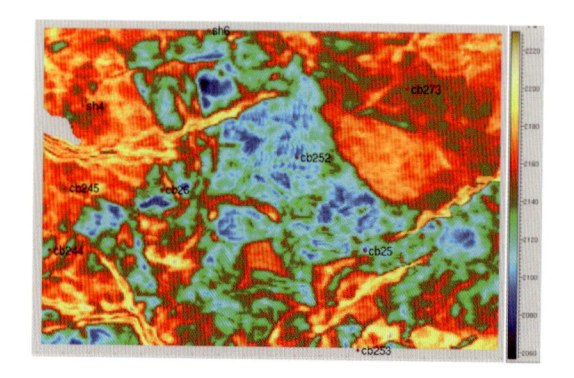

图 7-43　密度反演结果岩层切片 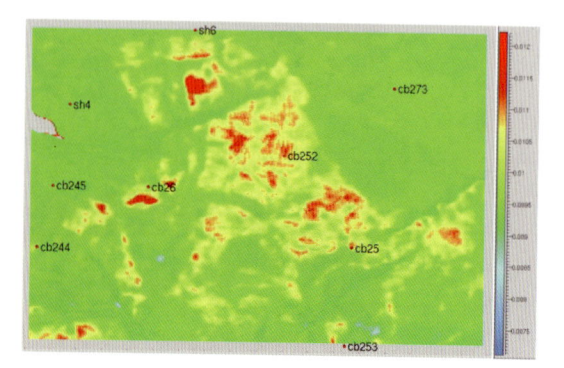　　　　　　图 7-44　衰减参数反演结果沿层切片

7.3.4.2.2　垦 71 地区数据测试

将该研究方法应用于垦东工区三维数据体。图 7-45 是从数据体中提取出来的一条测线的小角度部分叠加地震剖面。图 7-46 到图 7-49 分别给出了叠前地震 4 参数反演得到的纵

波速度、横波速度、密度和衰减参数剖面。图 7-50 是使用叠前弹性参数反演得到的流体因子剖面。图中所标注的井为 K71-22 井，从井解释线中可以看出部分位置存在含气和含油地层。从叠前 4 参数参数反演结果看出，含油气地层呈现纵横波速度、密度降低，衰减参数（$1/Q$）剖面中箭头所指位置呈现高值，即强衰减特征。通过叠前弹性参数反演得到的流体因子剖面中在黄色箭头指的含气层和含油层处并没有很好地显示指示流体的高值，而衰减参数反演结果在所示处展现了明显的高值异常。这说明通过 4 参数反演的衰减参数在一定程度上可以更有效地识别含油气层。

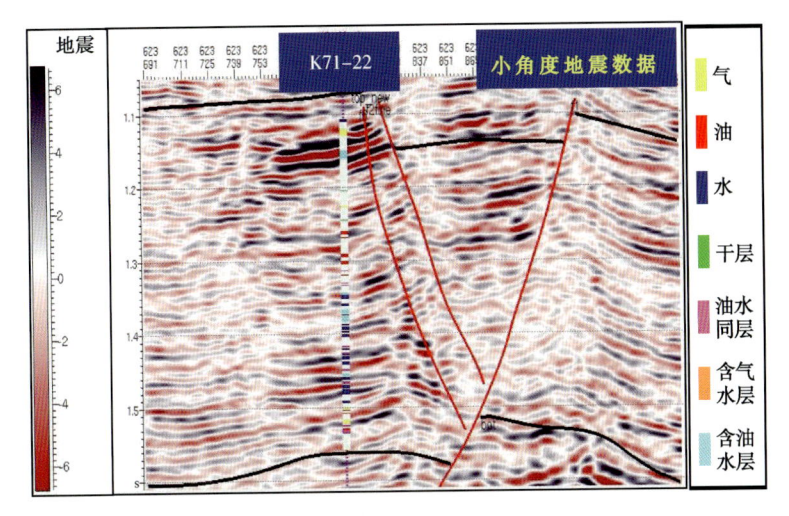

图 7-45　小角度部分叠加地震剖面

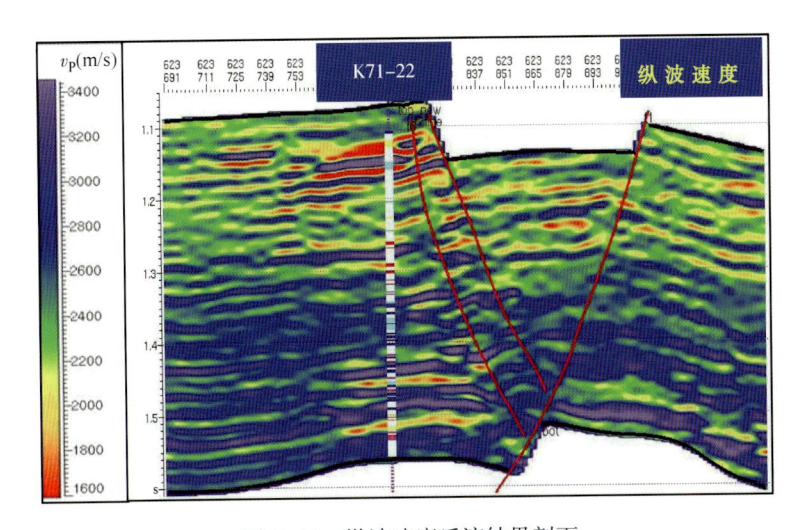

图 7-46　纵波速度反演结果剖面

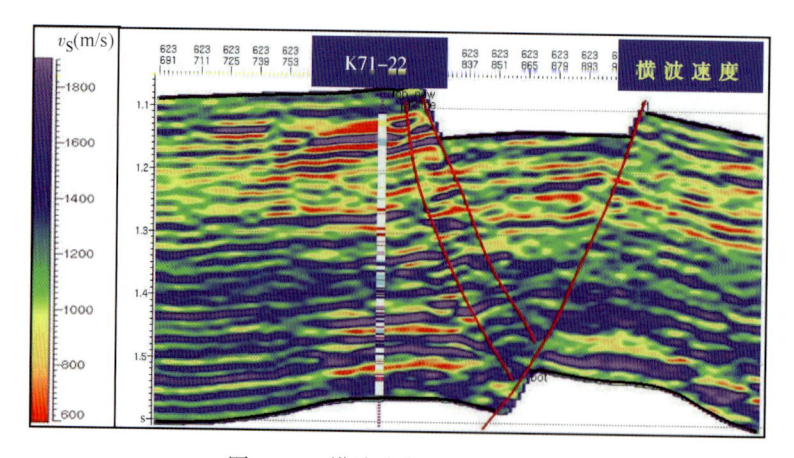

图 7-47　横波速度反演结果剖面

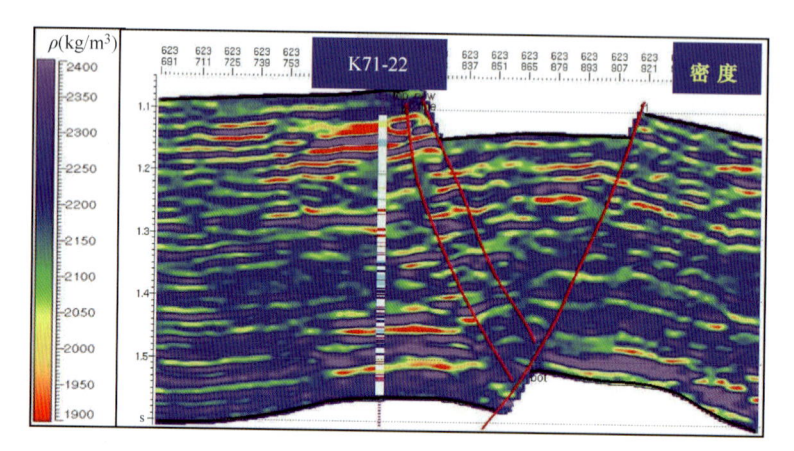

图 7-48　密度反演结果剖面

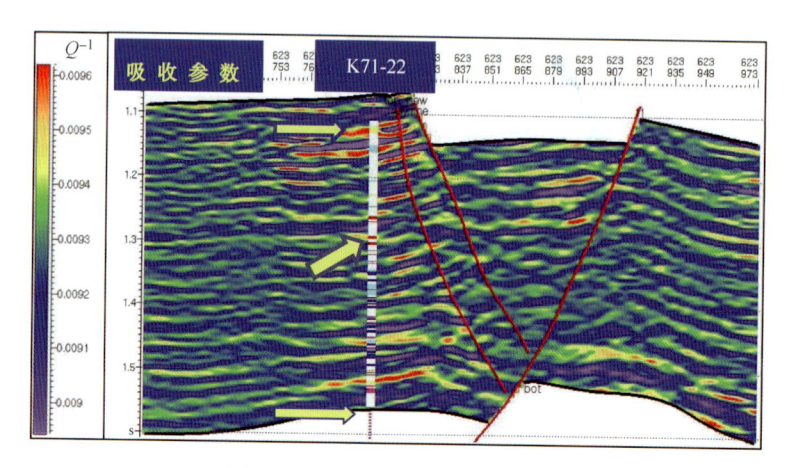

图 7-49　衰减参数反演结果剖面

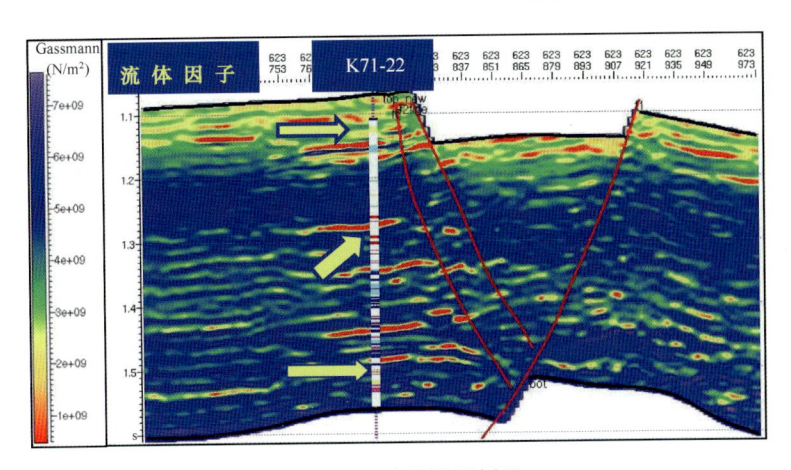

图 7-50　流体因子剖面

图 7-51 是从数据体中提取出来的另一条测线的小角度部分叠加地震剖面，该剖面过 K71-123 井。图 7-52 到图 7-56 分别给出了与图 7-51 剖面对应的反演结果剖面。

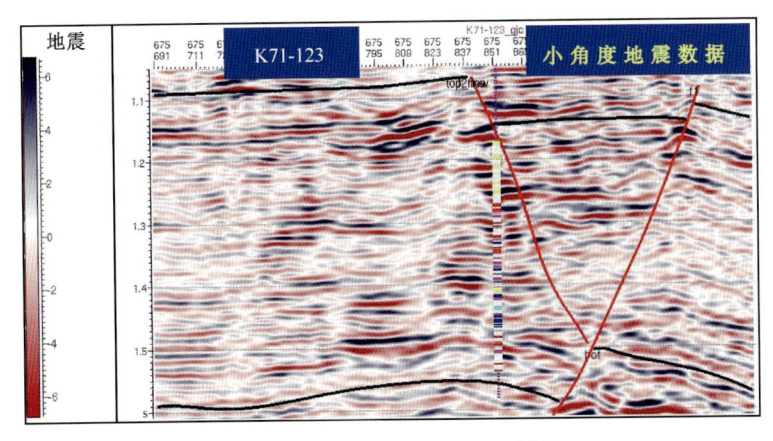

图 7-51　小角度部分叠加地震剖面

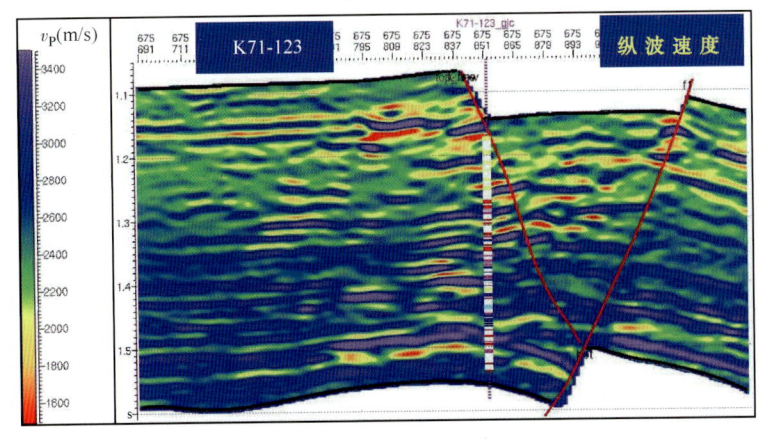

图 7-52　纵波速度反演结果剖面

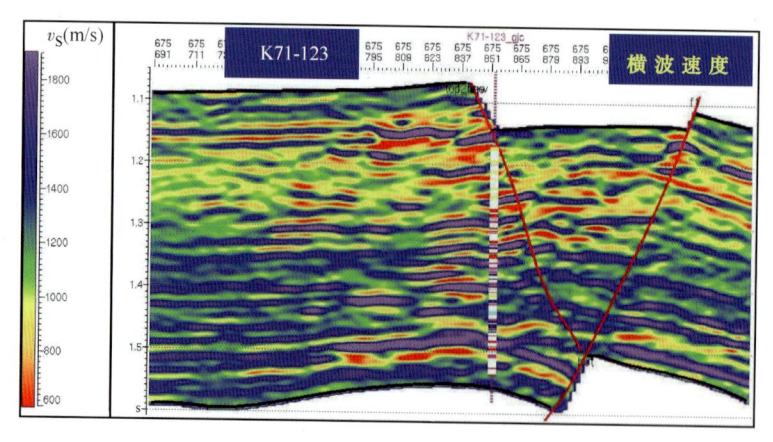

图 7-53 横波速度反演结果剖面

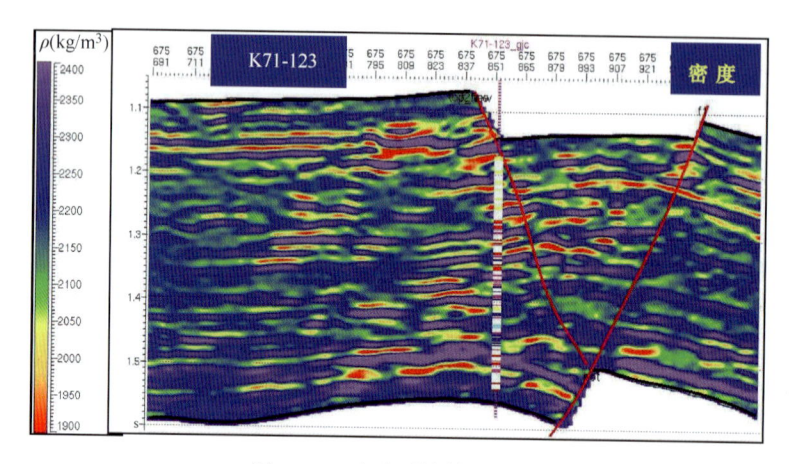

图 7-54 密度反演结果剖面

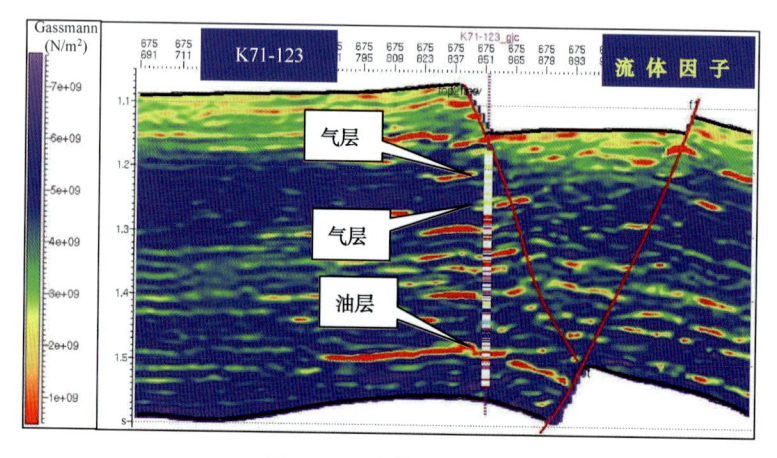

图 7-55 流体因子剖面

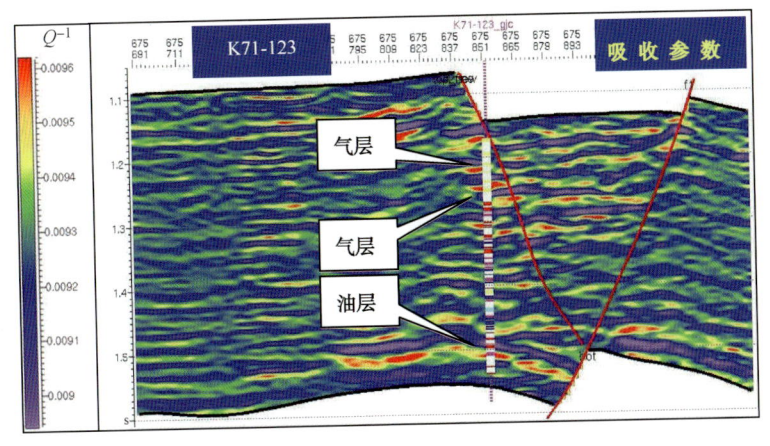

图 7-56 衰减参数反演结果剖面

图 7-57 到图 7-62 展示的是三维数据体衰减参数反演结果沿层位的切片。在切片上红色圆圈表示的井位置处，对应着含油气储层。从切片上可以看出含油气储层的分布特征。由于衰减参数对储层的流体性质比较敏感，在衰减参数面上，含油气储层呈现高值，相对于背景地层，表现更为明显。

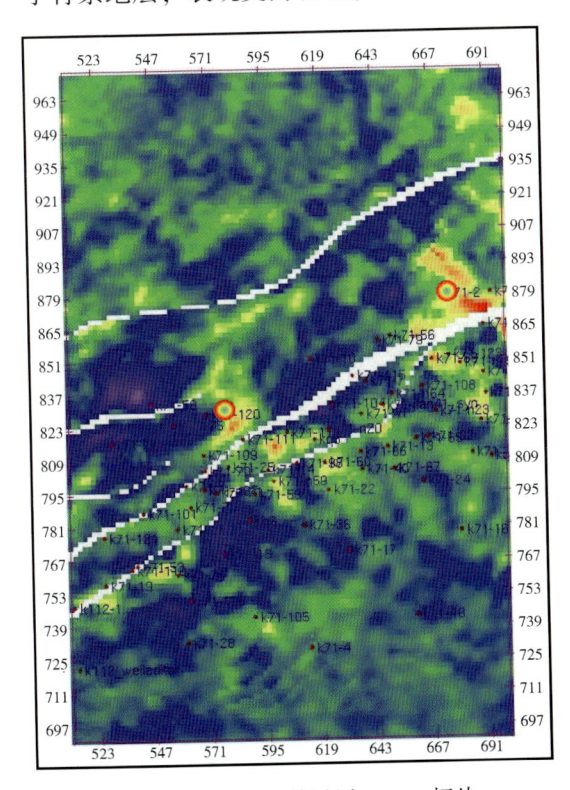

图 7-57 衰减参数沿层 $Ng_{2+3}d$ 切片

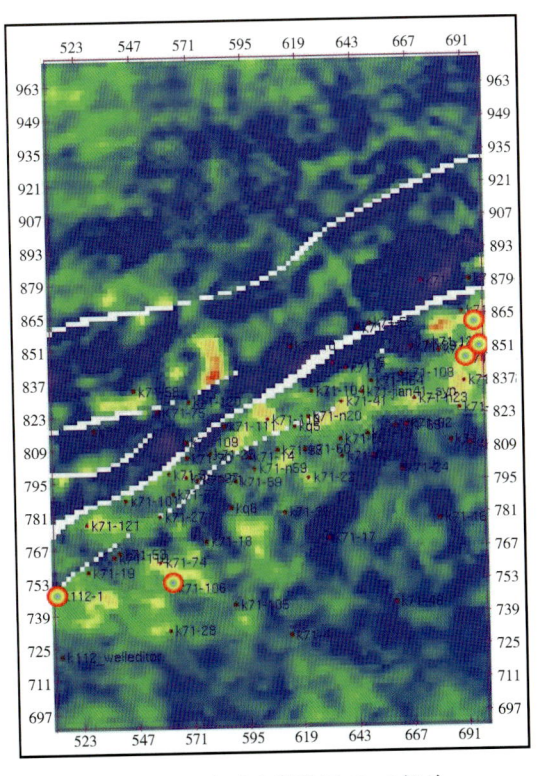

图 7-58 衰减参数沿层 Ng_4d 切片

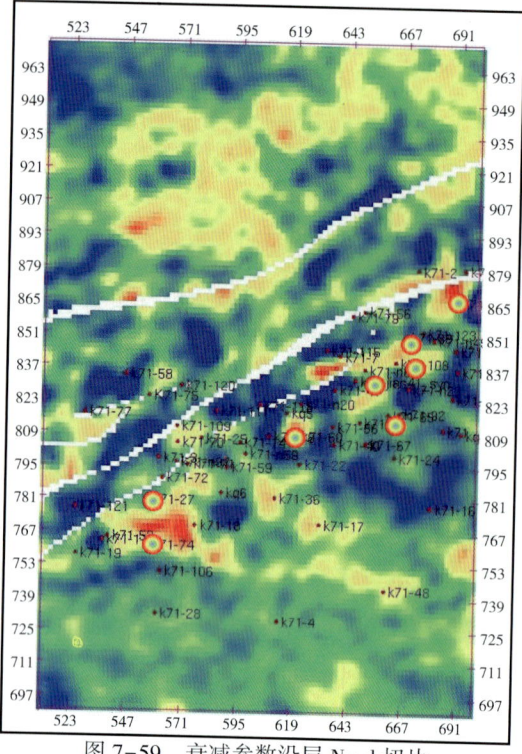

图 7-59　衰减参数沿层 Ng_5d 切片

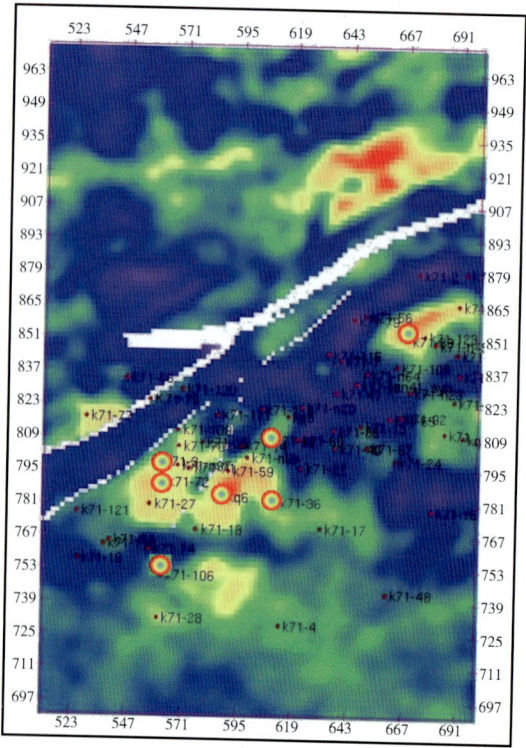

图 7-60　衰减参数沿层 Ng_6d 切片

图 7-61　衰减参数沿层 T_1 切片

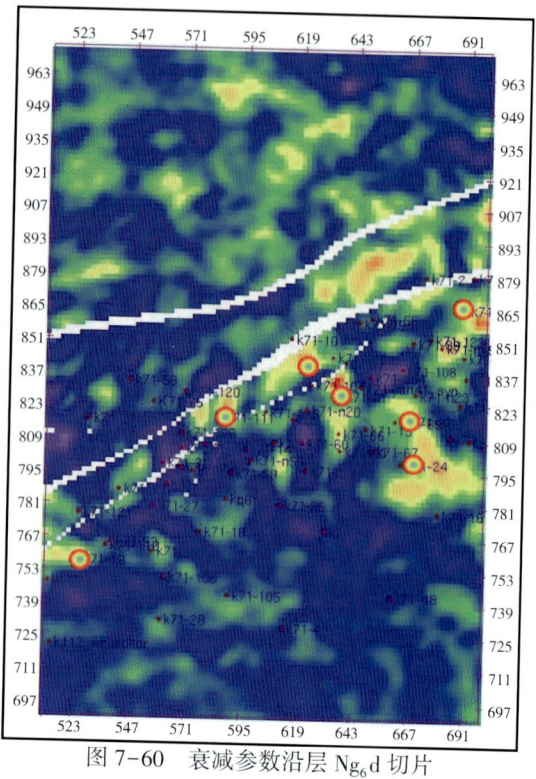

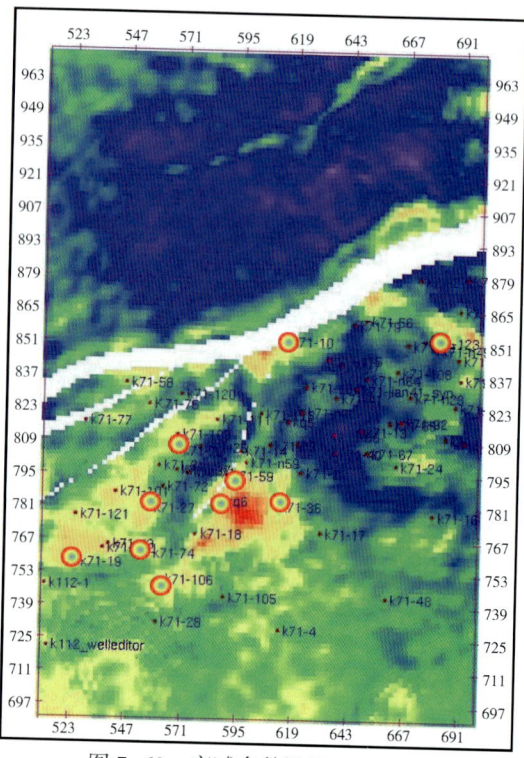

图 7-62　衰减参数沿层 Ed_2 切片

7.4 黏弹性流体因子构建及叠前反演方法

当前含油气储层研究多以弹性介质假设作为基础，与实际地下介质的性质存在差异，得到流体敏感参数有一定误差。考虑介质黏弹性性质是油气预测走向精细化和定量化的关键。一方面，实际资料和实验研究表明，黏弹性性质与储层流体密切相关；另一方面，目前关于储层黏弹性性质的研究和应用多数是定性的。黏弹性流体因子叠前地震预测方法是从定性到定量的一个重要途径。研究地层黏弹性性质对流体指示参数的影响程度，在储层反演和流体识别时考虑这种影响具有重要意义。

本研究以黏弹性理论为基础，对地震波在这种介质中的传播特征进行研究，并推导了黏弹性介质的流体因子，将其表示为弹性流体因子与非弹性扰动项叠加的形式，为从地震数据中提取流体信息提供了理论基础。

7.4.1 流体因子概述

地震勘探关注的最终目标是地下岩石中的流体，通过不同类型流体对地震波响应的差异来对流体进行区分。广义地讲，能够区分流体类型的与地震波有关的地层介质参数都属于流体因子研究的范畴。实际上，许多介质参数都与流体有密切的联系，如纵波速度、密度、纵波阻抗等。但是，这些参数对流体响应的敏感程度不同。因此，寻找对流体响应敏感程度高的参数是使用地震数据进行储层解释的一个重要方向。

Smith 和 Gidlow（1987）最早提出了流体因子的概念，通过对叠前地震数据进行加权叠加来得到流体因子，并用于岩性和流体解释。从这样的研究可以看出，流体因子需要借助于 AVO 属性进行提取，即两者总是联系在一起。油气勘探的早期使用"亮点"技术来寻找含气圈闭，后来逐渐发展为使用叠前地震信息识别含油气储层的方法，并逐渐由定性向定量的方向发展。

通常，地震反演得到的是纵波和横波速度信息，而与含油气储层联系更紧密的参数是泊松比。由纵横波速度比（c）可以转化为泊松比，即

$$c = \frac{v_P}{v_S} = \left(\frac{1-\sigma}{1/2-\sigma}\right)^{1/2} \tag{7-80}$$

Castagna 等（1985）研究发现饱含水的碎屑砂岩的纵横波速度之间具有类似于线性的关系。通过统计分析，发现粉砂岩和泥岩也满足线性关系，因此给出了著名的"泥岩基线"公式。根据"泥岩基线"所描述的含水砂岩的分布特点，大部分含水的碎屑岩都会落在这个泥岩关系曲线附近。由于进行流体替换（用气替换水会影响纵波速度）对横波速度基本没有影响，据此认识，Smith 和 Gidlow（1987）定义了"流体因子"，即

$$\Delta F = \frac{\Delta v_P}{v_P} - 1.16\frac{1}{c}\frac{\Delta v_S}{v_S} \tag{7-81}$$

饱和气或油的砂岩比含水砂岩具有较低的泊松比和密度，因此联合泊松比和密度属性可以更好地识别含油气砂岩。Mark Quakenbush 等（2006）指出：对纵波、横波阻抗交会图，通过选择一个旋转轴，可以达到最佳区分任意两种岩性流体类型的目的，并将旋转后

的参数定义为泊松阻抗（Poisson Impedance，简写为PI），即

$$PI = I_P - cI_S \tag{7-82}$$

式中，I_P 和 I_S 是纵波和横波阻抗；c 为纵横波速度比。该公式描述了纵波阻抗和横波阻抗交会数据体的旋转，可以更好地区分岩性和流体。这里数据体的旋转等同于轴的旋转，c 是控制旋转到达最优的参数。

进一步，Russell 等人在多孔弹性介质岩石物理理论的指导下，基于 Biot-Gassmann 方程推导出了可以反映孔隙流体类型的 ρf 参数，并在 2006 年进一步研究了 Gassmann 流体项 f，指出可将其直接作为流体因子判识储层孔隙流体类型。

$$f = (\rho v_P^2)_{sat} - \gamma_{dry}^2 (\rho v_S^2)_{sat} \tag{7-83}$$

上述这些流体因子都是基于弹性介质理论推导的。针对黏弹介质，需要进一步推导黏弹性流体因子，进一步提高油气预测的精度和可靠性。

7.4.2 黏弹性流体因子建立

近似常数 Q 模型描述的非弹性介质中纵波复速度和横波复速度分别表示为

$$\frac{1}{\alpha} = \frac{1}{v_P}\left[1 - \frac{1}{\pi Q_P}\log\left(\frac{\omega}{\omega_r}\right) + \frac{i}{2Q_P}\right] \tag{7-84}$$

$$\frac{1}{\beta} = \frac{1}{v_S}\left[1 - \frac{1}{\pi Q_S}\log\left(\frac{\omega}{\omega_r}\right) + \frac{i}{2Q_S}\right] \tag{7-85}$$

式中，v_P 和 v_S 分别为参考频率 ω_r 对应的纵波相速度和横波相速度；Q_P 和 Q_S 分别为纵波和横波的品质因子。

弹性介质流体因子表示为：$I_P^2 - cI_S^2$ 或 $\rho v_P^2 - c\rho v_S^2$。类似地，将非弹性介质的流体因子称为衰减流体因子，其形式为

$$\begin{aligned}
f_{ane} &= \rho\alpha^2 - c\rho\beta^2 \\
&= \rho v_P^2\left[1 + \frac{2}{\pi Q_P}\lg\left(\frac{\omega}{\omega_r}\right) - \frac{i}{Q_P}\right] - c\rho v_S^2\left[1 + \frac{2}{\pi Q_S}\lg\left(\frac{\omega}{\omega_r}\right) - \frac{i}{Q_S}\right] \\
&= \rho v_P^2 - c\rho v_S^2 + \rho v_P^2\left[\frac{2}{\pi Q_P}\lg\left(\frac{\omega}{\omega_r}\right) - \frac{i}{Q_P}\right] - c\rho v_S^2\left[\frac{2}{\pi Q_S}\lg\left(\frac{\omega}{\omega_r}\right) - \frac{i}{Q_S}\right] \\
&= f_{ela} + \Delta f_Q
\end{aligned} \tag{7-86}$$

其中，与弹性部分对应的流体因子为 $f_{ela} = \rho v_P^2 - c\rho v_S^2$，非弹性对流体因子的影响相当于在弹性背景上施加的微小扰动，因此用 Δf_Q 表示衰减对流体因子的扰动，即

$$\begin{aligned}
\Delta f_Q &= \rho v_P^2\left[\frac{2}{\pi Q_P}\lg\left(\frac{\omega}{\omega_r}\right) - \frac{i}{Q_P}\right] - c\rho v_S^2\left[\frac{2}{\pi Q_S}\lg\left(\frac{\omega}{\omega_r}\right) - \frac{i}{Q_S}\right] \\
&= \rho v_P^2\left[\frac{2}{\pi Q_P}\lg\left(\frac{\omega}{\omega_r}\right)\right] - c\rho v_S^2\left[\frac{2}{\pi Q_S}\lg\left(\frac{\omega}{\omega_r}\right)\right] - \left(\rho v_P^2\frac{i}{Q_P} - c\rho v_S^2\frac{i}{Q_S}\right) \\
&= \rho\frac{2}{\pi}\lg\left(\frac{\omega}{\omega_r}\right)\left(\frac{v_P^2}{Q_P} - c\frac{v_S^2}{Q_S}\right) - i\rho\left(\frac{v_P^2}{Q_P} - c\frac{v_S^2}{Q_S}\right)
\end{aligned} \tag{7-87}$$

因此，衰减流体因子最终表示为

$$f_{ane} = f_{ela} + \Delta f_Q \tag{7-88}$$

其中

$$f_{\text{ela}} = \rho v_P^2 - c\rho v_S^2$$

$$\Delta f_Q = \rho v_P^2 \left[\frac{2}{\pi Q_P}\lg\left(\frac{\omega}{\omega_r}\right) - \frac{\text{i}}{Q_P}\right] - c\rho v_S^2 \left[\frac{2}{\pi Q_S}\lg\left(\frac{\omega}{\omega_r}\right) - \frac{\text{i}}{Q_S}\right]$$

非弹性介质弹性阻抗和衰减流体因子为从地震数据中提取非弹性介质参数提供了新的途径。

与弹性介质流体因子相比，由于考虑了介质的非弹性性质，黏弹性流体因子具有更高的流体敏感性，如图7-63示。图7-63中纵轴为流体敏感性（未进行归一化），横轴的序号分别对应表7-6中的参数。

表7-6 敏感性参数代码

横坐标序号	1	2	3	4	5	6	7	8	9	10
弹性参数	纵波速度	纵波阻抗	拉梅参数*密度	剪切模量*密度	流体因子	泊松比	横波阻抗	横波速度	$1/Q$	黏弹性流体因子

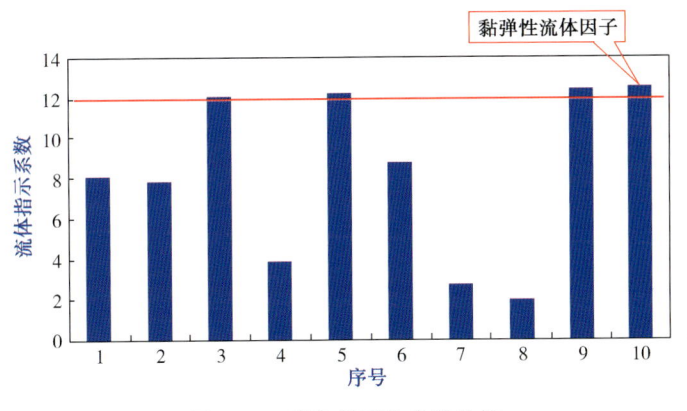

图7-63 流体敏感性参数比较

7.4.3 含流体因子反射系数方程的建立

本节将推导含流体因子的反射系数方程。首先将非弹性介质含流体因子的反射系数方程与弹性介质反射系数方程进行比较。然后，给出直接用黏弹性流体因子表示的纵波反射系数表达式。

Russell（2011）给出了弹性介质的用流体因子表示的反射系数方程，即

$$R_{\text{PP}}^{\text{ela}}(\theta) = a(\theta)\frac{\Delta f}{f} + b(\theta)\frac{\Delta \mu}{\mu} + c(\theta)\frac{\Delta \rho}{\rho} \tag{7-89}$$

式中：$a(\theta) = \frac{1}{4}\left(1 - \frac{\gamma_{\text{dry}}^2}{\gamma_{\text{sat}}^2}\right)\sec^2\theta$；$b(\theta) = \frac{\gamma_{\text{dry}}^2}{4\gamma_{\text{sat}}^2}\sec^2\theta - \frac{2}{\gamma_{\text{sat}}^2}\sin^2\theta$；$c(\theta) = \frac{1}{2}\left(1 - 4\sin^2\theta\frac{v_S^2}{v_P^2}\right)$。

将 $f_{\text{ela}} = f_{\text{ane}} - \Delta f_Q$，代入（7-89）式，经过一定的数学推导，得到用黏弹性流体因子表示的纵波反射系数方程。现在我们直接给出这种形式，即

$$R_{\mathrm{PP}}(\theta) \approx \left[\left(\frac{1}{4}-\frac{\gamma_{\mathrm{dry}}^2}{4\gamma_{\mathrm{sat}}'^2}\right)\sec^2\theta\right]\frac{\Delta f_{\mathrm{ane}}}{f_{\mathrm{ane}}}+\left(\frac{\gamma_{\mathrm{dry}}^2}{4\gamma_{\mathrm{sat}}'^2}\sec^2\theta-\frac{2}{\gamma_{\mathrm{sat}}'^2}\sin^2\theta\right)\frac{\Delta\mu}{\mu}+\left(\frac{1}{2}-\frac{\sec^2\theta}{4}\right)\frac{\Delta\rho}{\rho} \quad (7-90)$$

其中 $f_{\mathrm{ane}}=\rho\alpha^2-\gamma_{\mathrm{dry}}^2\mu=\rho\alpha^2-\gamma_{\mathrm{dry}}^2\rho\beta^2$。

将复速度用相速度表示，代入上式，得

$$\frac{1}{\alpha}=\frac{1}{v_{\mathrm{P}}}\left[1-\frac{1}{\pi Q_{\mathrm{P}}}\lg\left(\frac{\omega}{\omega_r}\right)+\frac{\mathrm{i}}{2Q_{\mathrm{P}}}\right] \quad (7-91)$$

$$\gamma_{\mathrm{sat}}'^2=\frac{\alpha^2}{\beta^2}=\frac{v_{\mathrm{P}}^2}{v_{\mathrm{S}}^2}\frac{1}{\left[1-\frac{1}{\pi Q_{\mathrm{P}}}\lg\left(\frac{\omega}{\omega_r}\right)+\frac{\mathrm{i}}{2Q_{\mathrm{P}}}\right]^2}\approx\frac{v_{\mathrm{P}}^2}{v_{\mathrm{S}}^2}\left[1+\frac{2}{\pi Q_{\mathrm{P}}}\lg\left(\frac{\omega}{\omega_r}\right)-\frac{\mathrm{i}}{Q_{\mathrm{P}}}\right] \quad (7-92)$$

$$\frac{1}{\gamma_{\mathrm{sat}}'^2}=\frac{\beta^2}{\alpha^2}=\frac{v_{\mathrm{S}}^2}{v_{\mathrm{P}}^2}\left[1-\frac{1}{\pi Q_{\mathrm{P}}}\lg\left(\frac{\omega}{\omega_r}\right)+\frac{\mathrm{i}}{2Q_{\mathrm{P}}}\right]^2\approx\frac{v_{\mathrm{S}}^2}{v_{\mathrm{P}}^2}\left[1-\frac{2}{\pi Q_{\mathrm{P}}}\lg\left(\frac{\omega}{\omega_r}\right)+\frac{\mathrm{i}}{Q_{\mathrm{P}}}\right]$$

$$=\frac{1}{\gamma_{\mathrm{sat}}^2}\left[1-\frac{2}{\pi Q_{\mathrm{P}}}\lg\left(\frac{\omega}{\omega_r}\right)+\frac{\mathrm{i}}{Q_{\mathrm{P}}}\right] \quad (7-93)$$

假设干岩石纵横波速度比不受衰减影响。将饱和岩石的纵横波速度比代入反射系数表达式，得

$$R_{\mathrm{PP}}(\theta)\approx\left[\left(\frac{1}{4}-\frac{\gamma_{\mathrm{dry}}^2}{4\gamma_{\mathrm{sat}}'^2}\right)\sec^2\theta\right]\frac{\Delta f_{\mathrm{ane}}}{f_{\mathrm{ane}}}+\left(\frac{\gamma_{\mathrm{dry}}^2}{4\gamma_{\mathrm{sat}}'^2}\sec^2\theta-\frac{2}{\gamma_{\mathrm{sat}}'^2}\sin^2\theta\right)\frac{\Delta\mu}{\mu}+\left(\frac{1}{2}-\frac{\sec^2\theta}{4}\right)\frac{\Delta\rho}{\mu}$$

$$\approx\left\{\frac{1}{4}\left\{1-\frac{\gamma_{\mathrm{dry}}^2}{\gamma_{\mathrm{sat}}^2}\left[1-\frac{2}{\pi Q_{\mathrm{P}}}\lg\left(\frac{\omega}{\omega_r}\right)+\frac{\mathrm{i}}{Q_{\mathrm{P}}}\right]\right\}\sec^2\theta\right\}\frac{\Delta f_{\mathrm{ane}}}{f_{\mathrm{ane}}}$$

$$+\left\{\frac{\gamma_{\mathrm{dry}}^2}{4\gamma_{\mathrm{sat}}^2}\left[1-\frac{2}{\pi Q_{\mathrm{P}}}\lg\left(\frac{\omega}{\omega_r}\right)+\frac{\mathrm{i}}{Q_{\mathrm{P}}}\right]\sec^2\theta-\frac{2}{\gamma_{\mathrm{sat}}^2}\left[1-\frac{2}{\pi Q_{\mathrm{P}}}\lg\left(\frac{\omega}{\omega_r}\right)+\frac{\mathrm{i}}{Q_{\mathrm{P}}}\right]\sin^2\theta\right\}\frac{\Delta\mu}{\mu}$$

$$+\left(\frac{1}{2}-\frac{\sec^2\theta}{4}\right)\frac{\Delta\rho}{\rho}$$

$$\approx\frac{1}{4}\left\{1-\frac{\gamma_{\mathrm{dry}}^2}{\gamma_{\mathrm{sat}}^2}\left[1-\frac{2}{\pi Q_{\mathrm{P}}}\lg\left(\frac{\omega}{\omega_r}\right)+\frac{\mathrm{i}}{Q_{\mathrm{P}}}\right]\right\}\sec^2\theta\frac{\Delta f_{\mathrm{ane}}}{\mu_{\mathrm{ane}}}$$

$$+\frac{1}{\gamma_{\mathrm{sat}}^2}\left[1-\frac{2}{\pi Q_{\mathrm{P}}}\lg\left(\frac{\omega}{\omega_r}\right)+\frac{\mathrm{i}}{Q_{\mathrm{P}}}\right]\left(\frac{\gamma_{\mathrm{dry}}^2}{4}\sec^2\theta-2\sin^2\theta\right)\frac{\Delta\mu}{\mu}+\left(\frac{1}{2}-\frac{\sec^2\theta}{4}\right)\frac{\Delta\rho}{\rho}$$

$$(7-94)$$

可以看出，这个推导结果相当于用非弹性流体因子来替换弹性流体因子，仅是由于引入了衰减，在参数表征上有所差异。得到这个结果的原因是：我们仅假设纵波有衰减，横波没有衰减。这样，使得反射系数中的剪切模量和密度项不受影响，仅仅是流体因子发生变化。

黏弹性纵波反射系数中有两个问题，增加了实际应用的难度。第一，含有参考频率；第二，含有虚部项。对于第一个问题，我们选取参考频率为 1Hz，频率为地震子波的主频 30Hz，这样所表征的流体参数与 1Hz 的参考频率对应。对于反射系数中的虚部项，由于假设弱非弹性性质，因此，虚部项为相对小量，我们将其忽略。

进行以上两个假设，得到反射系数为

$$R_{\text{PP}}(\theta) \approx \frac{1}{4}\left[1 - \frac{\gamma_{\text{dry}}^2}{\gamma_{\text{sat}}^2}\left(1 - \frac{2}{\pi Q_{\text{P}}}\lg(30)\right)\right]\sec^2\theta \frac{\Delta f_{\text{ane}}}{f_{\text{ane}}}$$
$$+ \frac{1}{\gamma_{\text{sat}}^2}\left[1 - \frac{2}{\pi Q_{\text{P}}}\lg(30)\right]\left(\frac{\gamma_{\text{dry}}^2}{4}\sec^2\theta - 2\sin^2\theta\right)\frac{\Delta\mu}{\mu} + \left(\frac{1}{2} - \frac{\sec^2\theta}{4}\right)\frac{\Delta\rho}{\rho} \quad (7\text{-}95)$$

为研究非弹性性质对反射系数的影响，我们进行以下分析，使用表 7-7 中的参数比较非弹性介质反射系数与弹性介质反射系数的差异。其中，对于黏弹性介质，Q_{P} 取 50。得到了图 7-64 所示的结果。可以看出，非弹性性质引起反射系数偏离了弹性介质反射系数。

表 7-7 弹性介质参数

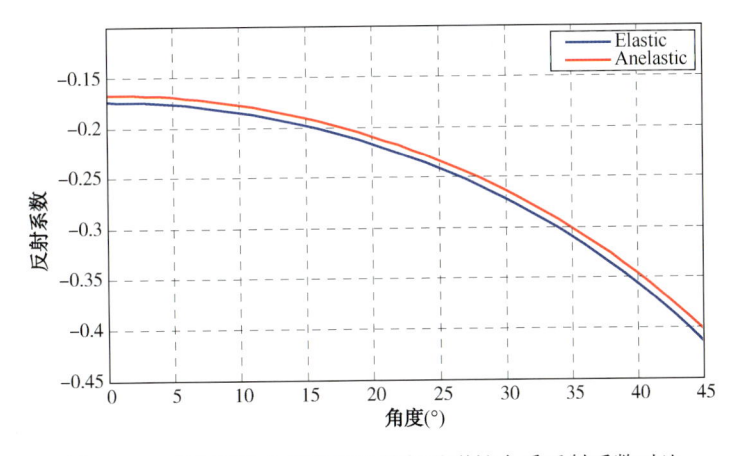

	纵波相速度 v_{P} （m/s）	横波相速度 v_{S} （m/s）	密度 ρ （g/cm³）
介质 1	3000	1280	2.30
介质 2	2450	1650	2.12

图 7-64 完全弹性介质反射系数与黏弹性介质反射系数对比

7.4.4 黏弹性阻抗方程建立

参考弹性阻抗的构建方法，以非弹性介质的复参数为基础，推导了非弹性介质对应的弹性阻抗方程。

根据弹性介质中波阻抗的形式，将非弹性介质中的波阻抗用 QAI 表示，其含义为：品质因子为 Q 的非弹性介质对应的波阻抗。

$$QAI = \rho\alpha = \rho v_{\text{P}} / \left[1 - \frac{1}{\pi Q_{\text{P}}}\lg\left(\frac{\omega}{\omega_r}\right) + \frac{\text{i}}{2Q_{\text{P}}}\right] \quad (7\text{-}96)$$

类似于非弹性波阻抗 QAI 的函数，非弹性介质弹性阻抗 QEI 对数值表示的反射系数关系为

$$R(\theta) \approx \frac{1}{2}\frac{\Delta QEI}{QEI} \approx \frac{1}{2}\Delta\ln(QEI) \quad (7\text{-}97)$$

因此

$$\frac{1}{2}\Delta\ln(QEI) = \frac{1}{2}\left(\frac{\Delta\alpha}{\alpha}+\frac{\Delta\rho}{\rho}\right)+\left(\frac{\Delta\alpha}{2\alpha}-4\frac{\beta^2}{\alpha^2}\frac{\Delta\beta}{\beta}-2\frac{\beta^2}{\alpha^2}\frac{\Delta\rho}{\rho}\right)\sin^2\theta+\frac{1}{2}\frac{\Delta\alpha}{\alpha}\sin^2\theta\tan^2\theta \quad (7\text{-}98)$$

用 K 表示 β^2/α^2，重新整理可得

$$\frac{1}{2}\Delta\ln(QEI) = \frac{1}{2}\left[\frac{\Delta\alpha}{\alpha}(1+\sin^2\theta)+\frac{\Delta\rho}{\rho}(1-4K\sin^2\theta)-\frac{\Delta\beta}{\beta}8K\sin^2\theta+\frac{\Delta\alpha}{\alpha}\sin^2\theta\tan^2\theta\right] \quad (7\text{-}99)$$

因为 $\sin^2\theta\tan^2\theta \approx \tan^2\theta-\sin^2\theta$，有

$$\frac{1}{2}\Delta\ln(QEI) = \frac{1}{2}\left[\frac{\Delta\alpha}{\alpha}(1+\tan^2\theta)-\frac{\Delta\beta}{\beta}8K\sin^2\theta+\frac{\Delta\rho}{\rho}(1-4K\sin^2\theta)\right] \quad (7\text{-}100)$$

我们仅用了反射系数近似方程的前两项，前后表达式的差异在于把 $\tan^2\theta$ 用 $\sin^2\theta$ 替换。接下来我们再用近似式 $\Delta\ln(x) \approx \Delta x/x$ 进行替换，得到

$$\Delta\ln(QEI) = (1+\tan^2\theta)\Delta\ln(\alpha)-\Delta\ln(\beta)8K\sin^2\theta+\Delta\ln(\rho)(1-4K\sin^2\theta) \quad (7\text{-}101)$$

$$\Delta\ln(QEI) = \Delta\ln(\alpha^{(1+\tan^2\theta)})-\Delta\ln(\beta^{8K\sin^2\theta})+\Delta\ln(\rho^{(1-4K\sin^2\theta)})$$
$$= \Delta\ln(\alpha^{(1+\tan^2\theta)}\beta^{-8K\sin^2\theta}\rho^{(1-4K\sin^2\theta)}) \quad (7\text{-}102)$$

最后我们取积分并指数化（即替换掉等式两边的微分项和对数项），把积分常数设为 0，得到

$$QEI = \alpha^{(1+\tan^2\theta)}\beta^{-8K\sin^2\theta}\rho^{(1-4K\sin^2\theta)} \quad (7\text{-}103)$$

式中：α 为复纵波速度；β 为复横波速度；ρ 为密度；θ 为纵波入射角。

可以得到品质因子为 Q 的非弹性介质对应的弹性阻抗 QEI，将复速度的形式代入后可得

$$\begin{aligned}QEI(\theta) &= \alpha^{1+\tan^2\theta}\beta^{-8K\sin^2\theta}\rho^{1-4K\sin^2\theta}\\
&= \left[v_P\bigg/\left(1-\frac{1}{\pi Q_P}\lg\left(\frac{\omega}{\omega_r}\right)+\frac{i}{2Q_P}\right)\right]^{1+\tan^2\theta}\\
&\quad \times \left[v_S\bigg/\left(1-\frac{1}{\pi Q_S}\lg\left(\frac{\omega}{\omega_r}\right)+\frac{i}{2Q_S}\right)\right]^{-8K\sin^2\theta}\times\rho^{1-4K\sin^2\theta}\\
&= v_P^{1+\tan^2\theta}v_S^{-8K\sin^2\theta}\rho^{1-4K\sin^2\theta}\\
&\quad \times\left[1-\frac{1}{\pi Q_P}\lg\left(\frac{\omega}{\omega_r}\right)+\frac{i}{2Q_P}\right]^{-(1+\tan^2\theta)}\\
&\quad \times\left[1-\frac{1}{\pi Q_S}\lg\left(\frac{\omega}{\omega_r}\right)+\frac{i}{2Q_S}\right]^{8K\sin^2\theta}\end{aligned} \quad (7\text{-}104)$$

从式（7-104）可以看出，QEI 中包含品质因子 Q 的影响，其中 $K \approx \dfrac{v_S^2}{v_P^2}$。

当 $Q \gg 1$ 时，有下式近似成立，即

$$QEI(\theta) = v_P^{1+\tan^2\theta} v_S^{-8K\sin^2\theta} \rho^{1-4K\sin^2\theta} \tag{7-105}$$

可以看出，非弹性介质的弹性阻抗退化为弹性介质对应的弹性阻抗。

按照以上的思路，利用式（7-104）同理可以将 QEI 进一步表达为含黏弹性流体因子的黏弹性阻抗，即

$$QEI(\theta) = f_{\text{ane}}^{a(\theta)} \mu^{b(\theta)} \rho^{c(\theta)} \tag{7-106}$$

其中

$$a(\theta) = \frac{1}{2}\left[1 - \frac{\gamma_{\text{dry}}^2}{\gamma_{\text{sat}}^2}\left(1 - \frac{2}{\pi Q_P}\lg\left(\frac{\omega}{\omega_r}\right)\right)\right]\sec^2\theta$$

$$b(\theta) = \frac{1}{\gamma_{\text{sat}}^2}\left[1 - \frac{2}{\pi Q_P}\lg\left(\frac{\omega}{\omega_r}\right)\right]\left(\frac{\gamma_{\text{dry}}^2}{2}\sec^2\theta - 4\sin^2\theta\right)$$

$$c(\theta) = 1 - \frac{\sec^2\theta}{2}$$

7.4.5　黏弹性流体因子叠前反演方法

叠前地震黏弹性流体因子反演方法是以弹性阻抗反演方法为基本框架，对多个角度数据体进行反演。QEI 反演同样需要测井资料和地质模型作为约束，这样可以减少反演的不确定性。QEI 反演的流程可以简单概括为以下几个部分：角度部分叠加道集提取，黏弹性阻抗曲线计算，角度子波提取，黏弹性阻抗体反演。图 7-65 给出了黏弹性流体因子提取方法的流程，在反演之间先要通过井震标定，提取高精度地震子波，得到与储层对应的地震

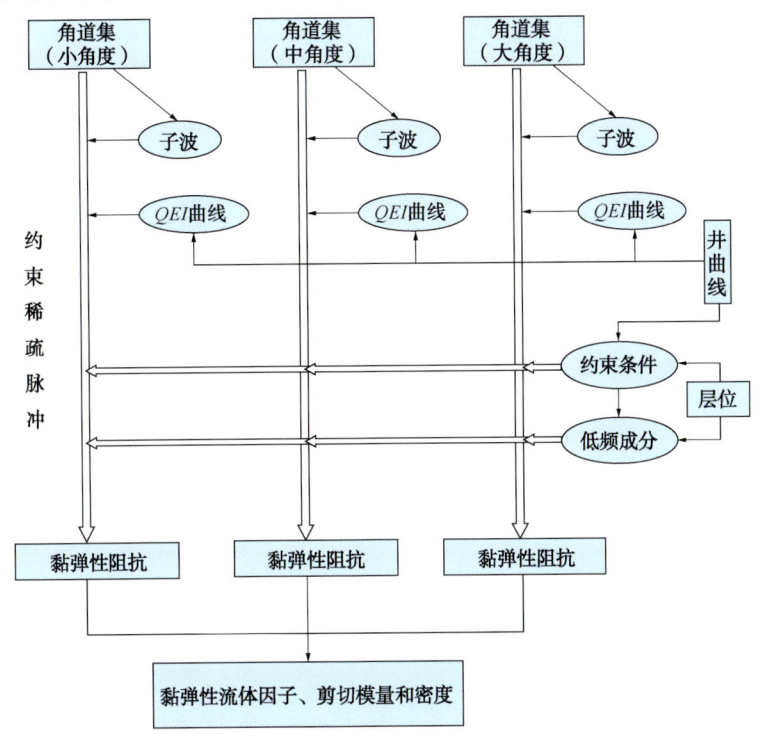

图 7-65　叠前地震黏弹性流体因子提取流程图

数据和重采样后的井曲线。为了提高地震数据质量，将地震数据转化为部分角度叠加道集。同时需要准备与井位置处对应的 Q 值曲线，本章给出了使用经验公式提取 Q 值曲线的方法，用于叠前地震黏弹性流体因子提取。

叠前地震黏弹性流体因子提取方法的建立思路是：大角度入射的情况下，可以容易地将炮检距道集转换成 3 个部分叠加角度道集（大、中、小角度道集）。

由上一章的推导可知含黏弹性流体因子的黏弹性阻抗方程为

$$QEI(\theta) = f_{\text{ane}}^{a(\theta)} \mu^{b(\theta)} \rho^{c(\theta)} \tag{7-107}$$

式中：

$$a(\theta) = \frac{1}{4}\left\{1 - \frac{\gamma_{\text{dry}}^2}{\gamma_{\text{sat}}^2}\left[1 - \frac{2}{\pi Q_P}\lg\left(\frac{\omega}{\omega_r}\right)\right]\right\}\sec^2\theta$$

$$b(\theta) = \frac{1}{\gamma_{\text{sat}}^2}\left[1 - \frac{2}{\pi Q_P}\lg\left(\frac{\omega}{\omega_r}\right)\right]\left(\frac{\gamma_{\text{dry}}^2}{4}\sec^2\theta - 2\sin^2\theta\right)$$

$$c(\theta) = \frac{1}{2} - \frac{\sec^2\theta}{4}$$

由式（7-107）可知，为了获得黏弹性流体因子、剪切模量和密度，必须从反演中得到至少 3 个不同角度的黏弹性弹性阻抗体，即：$QEI(\theta_1)$、$QEI(\theta_2)$、$QEI(\theta_3)$。利用这 3 个黏弹性阻抗体便可提取黏弹性流体因子、剪切模量和密度。由于方程（7-107）的非线性，若直接计算，势必带来不少麻烦，因此将模型进行线性变换。将方程两边取对数，可以得到如下模型，即

$$\ln(QEI) = a(\theta)\ln(f_{\text{ane}}) + b(\theta)\ln(\mu) + c(\theta)\ln(\rho) \tag{7-108}$$

为了得到 $\ln(f_{\text{ane}})$、$\ln(\mu)$ 和 $\ln(\rho)$，需要 3 个不同角度的黏弹性阻抗体。将 3 个角度值分别代入理论模型表达式（7-108）可以得到如下的方程组，即

$$\begin{cases} \ln(QEI(\theta_1)) = a(\theta_1)\ln(f_{\text{ane}}) + b(\theta_1)\ln(\mu)c(\theta_1) + \ln(\rho) \\ \ln(QEI(\theta_2)) = a(\theta_2)\ln(f_{\text{ane}}) + b(\theta_2)\ln(\mu)c(\theta_2) + \ln(\rho) \\ \ln(QEI(\theta_2)) = a(\theta_2)\ln(f_{\text{ane}}) + b(\theta_2)\ln(\mu)c(\theta_2) + \ln(\rho) \end{cases} \tag{7-109}$$

方程（7-109）写成矩阵的形式为

$$\begin{bmatrix} a(\theta_1) & b(\theta_1) & c(\theta_1) \\ a(\theta_2) & b(\theta_2) & c(\theta_2) \\ a(\theta_3) & b(\theta_3) & c(\theta_3) \end{bmatrix} \begin{bmatrix} \ln(f_{\text{ane}}) \\ \ln(\mu) \\ \ln(\rho) \end{bmatrix} = \begin{bmatrix} \ln(QEI(\theta_1)) \\ \ln(QEI(\theta_2)) \\ \ln(QEI(\theta_3)) \end{bmatrix} \tag{7-110}$$

方程（7-110）的求解形如对 $\boldsymbol{AX} = \boldsymbol{B}$ 的求解。由于角度已知，只需要知道 3 个相互独立的黏弹性阻抗数据体，用常规的求解方法便可以求得。

7.4.6 应用效果分析

7.4.6.1 埕岛地区应用

利用所研究方法对埕岛地区馆陶组进行测试。图 7-66 和图 7-67 是过埕北 255 井的剖面反演得到的弹性参数流体因子和黏弹性流体因子剖面。可以看出，在图中所示油水同层位置黏弹性流体因子比弹性流体因子吻合效果更好。

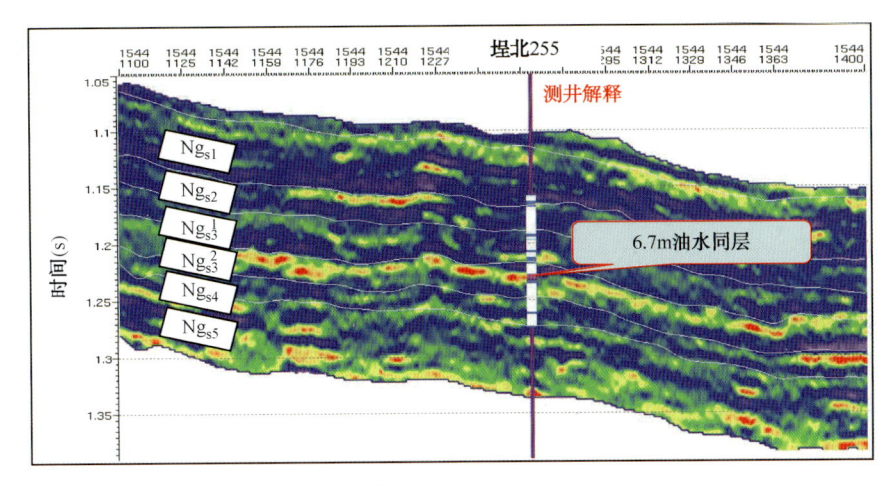

图 7-66　流体因子剖面（过埕北 255 井）

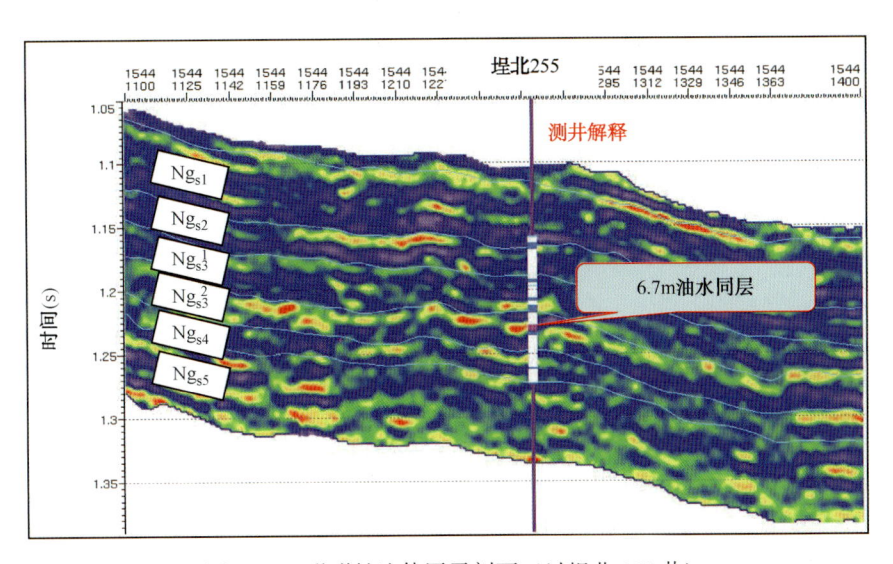

图 7-67　黏弹性流体因子剖面（过埕北 255 井）

图 7-68 和图 7-69 为过埕北 252 井的弹性参数流体因子与黏弹性流体因子剖面。可以看出黏弹性流体因子的预测精度相对于弹性流体因子有了进一步的提高。

图 7-70 和图 7-71 为过埕北 22 井和埕北 25 井的连井线剖面对应的弹性流体因子与黏弹性流体因子剖面。从图中对比可以看出：在埕北 22 井 13.7m 油层处黏弹性流体因子的指示效果有明显提高。

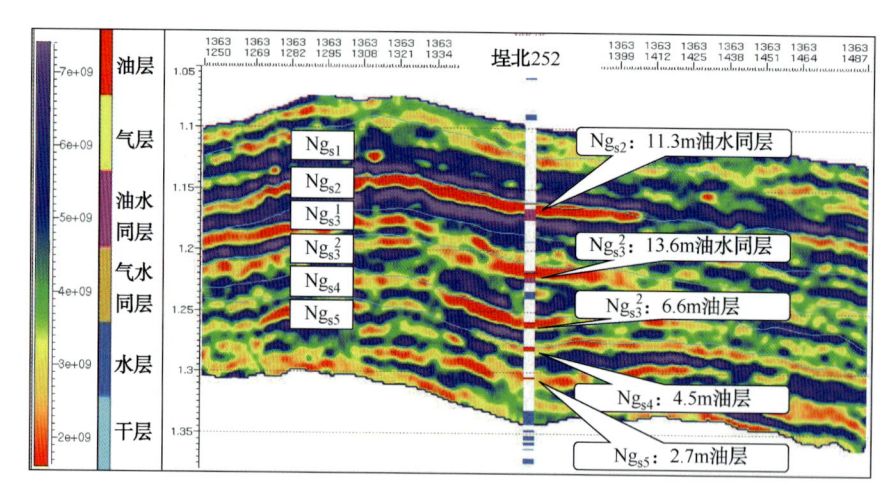

图 7-68 流体因子剖面（过埕北 252 井）

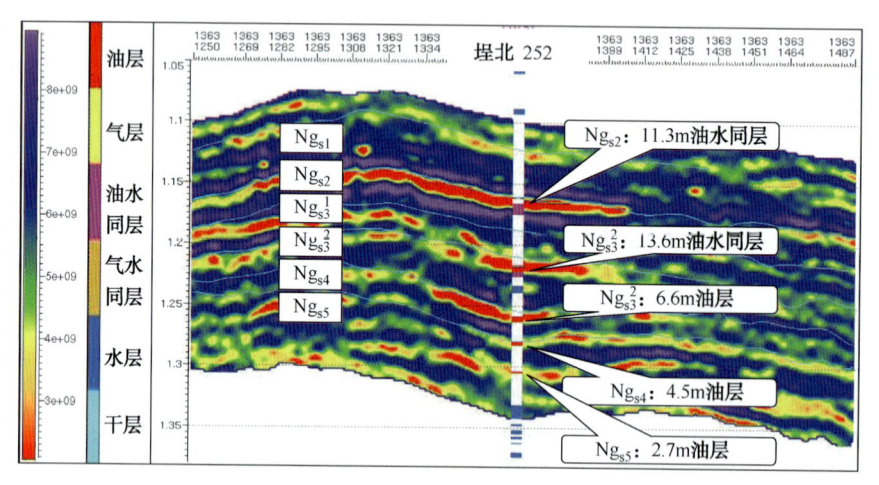

图 7-69 黏弹性流体因子剖面（过埕北 252 井）

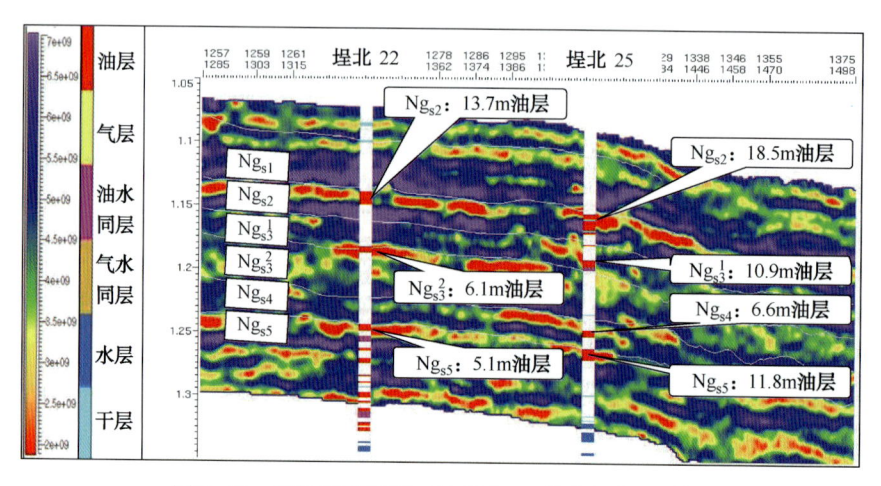

图 7-70 流体因子剖面（过埕北 22 井和埕北 25 井）

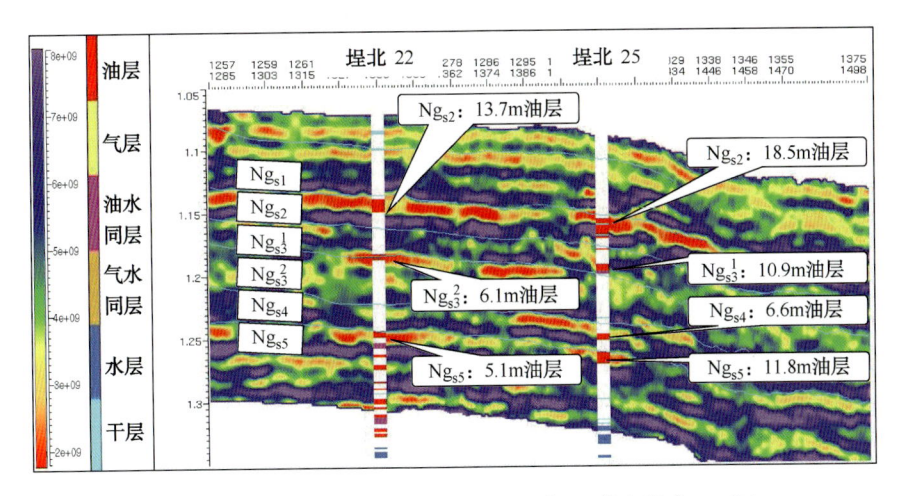

图 7-71 黏弹性流体因子剖面（过埕北 22 井和埕北 25 井）

图 7-72 到图 7-79 展示的是三维数据体弹性参数流体因子与黏弹性流体因子反演结果沿各地层层位的切片。黏弹性流体因子可以更精确地展示油气的空间展布。

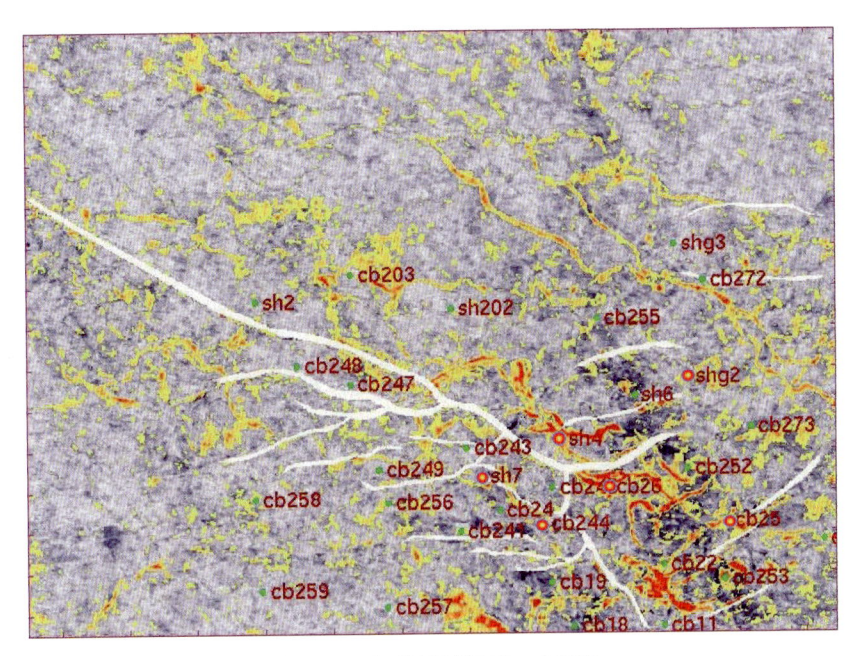

图 7-72 流体因子沿层 Ng_{s3}^1 切片

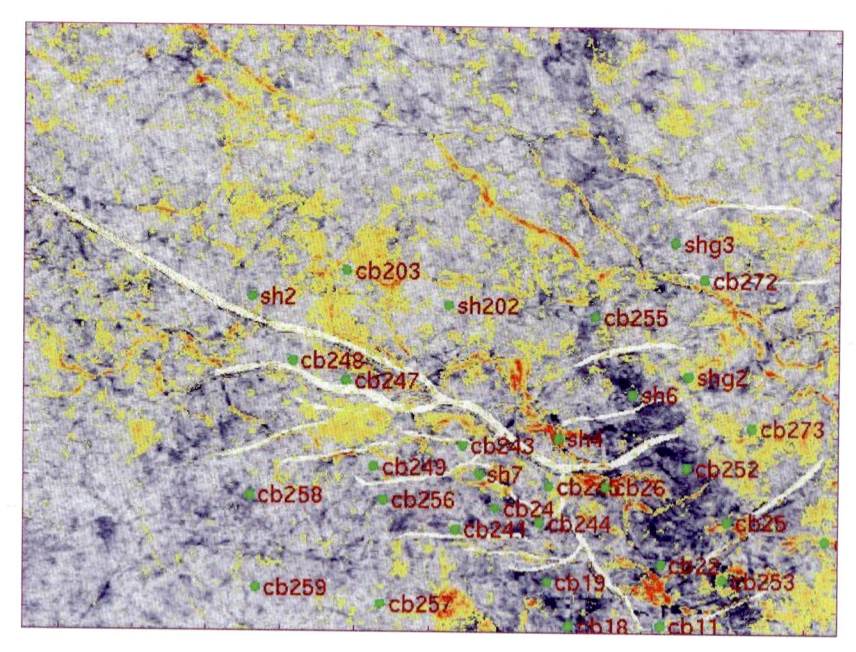

图 7-73 黏弹性流体因子沿层 Ng_{s3}^{1} 切片

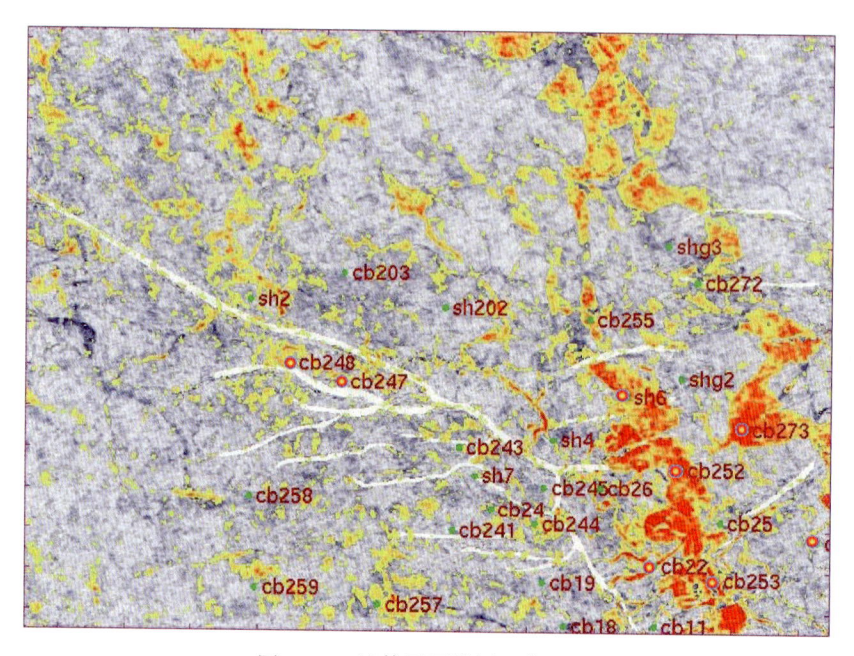

图 7-74 流体因子沿层 Ng_{s3}^{2} 切片

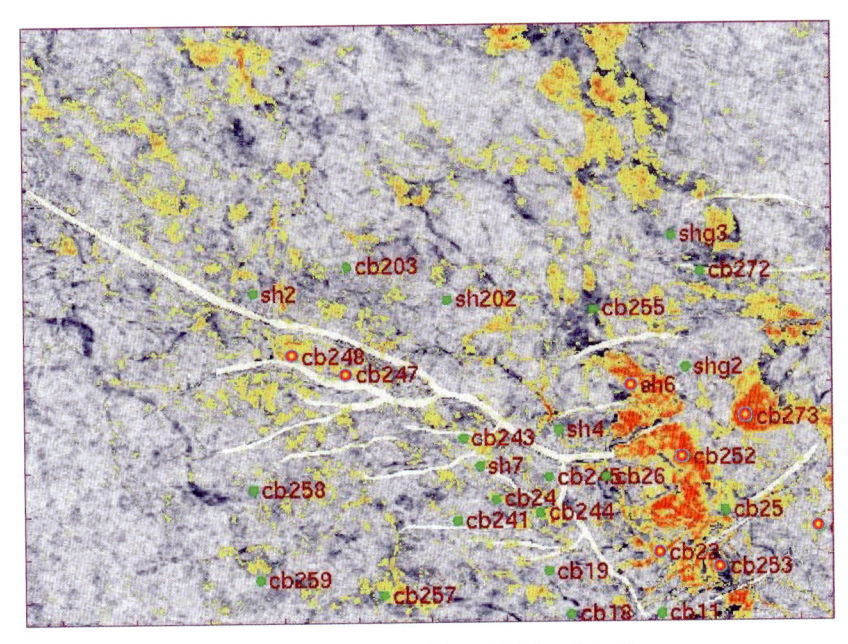

图 7-75 黏弹性流体因子沿层 Ng_{s3}^2 切片

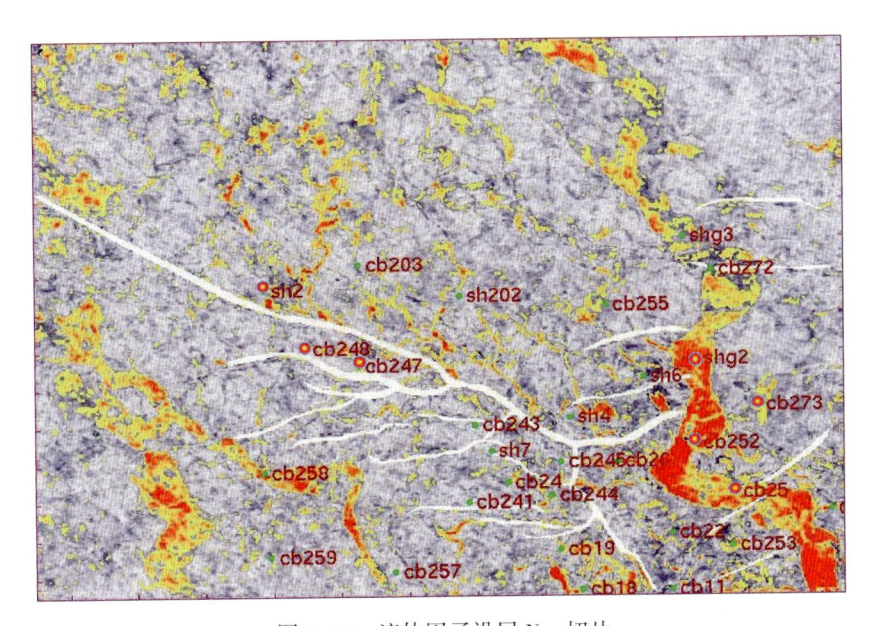

图 7-76 流体因子沿层 Ng_{s4} 切片

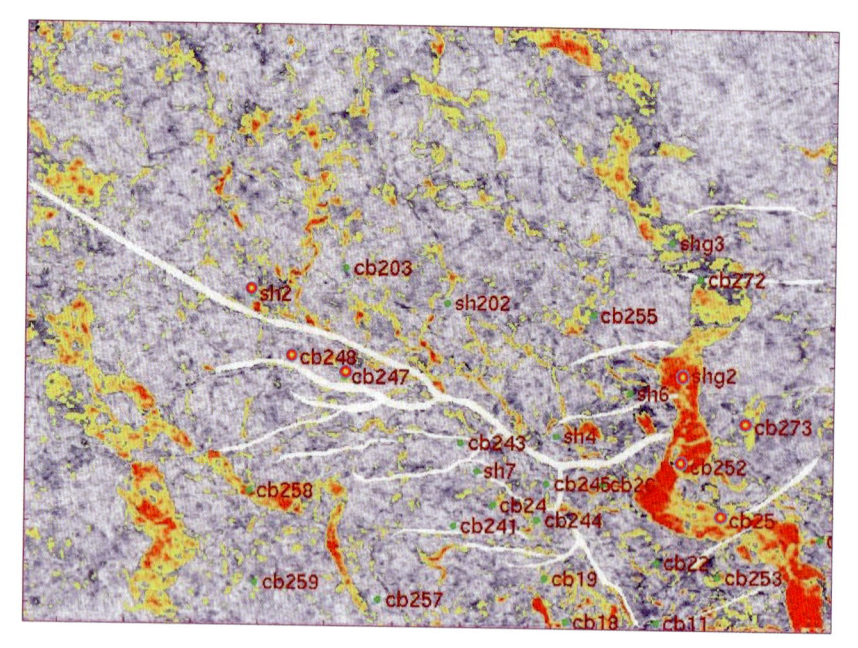

图 7-77 黏弹性流体因子沿层 Ng_{s4} 切片

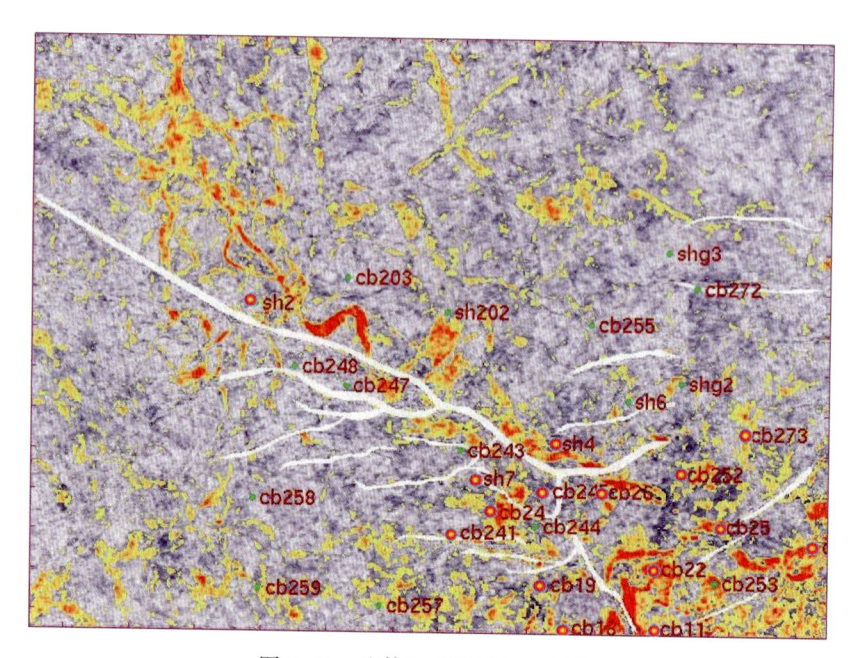

图 7-78 流体因子沿层 Ng_{s5} 切片

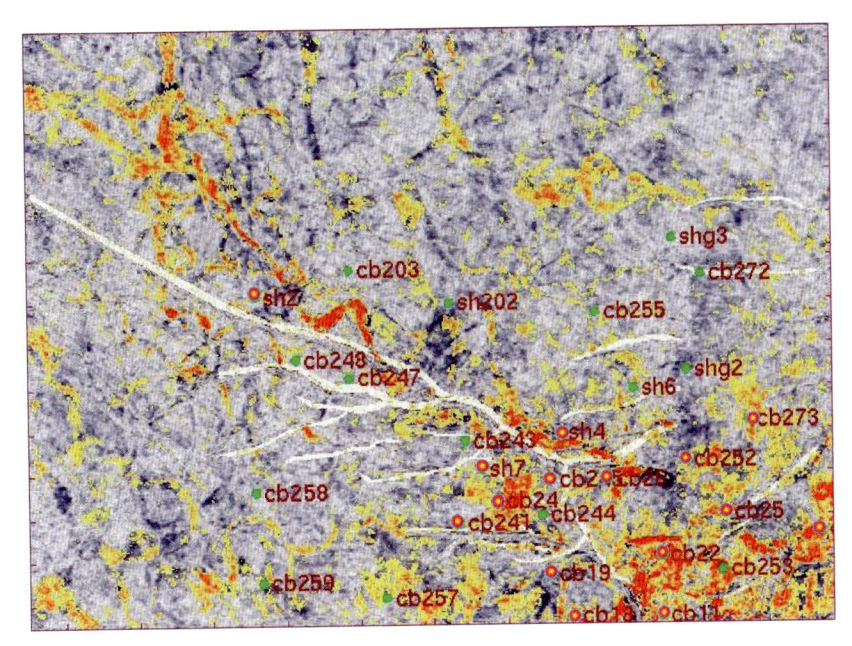

图 7-79　黏弹性流体因子沿层 Ng_{s5} 切片

7.4.6.2　垦 71 数据应用

将该研究方法应用于垦 71 工区数据。图 7-80 是从数据体中提取出来的一条测线的小角度部分叠加地震剖面。图 7-81 和图 7-82 分别为使用叠前弹性参数反演得到的流体因子剖面和利用本书研究方法得到的黏弹性流体因子剖面。图中所标注的井为 K71-22 井，从井解释线中可以看出部分位置存在含气和含油地层。

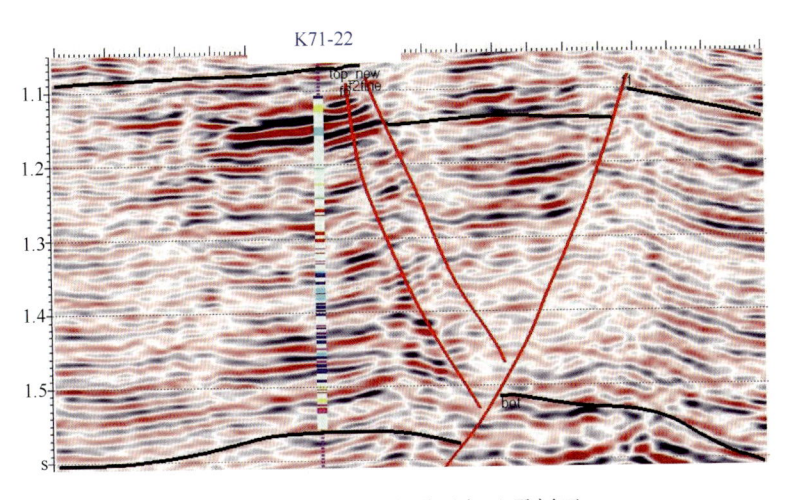

图 7-80　小角度部分叠加地震剖面

从弹性流体因子和黏弹性流体因子的剖面对比可以看出，图中标注的含气层和含油层

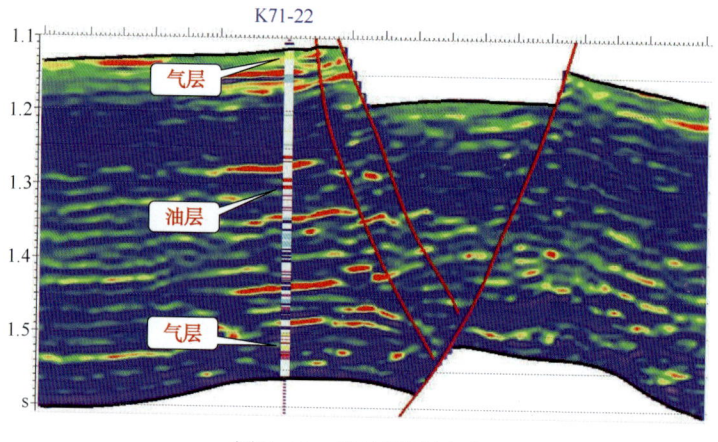

图7-81 流体因子剖面

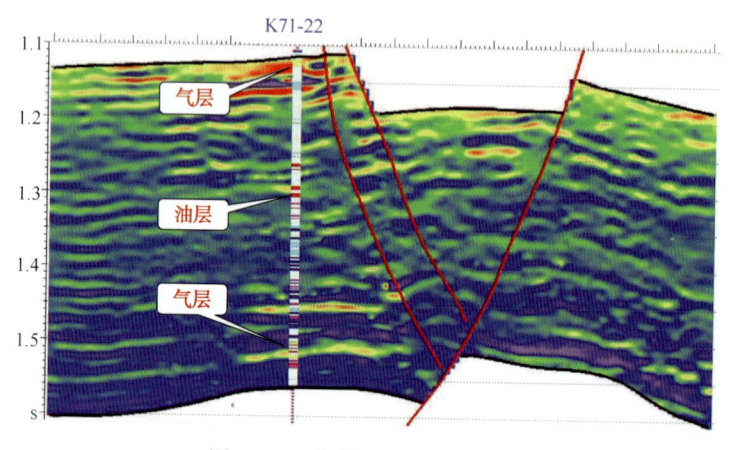

图7-82 黏弹性流体因子剖面

位置处，在流体因子剖面中并没有表现出指示油气的低值，而黏弹性流体因子结果在所示处展现了明显的低值异常，特别是上部的气层位置，黏弹性流体因子所展现出的含气层与井解释中的气层位置吻合，可以说明黏弹性流体因子在一定程度上可以更有效地识别含油气层。

图7-83到图7-85是过K71-22井的横测线剖面的反演结果，从图中指示油气层位置处的对比，与纵测线的结论相同，同样可以看出黏弹性流体因子在预测流体方面的优势。

图7-86是从数据体中提取出来的另一条测线的小角度部分叠加地震剖面。该剖面过K71-106井。图7-87和图7-88分别给出了与图7-86剖面对应的反演结果剖面。在图7-88黏弹性流体因子剖面中，含油层和含气层处显示为低值，油气指示结果与测井解释相符，而图7-87弹性参数反演流体因子剖面中在标示位置处异常并不很明显，同样也说明了黏弹性流体因子预测储层流体的有效性和可靠性。

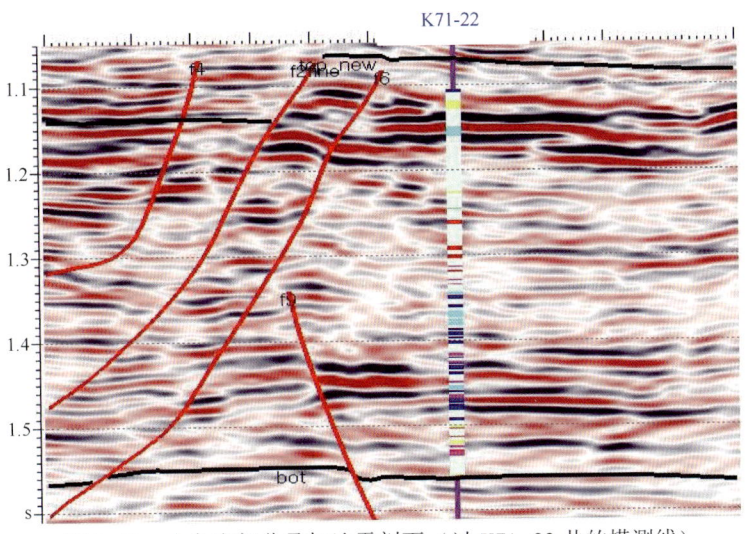

图 7-83 小角度部分叠加地震剖面（过 K71-22 井的横测线）

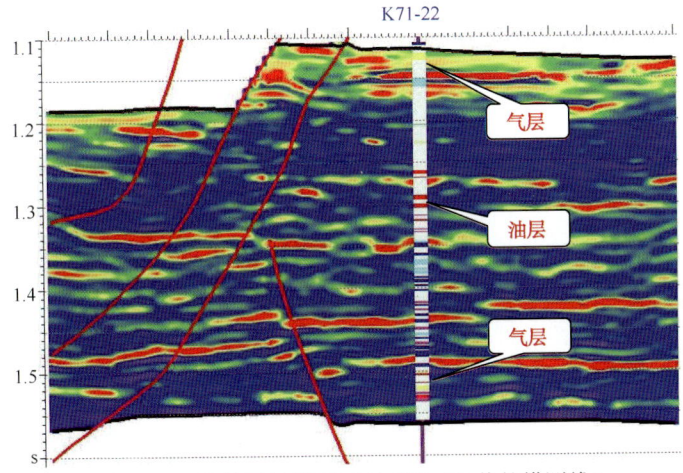

图 7-84 流体因子剖面（过 K71-22 井的横测线）

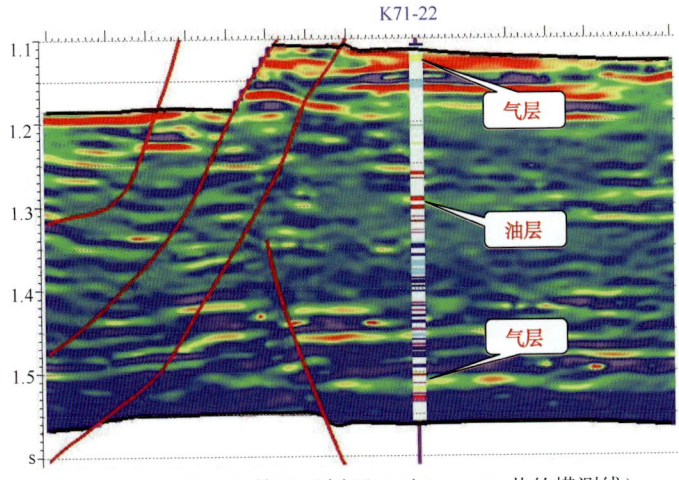

图 7-85 黏弹性流体因子剖面（过 K71-22 井的横测线）

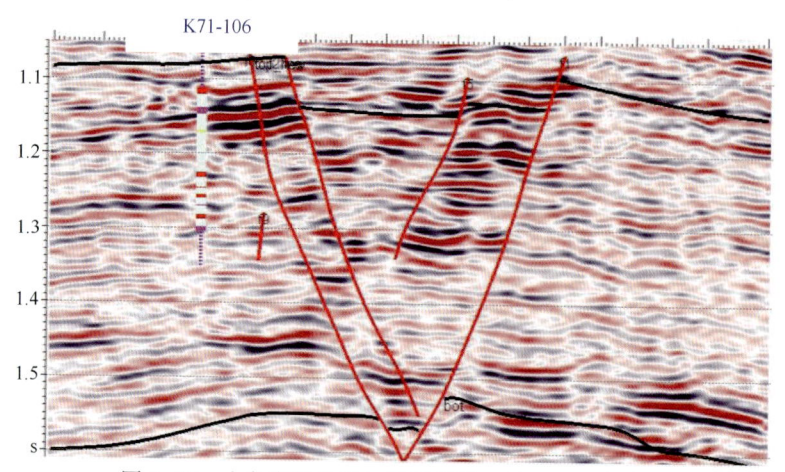

图 7-86　小角度部分叠加地震剖面（过 K71-106 井）

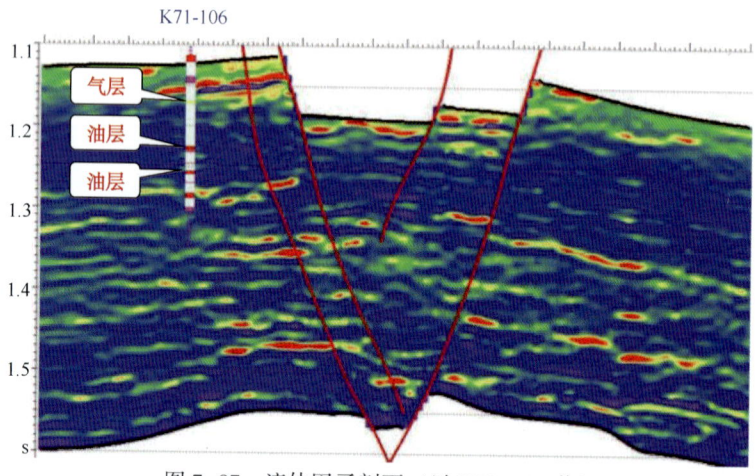

图 7-87　流体因子剖面（过 K71-106 井）

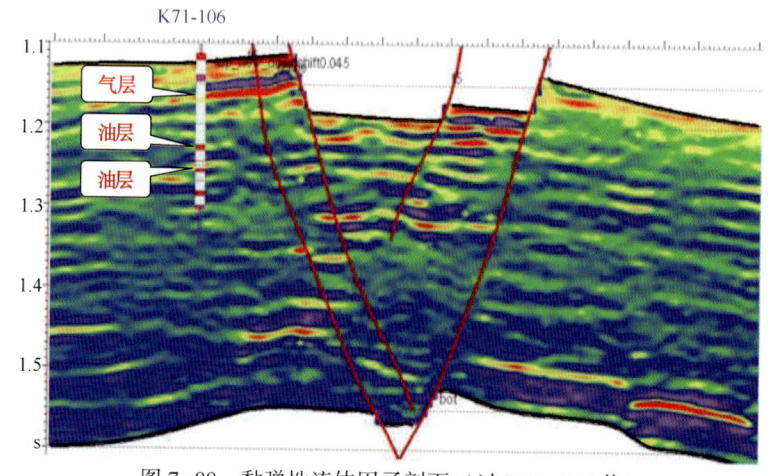

图 7-88　黏弹性流体因子剖面（过 K71-106 井）

8 地层吸收衰减反演认识与思考

随着我国油气勘探、开发工作的不断发展，中国油气勘探开发所面临的形势也愈加严峻。东部老油田油气产量要"硬稳定"，西部新区要大发展。地震勘探重点由原来的构造油气藏向岩性等隐蔽油气藏转移，这就对储层的准确描述和油气精确预测提出了更高要求。非均匀黏弹性介质中的地震波衰减也因此成为近年来研究的热点。在常规地震反演、属性分析等技术的基础上，研究三维空间地层吸收衰减的准确计算方法及其在储层预测中的应用，开发新的技术系列，提出新的储层及油气特征敏感属性参数，提高储层描述及油气预测的精度，对于油气勘探开发事业在新形势下的突破发展无疑是迫切和关键的。

现阶段的储层流体识别技术很难解决薄储层预测及流体识别难题。随着岩石物理理论和实验技术的进步，人们对含油气异常产生的地震波衰减和频散规律的认知程度也逐渐提高，基于衰减和速度频散特性进行储层流体识别的潜在意义与应用价值越来越受到人们的重视。通过近几年深入的研究，笔者有以下一些认识和思考。

（1）地震波衰减机理的深刻认识和把握是地层吸收衰减油气预测的基础。

要想利用吸收衰减属性进行可靠的油气预测，首先要从理论上准确地描述地震波在地层中传播的衰减和频散特征。目前，国际上有3种基本的描述地震波衰减特征的理论模型，即宏观尺度理论模型（Gassmann模型）、中观尺度理论模型（White模型）和微观理论尺度模型（BISQ模型）。这3种模型分别从不同的机制描述地震波的衰减和频散特征，有其各自的局限性和适用范围。笔者针对这3种衰减机制的特点，探索建立了考虑宏观衰减机制、中观衰减机制和微观衰减机制的跨尺度地震岩石物理模型。初步的分析表明，所建立的新的跨尺度地震岩石物理模型能够更加准确地描述地震波的衰减和频散特征，也明确了地震波衰减主要与渗透率、孔隙度、孔隙结构和孔隙内流体性质有关，验证了地层吸收衰减参数对储层及流体性质的高度敏感性，奠定了吸收衰减参数反演和应用的基础。这也表明了对吸收衰减特征的研究和应用是储层描述及油气预测未来的技术方向。当然，跨尺度岩石物理理论模型也有其局限性。其复杂的表现形式使得其很难应用于实际生产，只能从理论上做定性的分析。如何建立更准确的地震频段岩石物理衰减理论模型可能是今后的研究方向。

（2）井中地震Q值的准确计算或层析成像能够为三维空间吸收衰减参数的准确计算提供相应的约束条件。

三维地震资料具有空间覆盖范围广的优势，能够求取三维空间地层的系数衰减参数。但由于地震信号影响因素及处理过程的复杂性，计算得到的吸收衰减参数不可能是绝对值，只能定性地进行油气识别。井中地震资料由于直接利用直达波信息进行吸收衰减参数的计算，能够得到相对精确的吸收衰减参数值。这就为三维地震资料吸收衰减参数的计算提供了可靠的约束条件。通过 VSP、井间地震和三维地震等多种资料的联合应用，能够充分发挥不同尺度地球物理资料的优势，准确计算三维空间地层的吸收衰减参数，进而研究其与储层及流体特征参数的关系。

（3）不同叠后地震吸收衰减参数计算方法有各自的特征和适用性。

基于广义 S 变换吸收衰减参数计算，在广义 S 变换域进行谱模拟瞬时子波提取，得到高频、低频吸收衰减系数和主频，减弱了反射系数的影响，提高了衰减参数的提取精度。

Prony 滤波油气异常检测技术通过对地震资料进行吸收滤波处理，将重构后不同频率段的剖面与全频段剖面进行比较来发现吸收异常区域，进行油气检测，提高了检测精度。

峰值频率偏移法利用峰值频率、主频与 Q 值的关系，通过逐层递推，实现层 Q 值的求取。

基于 Teager 能量的 Q 值计算方法，把地震信号的广义 S 变换时频谱转变为 Teager 能量谱，根据瞬时能量的变化直接计算地层 Q 值，有效的检测被湮没在宽带地震数据的强振幅异常中。

基于瞬时地震子波的吸收衰减参数计算方法和动态褶积模型，利用时变地震子波频谱特征的变化，实现了地层吸收衰减参数的准确计算。

这些不同叠后地震衰减属性计算方法，能够从叠后地震资料提取三维空间的高频衰减、低频衰减、主频、品质因子等多种吸收衰减属性参数，通过多资料、多技术、多属性参数的联合应用，可以提高对储层和油气描述及预测的精度。

（4）叠前地震吸收衰减参数精确反演是今后努力的方向。

叠前地震资料中含有丰富的储层和油气信息。通过对不同角度地震资料的处理，能够从叠前地震资料中同步反演地层的纵波速度、横波速度、密度和 Q 等参数，可以通过多参数的综合分析，提高油气预测精度。

既可以利用广义 S 变换对地震道进行时频谱分析，逐道求取吸收衰减参数，通过道集的平衡处理，消除炮检距的影响，得到地层 Q 值；又可以基于黏弹性介质精确的 Zoeppritz 方程，以黏弹性介质为背景，使用弱衰减和相似介质假设推导黏弹性介质反射系数近似式，利用贝叶斯反演方法进行叠前 4 参数同步反演，稳定和高效地反演得到地层的纵波速度、横波速度、密度、品质因子 4 个参数；进而，综合应用反演得到的纵波速度、横波速度、密度、品质因子，以及与频率有关的信息，构建黏弹性流体因子，得到对流体性质更为敏感的属性参数。

从叠前地震资料中提取可靠的地层吸收衰减参数无疑是今后油气预测的主要方向。

参 考 文 献

[1] 刘洋，李承楚，牟永光．双相横向各向同性介质分界面上弹性波反射与透射问题研究［J］．地球物理学报，2000，43（5）：691-698

[2] 巴晶．双重孔隙介质波传播理论与地震响应实验分析［J］．中国科学：物理学，力学，天文学，2010，40（11）：1398-1409

[3] 杨顶辉，张中杰．Biot和喷射流动耦合作用对各向异性弹性波的影响［J］．科学通报，2000，45（12）：1333-1340

[4] 聂建新，杨顶辉，杨慧珠．基于非饱和多孔隙介质BISQ模型的储层参数反演［J］．地球物理学报，2005，48（3）：10-13

[5] 李振春，张军华．地震数据处理方法［M］．东营：中国石油大学出版社，2006

[6] 刘财，张智，邵志刚，等．线性黏弹性体地震波场伪谱法模拟技术［J］．地球物理学进展，2005，20（3）：640-644

[7] 张璐．基于岩石物理的地震储层预测方法应用研究［D］．东营：中国石油大学（华东），2009

[8] 李来运，蒋加钰，杨宝泉．PRONY滤波方法及其应用［J］．石油地球物理勘探，2004，39（4）：409-414

[9] 刘炯，马坚伟，杨慧珠．周期成层Patchy模型中纵波的频散和衰减研究［J］．地球物理学报，2009，52：2879-2885

[10] 孙鹏远，孙建国，卢秀丽．P-P波AVO近似对比研究：定量分析［J］．石油地球物理勘探，2002，37（增刊）：172-179

[11] 高静怀，陈文超，李幼铭，等．广义S变换与薄互层地震响应分析［J］．地球物理学报，2003，46（4）：526-532

[12] 陈建江．AVO三参数反演方法研究［D］．东营：中国石油大学（山东），2007

[13] 朱建伟，何樵登，李云辉．含油水各向异性孔隙介质中地震波传播方程［J］．长春科技大学学报，2001，3（5）：15-17

[14] 郑晓东．Zoeppritz方程的近似及其应用［J］．石油地球物理勘探，1991，26（2）：129-144

[15] 陆基孟，王永刚．地震勘探原理［M］．东营：中国石油大学出版社，2008

[16] 傅淑芳，朱仁益．地球物理反演问题［M］．北京：地震出版社，1998

[17] 杨培杰．地震子波盲提取与非线性反演［D］．东营：中国石油大学（华东），2008

[18] 张世鑫，印兴耀，张繁昌．基于三变量柯西分布先验约束的叠前三参数反演方法［J］．石油地球物理勘探，2011，46（5）：737-743

[19] 孟庆生，何樵登，等．基于BISQ模型双相各向同性介质中地震波数值模拟．吉林大学学报（地球科学版），2003，20（5）：24-26

[20] 牛滨华，孙春岩．半空间介质与地震波传播［M］．北京：石油工业出版社，2002

[21] 唐晓明．含孔隙、裂隙介质弹性波动的统一理论——Biot理论的推广［J］．中国科学：地球科学，2011，41（6）：789-795

[22] 齐春燕，李彦鹏，彭继喜，等．一种改进的广义S变换［J］．石油地球物理勘探，2010，45（2）：215-218

[23] 印兴耀，韩文功，李振春，等．地震技术新进展［M］．东营：中国石油大学出版社，2006

[24] 李庆忠．走向精确勘探的道路［M］．北京：石油工业出版社，1993

[25] 刘书会，徐仁．Proni滤波技术及其在油气预测中的应用［J］．石油地球物理勘探，2004，39（3）：332-337

[26] 魏文，王小杰，李红梅．基于叠前道集小波域 Q 值求取方法研究［J］．2011，50（4）：355-360

[27] 陈学华，贺振华．改进的 S 变换及其在地震信号处理者中的应用［J］．数据采集与处理，2005，20（4）：449-453

[28] 沈章洪，王小杰．黏弹性介质 P 波反射透射系数近似及对比分析［J］．地球物理学进展，2013，28（1）：257-264

[29] 王清振．深层地震波吸收机理及能量补偿［D］．中国石油大学（华东），2008

[30] 王小杰，印兴耀，吴国忱．基于叠前地震数据的地层 Q 值估计［J］．石油地球物理勘探，2011，46（3）：423-428

[31] Chapman M, Zatsepin S V, Crampin S. Derivation of a microstructural poroelastic model［J］. Geophysical Journal International, 2002, 15（2）: 427-451

[32] Nur A, Mavko G, Dvorkin J, et al. Critical porosity: A key to relating physicalproperties to porosity in rocks［J］. The Leading Edge, 1998, 17（3）: 374-362

[33] Shuey R. A simplification of the Zoeppritz equations［J］. Geophysics, 1985, 50（4）: 609-614

[34] Pinnegar C R, Mansinha L. The S-transform with windows of arbitrary and varying shape［J］. Geophysics, 2003, 68（1）: 381-385

[35] Mavko G M and Nur A. Wave attenuation in partially saturated rocks［J］. Geophysics, 1979, 44（2）: 161-178

[36] Müller T, Gurevich B, Lebedev M. Seismic wave attenuation and dispersion resulting from wave-induced flow in porous rocks—A review［J］. Geophysics, 2010, 75（5）: 75A147-75A164

[37] Downton J E, Lines L R. Constrained three parameter AVO inversion and uncertainty analysis［A］. The 71st SEG Expanded Abstracts［C］, 2001

[38] Chi X G, Han D H. Fluid property discrimination by AVO inversion［A］. The 76th SEG Expanded Abstracts［C］, 2006

[39] Mavko G, Jizba D. Estimating grain-scale fluid effects on velocity dispersion in rocks［J］. Geophysics, 1991, 56（12）: 1940-1949

[40] Kennett B. Seismic Wave Propagation in Stratified Media［M］. Cambridge: Cambridge University Press, 1983

[41] Chapman M, Maultzsch S, et al. The effect of fluid saturation in a multi-scale equant porosity model［J］. J. appl. Geophys, 2003, 54: 191-202

[42] Cooper H F. Reflection and transmission of oblique plane waves at a plane interface between viscoelastic media［J］. Journal of the Acoustical Society of America, 1967, 39: 1133-1138

[43] Ebrom D. The low-frequency gas shadow on seismic section［J］. The Leading Edge, 2004, 23（8）: 772

[44] Odebeatu E, Zhang J, Chapman M. Application of spectral decomposition to detection of dispersion anomalies associated with gas saturation［J］. The Leading Edge, 2006, 25（2）: 206-210

[45] Russell B H, Hedlin K, Hilterman F J, Lines L R. Fluid-property discrimination with AVO: a Biot-Gassmann perspective［J］. Geophysics, 2003, 68（1）: 29-39

[45] Smith G C, Gidlow P M. Weighted Stacking for Rock Property Estimation and Detection of GAS［J］. Geophysical Prospecting, 1987, 35（9）: 993-1014

[46] Rahul Dasgupta and Roger A Clark. Estimation of Q from surface reflection data［J］. Geophysics, 1998, 63（6）: 2120-2128

[47] Russell B H, Gray D, Hampson D P. Linearized AVO and poroelasticity［J］. Geophysics, 2011, 76（3）: C19-C29

[48] Pride S R, Berryman J G, Harris J M. Seismic attenuation due to wave-induced flow [J]. J. Geophys. Res., 2004, 109 (B1): B01201

[49] Mavko G, Nur A. Melt squirt in the asthenosphere. J. Geophys. Res., 1975, 80 (11): 1444-1448

[50] Mansinha L, Stockwell R, Lowe R P, et al. Local S-spectrum analysis of 1-D and 2-D data [J]. Physics of the Earth and Planrtary Interiors, 1997, 103 (3): 329-336

[51] Nechtschein S, Hron F. Effects of anelasticity on reflection and transmission coefficients [J]. Geophysical Prospecting, 1997, 45: 774-793

[52] Paffenholz J, Burkhardt H. Absorption and modulus measurements in the seismic frequency and strain range on partially saturated sedimentary rocks [J]. Journal of Geophysical Research, 1989, 94 (B7): 9493-9507

[53] Biot M A. Theory of propagation of elastic wave in a fluid saturated porous solid: low frequency range [J]. Journal of Acoustical Society of America. 1956, 28: 168-178

[54] Dvorkin J, Mavko G, Walls J. Seismic wave attenuation at full water saturation [A]. The 73rd SEG Expanded Abstracts [C], 2003

[55] Mitrofanov G. Using of the Prony transform in processing of Chinese seismic data [A]. The 68th SEG Expanded Abstracts [C], 1998

[56] Mavko G, Mukerji T, Dvorkin J. The rock physics handbook: tools for seismic analysis in porous media [M]. Cambridge: Cambridge University Press, 1998

[57] Muller T M, Gurevich B, Lebedev M. Seismic wave attenuation and dispersion resulting from wave induced flow in porous rocks: a review [J]. Geophysics, 2010, 75 (5): 75A147-75A164

[58] McFaden P D, Cook J G, Forster L M. Decomposition of gear vibration signals by generalized S-transform [J]. Mechanical Systems and Signal Processing, 1999, 13 (5): 691-707

[59] Russell B H, Hampson D P. A comparison of poststack seismic inversion methods [A]. The 61st SEG Expanded Abstracts [C], 1991

[60] Mavko G M, Nur A. Wave attenuation in partially saturated rocks [J]. Geophysics, 1979, 44: 161-178

[61] Zhang S X, Yin X Y, Zhang F C. Fluid discrimination study from Fluid Elastic Impedance (FEI) [A]. The 79th SEG Expanded Abstracts [C], 2009

[62] Quan Y, HarriS J M. Seismic attenuation tomogophy using the frequency shift method [J]. Geophysies, 1997, 62 (3): 895-905

[63] Gurevich B, et al. Fluid substitution, dispersion, and attenuation in fractured and porous reservoirs-insights from new rock physics models [J]. The Leading Edge, 2005, 26 (9): 1162-1168

[64] Dvorkin J P and Mavko G. Modeling attenuation in reservoir and non-reservoir rock. The Leading Edge, 2006, 25 (2): 195-197

[65] Chapman M, Liu E, Li X Y. The influence of fluid-sensitive dispersion and attenuation on AVO analysis [J]. Geophysical Journal International, 2006, 167 (1): 89-105

[66] Dutta N C, Ode H. Attenuation and dispersion of compressional wave influid-filled porous rocks with partial gas saturation (White model) -part I: biot theory [J]. Geophysics, 1979, 44: 1777-1788

[67] Pinnegar C R, Mansinha L. Time-local Fourier analysis with a scalable, phase-modulated analyzing function: the S-transform with a complex window [J]. Signal Processing, 2004, 84: 1167-1176

[68] Varela C L, Rosa Andre L R, Ulrych J. Modeliing of attenuation and dispersion [J]. Geophysies, 1993, 58 (8): 1167-1173

[69] Ren H T, Golushubin G, Fred J Hilterman. Poroelastic analysis of amplitude-versus-frequency variations

[J]. Geophysics, 2009, 72 (6): N41-N48

[70] Goodway W. AVO and Lamé constants for rock parameterization and fluid detection [J]. CSEG Recorder, 2001, 26 (6): 39-60

[71] Ostrander W J. Plane wave reflection coefficients for gas sands at nonnormal angles of incidence [A]. The 52nd SEG Expanded Abstracts [C], 1982

[72] Best A, McCann C. Seismic attenuation and pore-fluid viscosity in clay-rich reservoir sandstones [J]. Geophysics, 1995, 60 (5): 1386-1397

[73] Batzle M L, Han D H, Castagna J. Seismic frequency measurement of velocity and attenuation [J]. The 67th SEG Expanded Abstracts, 1997

[74] Rutherford S R, Williams R H. Amplitude-versus-offset variations in gas sands. Geophysics, 1989, 54 (6): 680-688

[75] Biot M A. Theory of propagation of elastic wave in a fluid saturated porous solid: high frequency range. Journal of Acoustical Society of America. 1956, 28: 179-191

[76] Carcione J M, Helle H B and Pham N H. White's model for wave propagation in partially saturated rocks. Comparison with poroelastic numerical experiments. 2003, 68: 1389

[77] Stockwell R G, Mansinha L, Lowe R P. Localization of the complex spectrum: the S transform [J]. IEEE Transactions on Signal Processing, 1996, 17: 998-1001

[78] Jinfeng Ma, Igor B Morozov. The exact elastic impedance [A]. CSEG Annual Meeting Abstracts, 2005

[79] Korneev V A, et al. Seismic low-frequency effects in monitoring fluid-saturated reservoirs [J]. Geophysics, 2004, 69 (2): 522-532

[80] Biot M A. Theory of propagation of elastic waves in a fluid-saturated porous solid: low-frequency range [J]. The Journal of the Acoustical Society of America, 1956, 28 (2): 168-178

[81] Dvorkin J, Nolen Hoeksema R, Nur A. The squirt-flow mechanism: macroscopic description [J]. Geophysics, 1994, 59 (3): 428-438

[82] Smith G, Gidlow P. Weighted stacking for rock property estimation and detection of GAS [J]. Geophysical prospecting, 1987, 35 (9): 993-1014

[83] Murphy W, Winkler K, Kleinberg R. Acoustic relaxation in sedimentary rocks: dependence on grain contacts and fluid saturation [J]. Geophysics, 1986, 51 (3): 757-766

[84] Sam M S, Neep J P, Worthington M H, et al. The measurement of velocity dispersion and frequency-dependent intrinsic attenuation in sedimentary rock [J]. Geophysics, 1997, 62 (5): 1456-1462

[85] Ursin B, Stovas A. Reflection and transmission responses of a layered isotropic viscoelastic medium [J]. Geophysics, 2002, 67 (3): 307-323

[86] Wilson A, Mark Chapman, Xiang-Yang Li. Frequency-dependent AVO inversion [A]. The 79th SEG Expanded Abstracts [C], 2009